L'ÉCONOMIE

RURALE

DE COLUMELLE.

TRADUCTION

D'ANCIENS

OUVRAGES LATINS

RELATIFS À L'AGRICULTURE

ET À LA

MÉDECINE VÉTÉRINAIRE;

AVEC DES NOTES

Par M. Saboureux de la Bonnetrie, Avocat au Parlement, & Docteur Agrégé à la Faculté des Droits de l'Université de Paris.

TOME TROISIÈME,

CONTENANT

L'ÉCONOMIE RURALE DE COLUMELLE.

À PARIS,

Chez P. Fr. Didot le jeune, Libraire, Quai des Augustins.

M. DCC. LXXIX.

Avec Approbation & Privilège du Roi.

TRADUCTION

D'ANCIENS OUVRAGES LATINS

RELATIFS A L'AGRICULTURE

ET A LA

MÉDECINE VÉTÉRINAIRE,

AVEC DES NOTES :

Par M. SABOUREUX DE LA BONNETRIE, Ecuyer, Avocat au Parlement, & Docteur Aggrégé de la Faculté des Droits en l'Université de Paris.

TOME TROISIEME,

CONTENANT

L'ÉCONOMIE RURALE DE COLUMELLE.

A PARIS,

Chez P. Fr. DIDOT, le jeune, Libraire, Quai des Augustins.

M. DCC. LXXII.

Avec Approbation, & Privilege du Roi.

L'ÉCONOMIE
RURALE
DE L. JUNIUS MODERATUS
COLUMELLE.

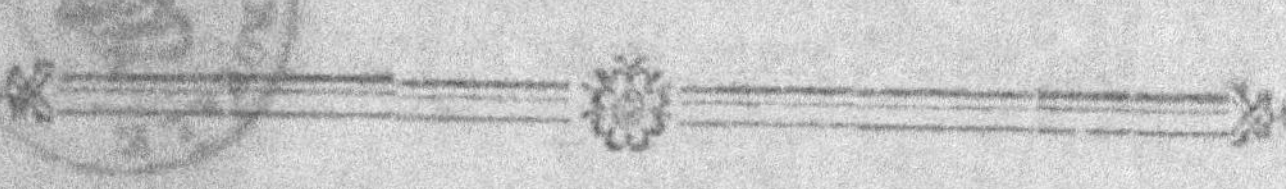

LIVRE PREMIER.

PRÉFACE

A PUBLIUS SILVINUS.

J'ENTENDS souvent les personnages les plus dis-
tingués de notre Ville, accuser tantôt la stérilité
des terres, tantôt l'intempérie de l'air, comme si
l'une ou l'autre de ces deux causes portoit depuis
très-longtemps préjudice aux fruits de la terre; j'en
entends même quelques-uns qui semblent vou-

*Tome III.*A

loir adoucir ces plaintes, en alléguant la raison
sur laquelle ils les fondent, raison prise dans l'opinion où ils sont, que la trop grande fertilité que
la terre a montrée pendant les premiers siecles,
l'a fatiguée & épuisée au point qu'elle ne peut
plus fournir aux mortels leur nourriture, avec la
même profusion qu'elle le faisoit autrefois. Mais
je tiens pour certain, Publius Silvinus, que
cette raison n'est nullement fondée, tant parce
que c'est un crime de s'imaginer que la nature de
la terre, douée par le premier Créateur du monde d'une fécondité éternelle, puisse se trouver accablée par la stérilité, comme par une espece de maladie à laquelle elle soit sujette; que parce qu'il
n'est pas d'un homme raisonnable de penser qu'elle
soit vieillie à l'exemple de l'homme, elle qui a
reçu en partage, ainsi que la Divinité, une jeunesse éternelle (1), & que l'on nomme la mere
commune de tous les Êtres, comme les ayant
tous produits de tout temps, & devant également
les produire par la suite. Convaincu de ces vérités, je ne pense pas que nous devions attribuer
les maux dont nous nous plaignons à l'intempé-

---

(1) Entre les Philosophes anciens, il y en avoit, tels que
les Epicuriens, qui croyoient que le monde avoit eu un commencement & qu'il devoit avoir une fin, & qui, conséquemment à cette idée, le croyoient susceptible de vieillesse; d'autres étoient dans l'opinion qu'il étoit éternel.
Cette opinion, embrassée par Aristote, paroît être celle de
notre Auteur.

rie de l'air, mais bien plutôt à notre faute, que
je fais consister en ce que nous avons abandonné
le soin de nos terres (comme si elles étoient coupables de quelque crime à notre égard) au pire
de tous nos esclaves, à un véritable bourreau, au
lieu que les personnes les plus respectables parmi
nos Ancêtres, ne rougissoient point d'en prendre
soin par eux-mêmes. Rien n'est en effet égal à ma
surprise, quand je considere d'un côté que ceux
qui veulent apprendre à bien parler, choisissent
un Orateur dont l'éloquence puisse leur servir de
modele; que ceux qui veulent s'enfoncer dans les
regles du calcul & des mesures, s'attachent à un
Maître de cet Art, qui a tant d'attraits pour eux;
que ceux qui veulent s'appliquer à la danse & à
la musique, cherchent, avec le plus grand soin,
un Maître de chant, ainsi qu'un Maître de graces;
de même que ceux qui veulent bâtir, appellent
à leur secours des Ouvriers & des Architectes; que
ceux qui veulent mettre des Vaisseaux en mer,
les confient à des gens qui les sachent gouverner; que ceux qui ont une guerre à entreprendre,
donnent toute leur confiance à des gens versés
dans le métier des armes; & pour tout dire en
un mot, quand je considere que chacun se fait
diriger par le meilleur Maître qu'il peut trouver
dans le genre d'étude auquel il veut s'appliquer,
& qu'enfin chacun choisit dans la classe des gens
sages un guide pour se former l'esprit, & prendre
de lui des leçons de vertu, au lieu que d'un

autre côté l'Art qui, fans contredir, eft celui qui
tient de plus près à la fageffe, & qui a la plus
grande affinité avec elle, (je veux dire l'Economie rurale) eft le feul de tous les Arts qui n'ait
ni difciples qui l'apprennent, ni Maîtres qui
l'enfeignent. Car non-feulement j'ai oui-dire,
mais j'ai vû de mes propres yeux, qu'il y a de
nos jours des Ecoles de Rhéteurs, & comme je
difois tout-à-l'heure, de Géometres & de Mufi-
ciens, qu'il y a même (ce qui eft encore plus
furprenant) des boutiques où l'on fait profeffion
des vices les plus méprifables, en y enfeignant
la maniere d'apprêter les nourritures de la façon
la plus propre à flatter la gourmandife, d'ordonner un repas avec le plus grand luxe, d'ajufter
les cheveux & de parer les têtes; au lieu que je
n'ai jamais connu de gens qui fiffent profeffion
d'enfeigner l'Agriculture, ni de l'étudier : quoique néanmoins, quand il n'y auroit pas dans la
Ville de Profeffeurs pour les Arts dont je viens
de parler, la République n'en feroit pas moins
floriffante, qu'elle ne l'étoit chez les anciens qui
ne les connoiffoient pas. En effet, les Villes ont
été autrefois affez heureufes, & elles ne le feroient pas moins par la fuite, fans ces Ecoles dans
lefquelles on fe forme aux exercices du corps,
& même fans celles dans lefquelles on acquiert
le talent de la plaidoirie; au lieu qu'il eft évident que les hommes ne peuvent ni fubfifter,
ni fe procurer leur nourriture fans Agriculteurs.

C'eſt ce qui fait que ce que nous voyons de nos jours tient preſque du prodige, je veux dire que l'objet le plus intéreſſant pour nos corps, & le plus utile à la vie, ſoit préciſément celui qui eſt encore le plus éloigné de ſa perfection, & que la voie la plus innocente pour augmenter ſon patrimoine, ait toujours été la plus négligée. Car il faut avouer que tous les autres moyens de le faire ſont, pour ainſi dire, oppoſés & contraires à la juſtice ; à moins que nous ne nous figurions qu'il y ait plus de juſtice à nous enrichir par la voie de la guerre, dont il ne peut nous revenir aucun profit qui ne ſoit teint de ſang, & qui ne cauſe, en nous enrichiſſant, quelque dommage à nos ſemblables : les haſards de la mer & les riſques du commerce, auront-ils plus d'attraits aux yeux de ceux qui pourroient avoir de l'averſion pour la guerre, & l'homme, tout animal terreſtre qu'il eſt, oſera-t-il braver toutes les Loix de la Nature pour ſe confier aux flots, en s'expoſant à ſervir de jouet à la fureur des vents & de la mer, & à demeurer continuellement exilé de ſa patrie, comme un oiſeau étranger qui parcourt dés terres inconnues ? où bien donnera-t-on la préférence ſur ces profeſſions à celle de l'uſure, ce crime dont l'odieux ſaute aux yeux même de ceux qu'il ſemble ſecourir pour le moment ? mais certainement on ne peut pas non plus regarder comme préférable cette profeſſion que nos an-

A iij

ciens traitoient d'enragée (2), & dont tout le mérite consiste à aboyer contre les gens les plus riches, profession qui n'est, à proprement parler, qu'un brigandage exercé tant contre les innocens qu'en faveur des coupables, & dont nos Ancêtres ne faisoient aucun cas, bien différens de nous qui l'avons laissé s'introduire jusques dans l'enceinte de la Ville, & au milieu même du Barreau : regarderai-je comme plus honnêtes les espérances illusoires de ce flatteur intéressé, qui, rodant aux portes des gens puissans, est souvent réduit à se tenir aux écoutes dans une anti-chambre, pour deviner si son Patron est encore endormi, & à qui des valets daignent à peine répondre, au cas qu'il s'avise de demander des nouvelles de ce qui se passe dans la chambre ? croirai-je que je trouverai plus de félicité à m'exposer aux rebuts d'un esclave enchaîné à la garde d'une porte (3), & à me morfondre souvent jusques bien avant dans la nuit devant cette porte sourde à mes instances les plus vives, & cela pour acheter au prix de l'esclavage le plus affreux, & le plus humiliant,

---

(2) C'est ainsi que nous croyons pouvoir traduire en notre Langue le mot de *Caninum*, par lequel les anciens peignoient la méchanceté des Orateurs. Plaute fait dire à un de ses Acteurs dans les Menechmes : sçavez-vous pourquoi les Grecs traitoient Hecube de Chienne ? c'est qu'elle médisoit de tout le monde.

(3) Chez les Romains les Portiers étoient des esclaves que

l'honneur des Faisceaux (4) & l'autorité, que je
n'obtiendrai cependant qu'en prodiguant encore en
outre tout mon patrimoine ; puisque les honneurs
ne sont jamais la récompense d'un esclavage infructueux pour le Patron, & qu'on ne peut se flatter
de les obtenir qu'à force de présens ? Si donc les
honnêtes gens doivent fuir ces voies d'accroître
leur fortune, & toutes autres semblables, il n'en
reste plus, comme je l'ai annoncé, qu'une seule
qui puisse être regardée comme noble & honnête ;
& cette voie, c'est l'Agriculture. Au reste, quand
même les préceptes de cet Art ne seroient mis à
exécution, comme autrefois, qu'imprudemment,
& par des gens ignorans, pourvu toutefois qu'ils
fussent propriétaires des terres qu'ils cultive-

---

l'on enchaînoit à la porte, comme nos chiens de basse-cour,
pour qu'ils ne pussent pas s'écatter de leur poste. Ovide le dit
expressément dans le premier Livre des Amours :

    Janitor (indignum) durâ religate catenâ.

(4) Les Faisceaux étoient des paquets de verges, au milieu
desquelles étoit enveloppée une hache, dont le fer surmon-
toit les verges. On les portoit devant les Consuls, les Pro-
consuls, les Gouverneurs de Province & les Préteurs, autant
par honneur, que pour inspirer la terreur. Effectivement ces
Magistrats pouvoient ordonner dans l'occasion aux Licteurs
qui les portoient de s'en servir, auquel cas, ceux-ci délioient
la hache pour en frapper le condamné, après l'avoir battu
de verges. Les Consuls, comme les premiers Magistrats de
la République, étoient précédés de douze de ces Licteurs,
au lieu que les autres Magistrats que nous avons nommés,
n'en avoient que six.

A iv

roient, l'Économie rurale tourneroit moins à
leur perte qu'elle ne fait, parce que leur application les dédommageroit en beaucoup d'occasions des torts que pourroit leur causer leur ignorance, & que leur intérêt personnel s'y trouvant
attaché, ils craindroient de passer toute leur vie
pour des gens imprudens dans leurs propres affaires ; d'où il résulteroit que cette crainte, en
augmentant en eux le desir d'apprendre, les con-
duiroit infailliblement à une connoissance parfaite de l'Agriculture. Mais pour le présent nous
ne daignons pas cultiver par nous-mêmes nos
terres, & nous regardons comme fort peu important d'avoir un Métayer qui soit très-instruit, ou
qui ait du moins (s'il est ignorant) l'esprit & la vigueur nécessaires pour apprendre en peu de temps
ce qu'il ignore. Car si c'est un homme riche qui
achete un fond de terre, il y relegue le plus éner-
vé de ses valets, ou de ses porteurs, & celui qui
est le plus cassé par les années, quoique l'ouvrage auquel il le destine dès-lors, demande dans
la personne qui en est chargée non-seulement de
la science, mais encore un âge vert, joint à la
force du corps suffisante pour en soutenir les
travaux ; si au contraire c'est un homme d'une
fortune médiocre qui fasse cet achat, il met à la
tête de toute la besogne un homme à gages, qui
n'est plus en état de gagner sa vie par ses journées, ni d'apporter aucun profit à son maître par
son travail, & qui n'a pas les premieres notions

de l'administration qu'on lui confie. Quand j'examine une pareille conduite, & que je réfléchis sur la turpitude avec laquelle tout le monde a abandonné l'Agriculture d'un commun accord, ou que je cherche en moi-même les raisons qui l'ont pû faire passer de mode, il m'arrive souvent d'être dans l'appréhension, que les honnêtes gens n'en soient venus au point de la regarder, en quelque façon, comme une profession criminelle & honteuse, ou au moins humiliante. Mais d'un autre côté, quand une foule de monumens consignés dans nos Auteurs, me rappelle que nos anciens se sont toujours fait gloire de s'adonner à l'Agriculture; qu'un Quintius Cincinnatus (5),

---

(5) Les Auteurs racontent que ce L. Quintius Cincinnatus étoit occupé à labourer ses quatre *Jugera* de terre, & nud, lorsqu'on vint lui apporter la nouvelle de son élévation à la Dictature, de façon même qu'on fut obligé de lui ordonner de prendre sa toge, pour recevoir, dans un état décent, les ordres du Sénat & du peuple Romain; que, lorsqu'il fut habillé, les Députés le saluerent en qualité de Dictateur, & l'emmenerent à la Ville; que dès le lendemain il partit à la tête des Romains, à qui il avoit ordonné de prendre les armes, & commença ses dispositions pour attaquer les Eques, qui tenoient assiégé le Consul L. Minucius dans son camp; que le matin suivant, il les vainquit & les fit passer sous le joug; qu'enfin il vouloit dès-lors quitter la Dictature qu'il pouvoit garder six mois, mais qu'une affaire étrangere à celle-ci demandant encore ses soins, il ne la quitta que le seizieme jour depuis sa création.

par exemple, ce Libérateur d'un Conful (6) affié-
gé avec fon armée, avoit eté tiré de la charrue
pour prendre la Dictature (7) ; qu'après la glo-
rieuse opération qu'il fit en cette occasion, il
avoit quitté les Faifceaux (4) de la Magistrature,
& les avoit remis après fa victoire avec plus d'em-
preffement, qu'il n'en avoit montré en les accep-
tant en qualité de Général d'Armée, & cela pour
retourner à fes mêmes bœufs qu'il avoit quittés,
& reprendre la culture du petit héritage de quatre
Jugera de terre qu'il tenoit de fes Ancêtres (8) ;

---

(6) Voy. la Note 11 du Chap. II. de l'Economie rurale de
Varron, Liv. III.

(7) La Dictature étoit une Magistrature extraordinaire, à
laquelle on n'avoit recours à Rome, que lorsque la Ville étoit
menacée de quelque grand danger. On l'appelloit ainfi du
mot *Dicere* ou de celui de *Dictare*, foit parce que ce Magif-
trat étoit *nommé* par un des Consuls en exercice pendant la
nuit, foit parce qu'il avoit le droit fouverain de *commander*
à tout le monde, raifon pour laquelle on l'appelloit encore
Maître du Peuple. On ne pouvoit choisir pour Dictateur qu'un
perfonnage Confulaire, & cette Magistrature ne duroit que
fix mois. Il étoit défendu à un Dictateur d'aller à cheval,
foit parce que, les gens de pied formant les meilleures troupes,
on ne vouloit pas qu'il en quittât le commandement, foit
parce que fon autorité reffemblant déja trop à celle d'un
Roi, on voulut qu'il eût un privilege de moins que les
autres Citoyens.

(8) Valere Maxime 4, 9 ; dit qu'il en poffédoit fept dans

qu'un C. Fabricius (9), & un Curius Dentatus
(10), l'un après avoir chassé Pirrhus (11) des
frontieres de l'Italie, l'autre après avoir subju-
gué les Sabins, cultiverent eux-mêmes les sept
Jugera de terres conquises sur les ennemis, qu'ils
avoient reçus pour leur portion, à l'égal de tous
les autres citoyens, avec autant d'industrie, qu'ils
avoient mis de bravoure à les conquérir ; qu'en
un mot, pour ne pas citer ici hors de saison les
exemples de tous ceux qui sont dans le même
cas, tant d'autres Généraux Romains des plus il-

---

l'origine, mais qu'il en avoit perdu trois en s'engageant
pour un ami.

(9) C'étoit ce Consul Romain qui, faisant la guerre à
Pirrhus, fit enchaîner le Médecin de ce Prince, qui lui avoit
offert de tuer son maitre, & le lui envoya.

(10) Ce Consul fit la guerre aux Samnites, aux Sabins &
aux Lucaniens, & triompha de ces trois peuples, ainsi que
de Pirrhus qu'il chassa de Tarente. L'histoire raconte que,
comme il étoit à la campagne assis au coin de son feu, les
Samnites vinrent lui offrir une quantité d'or considérable,
mais qu'il méprisa leurs offres, & leur fit cette réponse
magnifique : qu'il n'étoit point sensible au plaisir de posséder
de l'or, mais à la gloire de commander à ceux qui en pos-
sédoient.

(11) C'étoit un Roi des Epirotes, descendant d'Achille
par sa mere, & d'Hercule par son pere. Ce Prince qui médi-
toit la conquête de l'Univers, consulta Apollon sur la guerre
qu'il vouloit faire aux Romains, dont la puissance lui faisoit
ombrage, & ayant interprété à son avantage la réponse équivoque qu'il en avoit reçu, il commença à se mesurer avec
eux, en s'alliant aux Habitans de Tarente contre eux.

luſtres, ſe ſont toujours également diſtingués, ſoit en défendant, ſoit en cultivant les terres qu'ils avoient ou conquiſes, ou reçues de leurs peres; je juge dès-lors que ce n'eſt que le luxe & la molleſſe de notre ſiecle qui a banni ces anciens uſages, & avec eux la ſeule façon de vivre qui fût vraiment digne de l'homme. En effet, tous tant que nous ſommes chefs de famille, après avoir renoncé à la faulx & à la charrue, nous nous ſommes établis peu-à-peu dans l'enceinte des villes (changement de mœurs dont M. Varron (12) ſe plaignoit dès l'âge de nos ayeux) & nous n'y faiſons plus uſage de nos mains, que pour applaudir ſur les Théâtres & dans les Cirques (13), au lieu de les employer à travailler dans les guérets ou dans les vignobles : ou bien nous y admirons avec enthou-ſiaſme les geſtes de ces efféminés, qui, par des mouvemens empruntés des femmes, contrefont pour tromper les yeux des ſpectateurs, un ſexe que la nature a refuſé aux hommes (14). Non

---

(12) Voy. la Préf. du Liv. 2. de l'Economie rurale de Varron.

(13) Les Romains appelloient *Cirque* toute enceinte deſ-tinée aux jeux publics, tels que la courſe, le pugilat, la lutte & la courſe des chevaux. C'eſt même de ce dernier exercice que leur venoit le nom de *Cirque*, parce que les che-vaux y couroient autour d'une borne, *in circuitu*.

(14) Il eſt remarquable que cet ancien uſage de tromper non-ſeulement les yeux, mais encore les oreilles des Specta-teurs par rapport au ſexe, ait ſubſiſté juſqu'à nos jours en Ita-

contens de cela, & afin d'être en état de nous
livrer à la débauche, nous prenons des bains
chauds pour chasser nos indigestions habituelles,
ou bien nous provoquons des sueurs forcées pour
réveiller notre soif, & nous passons les nuits dans
la débauche & dans l'yvresse, & les jours à jouer
ou à dormir, nous estimant très-heureux de ne
voir le Soleil ni au moment de son lever, ni à
celui de son coucher (15). Aussi notre mauvaise
santé est-elle la suite funeste de cette vie indo-
lente, & nos jeunes gens ont le corps si lâche
& si exténué, qu'il semble que la mort n'y doive
apporter aucun changement. Certes, les vrais
descendans de Romulus (16), exercés continuellement par les fatigues de la chasse, ainsi que par
les travaux de la campagne, avoient le corps bien
autrement robuste, & supportoient bien plus aisément dans l'occasion le service militaire, d'autant qu'ils étoient endurcis d'avance par les travaux auxquels ils s'adonnoient pendant la paix;
aussi donnoient-ils toujours la préférence aux Citoyens qui vivoient à la campagne, sur ceux qui

---

lie, puisque ce n'est que sous le Pontificat du Pape actuel
qu'a été proscrite cette infâme opération, dont on faisoit un
commerce, pour se procurer des êtres dans le genre de ceux
dont parle ici Columelle.

(15) La fin de cette description semble calquée sur nos
mœurs, au moins sur celles de ce qu'on appelle le beau monde.

(16) Voy. la Note 24 du Chap. I. de l'Economie rurale
de Varron, Liv. II.

habitoient la ville, & de même qu'entre les premiers ils regardoient ceux qui reſtoient enfermés
dans l'enclos des Métairies, comme étant plus pareſſeux que ceux qui travailloient au-dehors, ils
croyoient auſſi que ceux qui ſe tranquilliſoient
dans l'enceinte des Villes à l'abri des injures de
l'air, étoient plus lâches que ceux qui cultivoient
les campagnes, ou qui gouvernoient les travaux
des Cultivateurs. Il eſt encore notoire qu'ils n'a-
voient établi l'uſage de tenir leurs aſſemblées les
jours de marchés, qu'afin de ne s'occuper des affaires de la ville qu'une ſeule fois tous les neuf
jours (17), & de pouvoir vaquer tous les autres
jours à celles de la campagne. En effet, les premiers de la ville faiſoient alors leur réſidence à
la campagne, ainſi que nous l'avons déja dit ; &
lorſqu'il étoit néceſſaire de tenir un conſeil pour
les affaires publiques, on les faiſoit venir de
leurs Métairies pour ſe trouver au Sénat (18).
C'eſt même delà que ceux qui les alloient avertir portoient le nom de *Viatores* (19) : auſſi
tant que le goût conſtant de cultiver ſes terres a

---

(17) Voy. la Note 1 de la Préf. de l'Economie rurale de
Varron, Liv. II.

(18) C'étoit l'endroit où s'aſſembloient les Sénateurs.
Voy. la Note 14 du Chap. IV. de l'Economie rurale de
Varron, Liv. II.

(19) Meſſagers, ou coureurs, du mot *via*, qui veut dire,
chemin ; c'étoient des Officiers des Magiſtrats, comme les
Licteurs, les Appariteurs, & autres ſemblables.

laissé subsister cet usage, ces anciens Sabins Qui-
rites, ainsi que les Romains nos Ancêtres ont
toujours récolté, quoique à travers le fer & le feu,
de plus amples moissons, toutes dévastées qu'elles fussent par les incursions des ennemis, que
celles que nous récoltons nous-même, quoiqu'une
longue paix nous ait donné la faculté d'étendre
les progrès de l'Agriculture. C'est ce qui fait que
dans ce même Latium, & dans cette même terre
de Saturne (20), où des Dieux avoient pris la
peine d'enseigner eux-mêmes l'Agriculture à
leurs enfans, nous sommes réduits aujourd'hui,
pour nous empêcher de mourir de faim, à la nécessité de traiter avec des Commissionnaires, pour
nous faire apporter du bled des Provinces situées
au-delà des mers, & à nous procurer des vendanges
tirées des isles Cyclades, ainsi que de la Bétique &
de la Gaule. Et cela est d'autant moins surpre-
nant, que c'est aujourd'hui une opinion généralement reçue, que l'Agriculture est un métier
vil, & de nature à n'avoir besoin d'aucun enseig-
nement pour être sçû. Pour moi, quand je considere cet Art dans le grand, & que je l'envisage
comme formant, pour ainsi dire, un corps d'une
vaste étendue, ou que je descends dans le détail
de toutes les parties qui en composent les membres, je crains de voir la fin de mes jours avant

---

(20) Voy. la Note 9 du Chap. I. de l'Economie rurale de
Varron, Liv. III.

d'avoir pû en acquérir la connoissance entiere.
Quiconque en effet veut se donner pour avoir atteint la perfection de cet Art, doit avoir si bien
pénétré la nature des choses, & être si fort au
fait de tous les climats différens , qu'il sçache
avec précision quelles sont les choses qui conviennent ou non à chaque contrée; qu'il ait présent
à sa mémoire le moment du lever des astres &
celui de leur coucher , pour ne pas commencer
ses travaux dans des temps où il sera menacé de
pluies ou de vents, & en perdre en conséquence
tout le fruit ; qu'il examine avec attention la
température de l'air & la marche des Saisons
dans l'année où il se trouve, d'autant qu'elles ne
suivent point une regle invariable, puisque l'Eté
comme l'Hiver ne se présentent point toutes les
années sous les mêmes formes, & que le Printemps n'est pas toujours pluvieux, ni l'Automne
toujours humide : or je crois que personne ne
peut prévoir toutes ces circonstances sans être
doué d'une grande vivacité d'esprit, & sans avoir
reçu l'éducation la plus recherchée. Il est encore
donné à peu de personnes de discerner les différences des terres, & la propriété de chaque sol,
comme de sçavoir ce que nous pouvons en attendre ou non. Car , à qui est-il jamais arrivé
d'envisager toutes les parties de cet Art , au
point de ne pas rencontrer de difficulté par rapport à l'emploi de ses terres, & à la pratique
des labours, ou de connoître à fond toutes les
especes

efpeces de terre même les plus diſſemblables,
quand il s'en trouve qui trompent l'homme le
plus attentif, les unes par leur couleur, les autres par leur qualité; par leur couleur, puiſqu'il y
a des pays où la terre noire, que l'on appelle
pulla, eſt bonne, comme dans la Campania, &
d'autres où la rouge eſt graſſe & réuſſit mieux;
par leur qualité, puiſqu'il y en a (comme dans
la Numidie en Afrique) où le ſable, réduit en
pouſſiere, l'emporte par ſa fécondité ſur la terre
la plus forte, au lieu qu'en Aſie & en Myſie la
terre compacte & viſqueuſe, eſt celle qui eſt la
plus fertile? A qui eſt-il encore jamais arrivé de
juger à l'inſpection des terres, telles qu'elles
ſoient, ce que ne comporte pas une colline ou
une pleine campagne, un terrein cultivé ou des
bruyeres, un ſol humide & fertile en herbes ou
une terre ſeche & mauvaiſe; comme d'avoir toutes les connoiſſances relatives, ſoit à la plantation & à l'entretien des arbres & des vignes,
dont on peut compter une infinité d'eſpeces, ſoit
à l'acquiſition & à la conſervation des beſtiaux,
puiſqu'enfin nous avons fait de ce dernier objet
une partie de l'Agriculture, quoique dans la réa-
lité ce ſoit un Art qui en eſt très-diſtinct? Mais
cet Art lui-même ne renferme-t-il pas pluſieurs
parties, puiſqu'il faut s'y prendre autrement pour
les chevaux, que pour les bœufs & pour les brebis; & qu'à ne conſidérer que ce dernier bétail,
les brebis de Tarentum demandent d'autres ſoins,

que celles dont la laine est grossiere ? Il en est de
même des chevres, qui demandent des soins qui
leur sont particuliers : encore doit-on mettre de
la différence, dans la façon de les soigner , entre
celles qui sont sans cornes & qui ont peu de
poil , & celles qui ont des cornes & beaucoup de
poil , telles que celles de Cilicie. Quelle différence n'y a-t-il pas aussi , par rapport à la pâture
de ces animaux , entre celui qui prend soin des
truies quand elles sont pleines , & le Porcher qui
mene paître les porcs ; comme entre les truies
pelées , & celles qui ont beaucoup de soie , dont
les unes exigent un climat , une éducation , &
des soins tous différens des autres ? Et enfin , pour
ne pas nous en tenir aux bestiaux , dans la classe
desquels sont comprises les volailles qu'on éleve
dans les cours, & les abeilles , qui est-ce qui a
jamais assez étudié tous les objets que nous avons
détaillés , pour connoître toutes les façons de
greffer ou de tailler les arbres , & toutes les cul-
tures différentes que demandent les fruits & les
légumes , de même que pour donner utilement
ses soins à tant d'especes de fleurs , telles que les
roses; quand nous voyons au contraire que presque tout le monde néglige des objets beaucoup
plus importans? Ce n'est pas au reste que plusieurs
personnes n'aient déja commencé à retirer des
revenus assez considérables de ces moindres objets. Je ne parle pas des prés ni des saussayes,
non plus que des genêts & des roseaux , qui,

fans demander de grands foins, ne peuvent cependant pas non plus s'en paſſer abſolument. Je
n'ignore pas qu'après l'énumération que je viens
de faire de tant de choſes, & d'objets ſi multipliés, ſi je prétens trouver dans le nombre de
ceux qui s'adonnent aux travaux ruſtiques , un
Agriculteur tel que je viens de le dépeindre, &
tel que je le deſire, je mettrai dès-lors un obſta-
cle aux études des commençans, qui ſe trouvant
effrayés par la variété des objets de cet Art, &
par ſon immenſité, ne voudront plus tenter une
entrepriſe, dans laquelle ils déſeſpéreront de pouvoir réuſſir. Quoiqu'il en ſoit, ce ſera toujours,
ainſi que l'a déja très-bien dit M. Tullius (21)
dans ſon Traité de l'Orateur, un projet raiſon-
nable dans ceux qui veulent rechercher les choſes les plus utiles au genre humain, & conſerver le
ſouvenir des découvertes ſûres, qui ont été faites
avant eux, que celui de mettre tout en œuvre pour
y parvenir. En effet, quand même nous n'au-
rions pas une force de génie ſupérieure, & que

---

(21) M. Tullius Cicéron, le premier des Orateurs Romains, dont il nous eſt heureuſement parvenu un très-grand
nombre d'Ouvrages : il avoit eu les plus grands Maîtres en
tout genre. Un Philoſophe qui venoit de l'entendre déclamer
en Grec à Athênes, s'écria qu'il ne doutoit point qu'il ne
fît paſſer aux Latins la ſeule gloire qui reſtoit aux Grecs,
celle de bien parler. On peut connoître une partie de ſa vie
& de ſon Conſulat par ſes Ouvrages. Il fut une des victimes
des proſcriptions.

nous ferions privés de la reſſource que l'on trouve dans la connoiſſance des Beaux-Arts, nous ne
devons pas pour cela nous laiſſer abattre, & croupir
dans l'oiſiveté, mais nous devons plutôt pourſuivre
avec perſévérance les eſpérances que nous avons
ſagement conçues; attendu qu'en aſpirant au premier rang, nous ne pouvons pas manquer d'être
aſſez honorablement placés, quand nous ne ſe-
rions qu'au ſecond. Les Muſes (22) du Latium
n'ont - elles donc admis dans leur Sanctuaire
qu'Accius (23) & Virgile (24), & n'y ont-elles

---

(22) Voy, la Note 4 du Chap. I. de l'Economie rurale de
Varron, Liv. I.

(23) Célebre Poëte tragique, dont Quintilien 10, 1,
fait un grand éloge, en imputant au ſiecle où il vivoit la
rudeſſe de ſtyle, qui lui eſt reprochée par Cicéron. Il paroît
cependant que ſes Contemporains même avoient cenſuré cette
rudeſſe. Pacuvius, qui avoit cinquante ans plus que lui, lui
ayant en effet entendu réciter ſa Tragédie d'Atrée, en fit
de grands éloges, à la vérité, mais ajouta qu'il y trouvoit
des choſes qui lui ſembloient tant ſoit peu dures & aigres:
à quoi Accius répliqua qu'il n'en étoit point fâché, parce
qu'il en étoit des eſprits, comme des fruits, entre leſquels
ceux qui naiſſent durs & aigres, deviennent peu-à-peu doux
& agréables, au lieu que ceux qui ſont mous dès leur principe, ſe pourriſſent par la ſuite, au lieu de mûrir.

(24) P. Virgilius Maro: c'eſt le premier des Poëtes Latins.
Il étoit d'un village auprès de Mantoue: ſa famille étoit peu
diſtinguée, ſon pere s'appelloit Maro & ſa mere Maia. Il
s'étoit adonné d'abord à la Médecine Vétérinaire, & c'eſt
par ce canal qu'il eut occaſion de ſe faire connoître, juſqu'au
point de devenir favori d'Auguſte. Tout le monde connoît

point au contraire donné des places respectables non-seulement à ceux qui ont le plus approché de ces Poëtes, mais encore à d'autres qui étoient loin de ces derniers? Les foudres de l'Eloquence de Cicéron n'ont point détourné de cette étude Brutus (25), ou Cœlius (26), ou Pollion (27), ni Messala (28) & Catulus (29); de même que

---

les Ouvrages exquis qui nous restent de lui. Il vouloit ordonner par son Testament que l'on brûlât son Enéide après sa mort, comme un ouvrage trop imparfait. Qu'eût donc été ce Poëme, s'il y eût mis la derniere main, & quelle perte ne seroit-ce pas pour nous si sa volonté eût été exécutée?

(25) M. Brutus : c'est un des meurtriers de César. Il étoit petit-fils de Caton par les femmes, & descendoit de celui qui avoit chassé les Rois de Rome.

(26) Il étoit disciple de Cicéron. C'étoit un caractere turbulent : il fut soupçonné & même accusé d'être entré dans la conjuration de Catilina. Cicéron prit sa défense, & le discours qu'il fit à cette occasion nous est parvenu. Il mourut très-jeune, ce qui a fait dire à Quintilien 10, 1, qu'il méritoit une plus longue vie & un meilleur esprit.

(27) Ce célebre Orateur, ami d'Auguste, a mérité d'être comparé à Cicéron. Quintilien 10, 1, dit cependant qu'il est si distant de cet Orateur par l'agrément & le poli, qu'il semble l'avoir devancé d'un siecle.

(28) Horace cite avec éloge cet Orateur dans son Art Poétique. Il étoit de la famille de ce Valerius Corvinus, qui, ayant pris la ville de Messana en Sicile, en porta le surnom, qui se changea ensuite insensiblement en celui de Messala. Aussi Quintilien 10, 1, dit-il que son éloquence sembloit annoncer la noblesse de sa naissance.

(29) Voy. la Note 10 du Chap. V. de l'Economie rurale de Varron, LIV. III.

Cicéron lui - même , loin d'avoir été effrayé par le tonnerre de celle de Démosthène (30) & de Platon (31) , n'avoit pas crû devoir leur céder , & que le divin Homere (32) , ce pere de l'Eloquence , n'avoit point étouffé , dans ceux qui l'avoient suivi , le goût de l'étude de l'Eloquence par les flots inépuisables de la sienne. Voyons-nous que les Artistes moins célebres que les Protogênes (33) , que les

----

(30) C'est le premier des Orateurs Grecs , ou plutôt le modele de tous les Orateurs qui ont jamais existé, dans telle Nation que ce soit. Il étoit d'Athênes.

(31) Les épithetes qu'on lui donne montrent combien ce Philosophe étoit estimé , puisqu'on l'appelle le divin Platon , & l'Homere des Philosophes. Il étoit d'Athênes , & se nommoit Aristocles ; le surnom de Platon lui fut , dit-on , donné à cause de la largeur de ses épaules. Il prit d'abord des leçons de Socrate , puis alla en Italie écouter les Pytagoriciens , & en Egypte les Gymnosophistes. On croit qu'il eut dans ce pays communication des Livres de Moyse. Il mourut à l'âge de 81 ans , & laissa un disciple bien digne de lui dans la personne d'Aristote.

(32) Voy. la Note 5 du Chap. I. de l'Economie rurale de Varron , Liv. I.

(33) Ce Peintre étoit de Caunus dans la Carie : il étoit très-pauvre. Il y avoit un tableau fameux de lui , sur lequel il avoit étendu quatre couches de couleurs , afin que , lorsque l'injure des temps en auroit détruit une , les autres se succédassent par degrés. Je ne crois pas que nos Peintres modernes connoissent ce secret. Démétrius ne voulut pas mettre le feu à Rhodes, pour prendre cette ville qu'il attaquoit , dans la crainte de brûler les ouvrages de ce Peintre , & ce Roi l'ayant fait venir, & lui ayant demandé comment, pendant

Apelles (34) & les Parrhafius (35), & qui avoient

le fiege, il ofoit refter tranquillement à travailler chez lui, cet Artifte lui répondit qu'il fçavoit bien qu'il faifoit la guerre aux Rhodiens, & non pas aux Arts. Il étoit en mê- me-temps célebre Fondeur.

(34) Le premier des Peintres de l'Antiquité, & celui qui a le plus écrit fur fon Art. Il étoit dans l'ufage de montrer fes Tableaux aux paffans, pour profiter des jugemens qu'il en entendoit faire, & les corriger en conféquence. Il fut très- particuliérement confidéré d'Alexandre le Grand, qui alloit fouvent le voir travailler, & qui avoit défendu que tout au- tre que lui s'ingérât à le peindre. Cet Artifte, curieux de con- noître Protogêne fon émule dans le même Art, l'étoit allé voir un jour à Rhodes, & ayant trouvé chez lui, en fon ab- fence, un Tableau fur le chevalet, il prit le pinceau & y fit un trait d'une délicateffe finguliere. Lorfque Protogêne rentra, il reconnut Apelle à ce trait, mais il en fit un autre encore plus délicat fur le premier, pour qu'Apelles le vît à fon retour. Effectivement ce grand Maître étant encore re- venu en l'abfence de Protogêne, vit fon ouvrage, & jaloux de l'emporter fur lui, coupa les deux premiers traits par un troifieme qui étoit fi délicat, que Protogêne fut obligé de s'avouer vaincu. Apelle n'étoit point poffédé de la baffe ja- loufie qui avilit fouvent les gens de mérite, puifque ce fut lui qui fit la réputation de ce même Protogêne, en offrant de fes Tableaux un prix exceffif, & en répandant lui-même le bruit qu'il les achetoit, dans l'intention de les vendre pour les fiens propres.

(35) Ce Peintre célebre étoit d'Ephefe. On raconte une difpu- te finguliere de talens entre lui & Zeuxis : celui-ci avoit peint des grappes de raifins fi naturelles, que les oifeaux venoient les béqueter. Parrhafius avoit peint un rideau, & Zeuxis approchant du Tableau pour le voir, lui dit de retirer le ri-

B iv

admiré ces grands maîtres, n'aient pas reçu la récompense de leurs travaux, depuis tant de siecles qu'on les admire eux-mêmes? Et quoique la beauté du Jupiter (36) Olimpien, & de la Minerve (37) de Phidias (38) eut étonné les Artistes qui l'ont suivi, je veux dire les Bryaxis (39), les Lisippes (40), les Praxiteles (41), &

---

deau; mais reconnoissant son erreur, il adjugea la préférence à ce Tableau sur le sien, par la raison que le sien n'avoit trompé que des oiseaux, au lieu que celui de Parrhasius a voit trompé un connoisseur. Il est fâcheux que cet Artiste ne joignit point la modestie à ses talens : c'étoit l'homme du monde le plus glorieux, & qui ne rougissoit pas de se dire le premier dans son Art.

(36) Voy. la Note 1 du Chap. CXXXI. de l'Economie rurale de Caton.

(37) Voy. la Note 15 du Chap. I. de l'Economie rurale de Varron, Liv. I.

(38) Cet Artiste, au-dessus de tout éloge, avoit commencé par être Peintre; les chefs-d'œuvres de lui, cités ici, étoient des statues d'yvoire & d'or. La premiere étoit une des sept merveilles du monde : la seconde avoit vingt-six *cubiti* de hauteur, & étoit ornée de reliefs admirables, dont on peut voir la description dans Pline 36, 5. Quintilien a dit de lui qu'il étoit plus propre à former des Dieux que des hommes.

(39) C'étoit un des Artistes qui avoient travaillé à ce célebre monument, élevé par Artemise à la gloire de Mausolus son mari, Roi de Carie, monument qui passoit pour une des sept merveilles du monde.

(40) Voy. la Note 13 du Chap. II. de l'Economie rurale de Varron, Liv. III.

(41) La Vénus de Gnide toute nue, étoit la plus belle sta-

les Polycletes (42), ces derniers ne se sont point
cependant repenti d'avoir essayé leurs talens, ni
d'avoir voulu voir jusqu'à quel point ils pourroient les pousser. Il est donc certain qu'en tout
genre de science, ceux qui brillent au premier
rang s'attirent l'admiration & la vénération, sans
que ceux qui sont au-dessous d'eux, soient frus-
trés pour cela des éloges qu'ils méritent. Ajoutez
à ces réflexions que, quand celui dont nous voulons
faire un Agriculteur parfait, ne seroit consommé
dans aucun Art, & qu'il n'auroit acquis ni la sa-
gacité de Démocrite (43) ou de Pithagore (44)
dans la nature universelle des choses, ni la pré-

---

tue de l'Univers, Nicomede, Roi de Bythinie, voulut l'acheter, en offrant de payer toutes les dettes des Habitans de Gnide, mais ils ne voulurent jamais y consentir. Pline raconte
36, 5, un fait que la pudeur ne nous permet pas de répéter,
& qui prouve jusqu'à quel point de ressemblance & de beauté
cette statue étoit portée.

(42) Ce célebre Statuaire avoit fait deux Statues sur le même sujet, l'une d'après les regles de son Art, l'autre d'après
les avis du Public qu'il avoit consulté. Lorsqu'il les montra
toutes deux, la premiere fut beaucoup plus louée que la seconde, sur quoi il dit au peuple : Sçachez que c'est moi qui
ai fait celle qui attire vos éloges, & que c'est vous qui avez
fait celle que vous méprisez.

(43) Voy. la Note 13 du Chap. I. de l'Economie rurale de
Varron, Liv. I.

(44) Voy. la Note 4 du Chap. I. de l'Economie rurale de
Varron, Liv. II.

voyance de Meton ou d'Eudoxe (45) dans le mouvement des aftres & des vents, ni la fcience de Chiron (46) & de Melampodes dans l'éducation des beftiaux, ni la prudence de Triptoleme (47) ou d'Ariftée (48) dans le labourage & le travail des terres; il fe trouveroit cependant avoir fait beaucoup de progrès, pour peu qu'il

---

(45) Cet Aftronome étoit de Gnide & difciple de Platon. Cicéron, Liv. II. *de Divin.* dit que tous les Sçavans le regardoient comme le premier des Aftronômes. C'eft le premier qui ait arrangé l'année fur le cours du Soleil.

(46) C'eft un perfonnage fabuleux. Il étoit, felon la Fable, fils de Saturne & de Phillyra. Lorfque Saturne étoit à prendre fes ébats avec elle, fa femme Ops arriva, & Saturne, craignant fa colere, fe changea en cheval, de forte que Chiron, qui naquit de ce commerce, fut moitié homme, moitié cheval : lorfqu'il fut parvenu à un certain âge, il fe retira dans les forêts, & en les cultivant il découvrit toutes les vertus des herbes, & les remedes qu'on en pouvoit tirer. Comme il étoit immortel par fa nature, une maladie grave, dont il fut attaqué, le détermina à prier les Dieux de lui accorder la grace de mourir, & ils le transférerent au Ciel fous le nom du *Sagittaire.*

(47) Il étoit, felon la Fable, fils de Céleus qui regnoit dans l'Attique. Ce Roi ayant bien reçu Cerés qui cherchoit fa fille, celle-ci pour l'en récompenfer lui montra tous les fecrets de l'Agriculture, & allaita fon fils Triptoleme, qu'elle envoya enfuite par tout l'Univers, pour montrer aux hommes l'ufage du bled & de la charrue qu'il avoit inventée.

(48) Il étoit fils d'Apollon & de Cyrene, fille de Pénée, Roi d'Arcadie. C'eft lui qui inventa l'ufage du miel, la façon de faire cailler le lait, de faire l'huile, &c.

égalât dans la pratique nos Tremellius (49), nos
Saserna (50), & nos Stolons (51), d'autant plus
que tout homme peut exercer l'Agriculture, sans
avoir de très-grands talens, pourvu cependant
qu'il n'en soit pas totalement dépourvu, & qu'il
ne soit pas comme on dit, *Pingui Minervâ* (52):
car il est absolument faux que ce soit, comme
bien des gens l'ont crû, un Art très-facile, &
qui ne demande aucune finesse dans l'esprit. Il
n'est pas nécessaire de m'étendre à présent sur cet
Art en général, puisque mon projet est de con-
sacrer un certain nombre de volumes a en expliquer toutes les parties, chacune dans leur ordre, mais je n'entrerai cependant en matiere
qu'après avoir traité préalablement des choses,
que je crois appartenir essentiellement à l'uni-
versalité de cet Art.

---

(49) C'est un des Interlocuteurs de l'Economie rurale de
Varron. Voy. le Chap. IV. du Liv. II. de cette Economie.

(50) Voy. la Note 29 du Chap. II. de l'Economie rurale
de Varron.

(51) Voy. les Notes 13 & 14 du Chap. II. de l'Economie
rurale de Varron. C'est encore un de ses Interlocuteurs.

(52) Comme Minerve étoit la Déesse des Arts, (Voy. la
Note 15 du Chap. I. de l'Economie rurale de Varron, Liv. I.)
les anciens se servoient de cette expression, pour désigner
les choses qui n'étoient pas étudiées, & les personnes gros-
sieres ou ignorantes.

CHAPITRE PREMIER.

QUICONQUE veut s'appliquer à l'Agriculture, sçaura d'abord qu'il ne peut y faire aucun progrès, sans ces trois points capitaux ci : la connoissance de l'Art, la faculté de dépenser, & la volonté de le faire. C'est le sentiment de Tremellius (1), lorsqu'il dit que celui-là seul est dans le cas d'avoir des terres bien cultivées, qui sçaura, pourra & voudra cultiver : car la connoissance & la volonté ne suffiront jamais sans les dépenses qu'entraînent nécessairement les Ouvrages; de même que la volonté d'agir & de dépenser sera inutile sans l'art de le faire, parce que dans toute espece d'affaire, le capital est de sçavoir ce qu'il faut faire, & sur-tout en matiere d'Agriculture, où la volonté & la faculté dénuées de connoissances, causent souvent de grands dommages aux Propriétaires, lorsqu'il arrive que des Ouvrages faits imprudemment, ne répondent point par le profit qu'ils rapportent, aux dépenses qu'ils ont occasionnées. Ainsi un chef de famille attentif, qui aura à cœur de suivre une méthode assurée dans la culture de ses terres, pour augmenter son patrimoine par-là,

____

(1) Voy. la Note 49 du Chap. précédent.

s'appliquera principalement à confulter fur chaque objet qui fe préfentera, les plus habiles Agriculteurs de fon fiecle, à méditer avec attention
les commentaires des anciens, & à pefer ce que
chacun d'eux aura penfé & ordonné, pour voir fi
tout ce qu'ils ont prefcrit convient à la pratique
de fon temps, ou s'ils n'ont pas prefcrit des chofes
qui n'y quadrent pas. Car j'ai déja trouvé bien des
Auteurs célebres, qui regardoient comme une vérité conftante, que la longueur des fiecles écoulés
avoit changé la difpofition de l'air & les faifons;
Hipparchus (2), le Profeffeur d'Aftronomie le
plus en réputation, a même donné pour certain
qu'il viendroit un temps, où les Pôles du monde
changeroient de fituation, & Saferna (3), Auteur
non méprifable d'une Economie rurale, femble même avoir ajouté foi à cette opinion,
puifque dans le Livre qu'il a laiffé fur l'Agriculture, il prétend que les faifons font changées, &
le conclud de ce que des contrées qui ne pouvoient point autrefois conferver de plants de
vignes ou d'oliviers, à caufe de la violence de
l'hiver qui y regnoit continuellement, font aujourd'hui très-abondantes en olives & en raifin,

---

(2) Il étoit de Nicée en Bithynie. Il a beaucoup écrit fur
l'Aftronomie, & c'eft le premier inventeur des Inftrumens
de Mathématiques qui font d'ufage dans cette Science.

(3) Voy. la Note 29 du Chap. II. de l'Economie rurale
de Varron, Liv. I.

depuis que le froid des temps antérieurs s'y est modéré & adouci. Au reste, que cette raison soit fausse, ou qu'elle soit vraie, on peut la passer dans des ouvrages d'Astronomie. Mais pour les autres préceptes d'Agriculture, que les Ecrivains d'Afrique ont laissé en Langue Punique, & qui sont en grand nombre, on ne doit point les dissimuler à un Agriculteur, quoi qu'il s'en trouve plusieurs, que nos Agriculteurs ont relevés comme faux. Tremellius (1), par exemple, regarde comme une opinion fausse qu'il y ait de la différence entre le sol & la température de l'Italie, & le sol & la température de l'Afrique, & que ces deux contrées ne puissent pas donner les mêmes productions, quoique cet Auteur justifie lui-même ailleurs cette opinion, en se plaignant de ce que cela est réel par le fait. Telles que soient au surplus dans la science de l'Agriculture, les différences qui se trouvent entre notre siecle & les siecles précédens, elles ne doivent point détourner celui qui veut s'adonner à cette étude, de la lecture des anciens : car on y trouve beaucoup plus de choses que l'on doive approuver, que l'on n'y en trouve à rejetter. Or, il y a une foule d'Auteurs Grecs, qui ont laissé des préceptes sur l'Agriculture : on peut mettre à la tête le célebre Poëte Hésiode (4) de Béotie, qui a beaucoup con-

____

(4) Voy. la Note 36 du Chap. I. de l'Economie rurale de Varron, Liv. I.

ttibué à la perfection de notre Art; les progrès
en font dûs après lui aux foins de Démocrite (5)
d'Abdere, de Xenophon (6) le difciple de Socrate (7), d'Architas (8) de Tarente, des Péripatéti-
ciens (9), tant le maître que le difciple, je veux
dire d'Ariftote (10) & de Théophrafte (11), tous

---

(5) Voy. la Note 23 du Chap. I. de l'Economie rurale de
Varron, Liv. I.

(6) Voy. la Note 24 *ibid.*

(7) Philofophe Athénien qui paffoit pour le plus fage des
hommes. Il étoit fils d'un carier nommé Sophroniscus, &
d'une Sage-Femme nommée Phanarifta. Il avoit pris les leçons d'Anaxagoras & de Damon, & enfuite du Phyficien
Archelaüs, mais reconnoiffant que la nature des chofes étoit
au-deffus de notre portée, & qu'il ne nous revenoit aucune
utilité des connoiffances relevées de la Philofophie, il s'a-
donna le premier à la Morale. Il fut accufé par les Athéniens de penfer mal des Dieux, & mis en prifon : mais il ne
voulut jamais fe juftifier de cette accufation, & fut condamné à la mort, qu'il fubit avec la tranquillité qu'il avoit
fçû conferver dans tous les événemens de fa vie. Il n'a rien
laiffé par écrit. C'eft le pere de prefque toutes les différentes
fectes de Philofophes.

(8) Voy. la Note 27 du Chap. I. de l'Economie rurale de
Varron, Liv. I.

(9) Ce mot vient de περιπατεῖν, qui veut dire, *fe promener.*
On donnoit ce nom à ceux des Sectateurs de Platon, qui re-
connoiffoient Ariftote pour leur Chef, & qui difputoient
comme lui en fe promenant dans le Lycée.

(10) Voy. la Note 25 du Chap. I. de l'Economie rurale de
Varron, Liv. I.

(11) Voy. la Note 26 *ibid.*

personnages sortis du sein de la Sageffe. Les Siciliens Hieron (12) & le difciple d'Epicharmus (13)
en ont auffi procuré avec beaucoup de foin l'avan-
cement, ainfi que Philométor Attalus (14). Pour
la ville d'Athènes, elle a produit une foule d'Auteurs en ce genre, dont les plus généralement
approuvés font Chereas, Ariftandros, Amphilo-
chus (15), Chreftus (16) & Euphronius (17) l'A-
thénien, & non point celui d'Amphipolis, avec
qui bien des gens l'ont confondu, quoique ce
dernier paffe lui-même pour un bon Agriculteur.
Les Ifles ont auffi célébré cet Art; témoin Epi-
gènes (18) de Rhodes, Agathoclès de Chio, Eva-
gon & Anaxipolis de Tharfe. Ménandre & Dio-
dore les compatriotes de Bias (19), l'un des fept

---

(12) Voy. la Note 21 *ibid.*

(13) Ce Philofophe, difciple de Pytagore, avoit écrit des
Commentaires fur la nature des chofes & fur la Médecine. Il
étoit en même-temps Poëte comique. On ne voit pas trop
quel eft fon difciple que veut défigner Columelle. Notre Auteur eft très-fautif ici.

(14) Voy. la Note 22 du Chap. I. de l'Economie rurale de
Varron, Liv. I.

(15) Voy. la Note 28 *ibid.*

(16) Varron l'appelle Cherefteus, Chap. I. du Liv. I. de
l'Economie rurale.

(17) Varron *ibid.* ainfi que Pline l'appellent Euphranius.

(18) Voy. la Note 30 du Chap. I. de l'Economie rurale de
Varron, Liv. I.

(19) C'eft lui qui fuyant de fa Patrie, qui venoit d'être

Sages,

Sages, entr'autres genres de réputation, ont aussi
acquis celle d'Agriculteurs; mais Bacchius &
Mnasseas (20) de Milet, Antigonus de Cymée,
Apollonius de Pergame, Dion de Colophon,
Hegésias (21) de Maronia, ne leur ont point cédé
sur cet article. Diophanes de Bythinie a même
abrégé en six Livres tous les volumes nombreux
de Dionysius d'Utique, l'interprete de Magon
(22) le Carthaginois. Il y a encore d'autres Auteurs, à la vérité moins connus que ceux-ci, &
dont nous ignorons la patrie, mais qui n'ont pas
laissé que de nous fournir des secours dans notre
étude : ce sont Androtion (23), Æschrion (24),
Aristomenes, Athenagoras, Crates, Dadis, Dionysius, Euphiton, Euphorion. Nous avons aussi
mis à contribution, avec autant de confiance,
Lysimaque (25), & Cleobule (26), Menestrate,

---

prise par l'ennemi sans rien emporter, disoit : Je porte avec
moi tout ce que j'ai.

(20) Voy. la Note 35 du Chap. I. de l'Economie rurale de
Varron, Liv. I.

(21) Voy. la Note 31 *ibid.*
(22) Voy. la Note 37 *ibid.*
(23) Voy. la Note 32 *ibid.*
(24) Voy. la Note 33 *ibid.*
(25) Voy. la Note 54 *ibid.*

(26) L'un des sept Sages de la Grece. Il étoit fils d'Evago-
ras, & célebre par la force de son corps & par la beauté de sa
figure. Il voyagea en Egypte pour faire des progrès dans la
Philosophie. Il avoit coutume de dire qu'il falloit accabler

Tome III.   C

Pleutiphanès, Persis & Théophile, chacun pour leur quote-part. Enfin, pour accorder le droit de bourgeoisie Romaine à l'Agriculture, qui n'avoit encore été que Grecque, tant que l'on n'avoit connu que les Auteurs que nous venons de citer, nommons à présent M. Caton (27), le fameux Censeur (28), qui l'a fait parler Latin le premier : nommons après lui les deux Safernas (29) pere & fils, qui l'ont enseignée avec plus d'étendue ; ensuite Scrofa Tremellius (2) qui l'a rendue éloquente ; M. Terentius (30) qui l'a polie ; puis Virgile (31) qui l'a aussi embellie par le charme de ses Vers ; sans dédaigner de faire mention de Julius Hyginus (32) que l'on peut en regarder comme le Précepteur. Cependant tels hommages que nous rendions à ces Auteurs, honorons par-dessus eux tous Magon (22) le

---

de bienfaits ses ennemis comme ses amis, les premiers pour les gagner, les seconds pour se les attacher davantage.

(27) C'est l'Auteur de l'Economie rurale. Voy. notre Préf.

(28) Voy. la Note 12 du Chap. II. de l'Economie rurale de Varron, Liv. III.

(29) Voy. la Note 29 du Chap. II. de l'Economie rurale de Varron, Liv. I.

(30) C'est l'Auteur de l'Economie rurale. Voy. notre Pref.

(31) Voy. la Note 25 de la Pref.

(32) C'étoit un Espagnol, Affranchi d'Auguste & son Bibliothécaire : il étoit intime ami d'Ovide. Il a écrit entre autres choses sur l'Agriculture. Voy. l'Eloge qu'en fait notre Auteur dans le Chap. II, du Liv. IX.

Carthaginois, comme le pere de l'Agriculture , lui
dont l'Ouvrage célebre , qui étoit compris sous
vingt-huit Livres, a été traduit en Latin par ordre
du Sénat. Notre siecle a aussi ses Auteurs , qui ne
méritent pas de moindres éloges que les anciens ,
notamment Cornelius Celsus (33) & Julius Atticus , dont le premier a donné un corps complet
d'Agriculture en cinq Livres, & le second un Livre unique sur l'espece particuliere de culture, qui
est propre aux vignes. Julius Græcinus (34) , que
l'on peut regarder comme disciple de ce dernier ,
a laissé à la postérité deux volumes de préceptes
également relatifs aux vignes, mais son ouvrage
est plus agréable & plus savant, que celui de son
maitre. Ainsi, Publius Silvinus, consultez tous ces
Auteurs avant de vous engager dans l'étude de

---

(33) Cet Auteur vivoit sous Tibere. Ses Ouvrages sur la
Médecine lui ont mérité le titre de l'Hippocrates Latin.
Voy. l'éloge qu'en fait notre Auteur , Liv. II. Chap. II. Quintilien 12, 11, qui ne lui donne d'ailleurs qu'un génie médiocre , convient cependant qu'en écrivant sur l'Histoire,
l'Eloquence , la Guerre , l'Agriculture & la Médecine , il
avoit au moins montré qu'il étoit instruit dans tous ces
Arts.

(34) Tacite dit , dans la vie de Julius Agricola , fils de
celui-ci , que c'étoit un Sénateur connu par son application
à l'étude de l'Eloquence & de la Sagesse , application qui lui
avoit attiré la haine de Caligula ; & Seneque ajoute Liv. II.
De Benef. Chap. 21. que cet Empereur le fit mourir par la
seule raison, qu'il étoit plus honnête homme , qu'on ne doit
l'être aux yeux d'un Tyran.

l'Agriculture : mais n'espérez pas cependant que leurs avis vous conduiront sur le champ à la perfection de cet Art, car les monumens de ces sortes d'Ecrivains contribuent moins à faire un Agriculteur, qu'à le meubler des principes qui lui sont nécessaires. C'est l'usage & l'expérience qui tiennent le haut bout dans tous les Arts, & il n'y en a pas un seul où l'on ne soit à portée de s'instruire par ses propres fautes, parce que, dès que l'on s'apperçoit qu'une opération, pour être mauvaise, à tourné à mal, on évite ce qui avoit fait donner dans l'erreur, & l'instruction du maître éclaire le disciple sur le droit chemin, qu'il doit prendre dorénavant. On ne doit donc point s'attendre que les préceptes que je vais donner conduisent eux seuls à la perfection de cet Art : tout ce qu'on peut en espérer, c'est qu'ils aideront à y parvenir, & le Lecteur ne pourra pas se flatter d'être devenu bon Agriculteur, par cela seul qu'il les aura lûs, à moins qu'il ne veuille les exécuter, & que ses facultés ne lui permettent de le faire. Ainsi nous ne garantissons ces préceptes que comme devant aider ceux qui s'appliqueront à l'Agriculture, pourvû qu'ils se trouvent réunis aux autres conditions que nous avons indiquées. Il y a plus : toutes les conditions que nous avons exigées, c'est-à-dire, un travail assidu, l'expérience du Métayer, la volonté de dépenser & la faculté de le faire, ne valent pas autant à elles toutes que la seule présence du Propriétaire : car s'il n'a pas fré-

quemment les yeux fur les ouvrages qui fe feront,
ils fe rallentiront tous, comme il arrive dans une
armée pendant l'abfence du Général. Je crois que
c'eft précifément le précepte que Magon (22) le
Carthaginois a voulu donner à entendre, en mettant cette fentence-ci à la tête de fon Ouvrage :
Quiconque veut acheter une terre doit vendre fa
maifon, de peur qu'il ne conferve plus d'attachement pour les poffeffions qu'il a à la Ville, que
pour celles qu'il a à la campagne, parce que celui
à qui fon domicile de Ville tient fort à cœur,
n'a pas befoin de poffeffions à la campagne. Je
m'en tiendrois même à ce précepte tel qu'il eft,
s'il étoit de nature à pouvoir être obfervé dans ce
temps-ci; mais puifqu'aujourd'hui l'ambition nous
appelle fouvent pour la plûpart à la Ville, &
qu'elle nous y retient encore plus fouvent, je penfe qu'il eft en conféquence plus commode d'avoir
un bien de campagne, qui en foit proche, afin que
tel occupé que l'on foit, on puiffe aifément s'é-
chapper tous les jours, pour y aller après les affaires du Barreau terminées. Car, pour ceux qui ac-
querrent des poffeffions dans des pays éloignés,
pour ne pas dire par-delà les mers, on peut les
regarder comme des gens qui abandonnent, dès
leur vivant, leur patrimoine à leurs héritiers, &,
qui pis eft, à leurs efclaves, d'autant que ceux-ci
fe prévalant de l'éloignement de leurs maîtres,
commencent par fe laiffer corrompre, & que la
corruption s'étant une fois emparé d'eux, ils tom-

bent dans toutes sortes de défordres, & dès-lors, s'attendant à être remplacés par d'autres, ils s'occupent plus à piller qu'à cultiver.

CHAPITRE II.

J'Estime donc qu'il faut acheter une terre à fa portée, afin d'y aller fréquemment, & afin d'annoncer fes voyages encore plus fréquemment qu'on ne les fera réellement, parce que la crainte de ces voyages contiendra le Métayer & fes gens dans leur devoir. Si le Propriétaire doit d'un côté aller féjourner à fa campagne dans toutes les occafions où il le pourra, il ne faut pas d'un autre côté que fa réfidence y foit inutile & oifive. Car il convient qu'un Chef de famille attentif vifite fouvent, & dans tous les temps de l'année, les différentes parties de fes poffeffions, jufques dans le plus petit détail, tant afin d'obferver avec plus de jugement la nature du fol, foit dans le temps où les fruits de la terre font encore en feuilles & en herbes, foit dans celui où ils font mûrs, qu'afin d'être au fait de généralement tout ce qu'il fera bon d'y faire. Car il y a un ancien adage dont Caton s'eft fervi (1), qui dit, qu'une terre eft bien

______

(1) On ne trouve point cet adage en propres mots dans l'Economie rurale de Caton, telle que nous l'avons : le précepte

punie quand le Propriétaire ne montre point à son Métayer, ce qui doit y être fait, mais qu'il l'apprend de lui. C'est pourquoi, tout homme qui possede un fond de terre qu'il tient de ses Ancêtres, ou qui se dispose à en acheter un, doit s'attacher principalement à connoître quels sont les fonds dont la nature est la plus estimée dans la contrée ; afin de se défaire d'un qui ne vaudroit rien, si le cas y écheoit, ou d'en acquérir un bon. Si la fortune sourit à nos vœux, la terre que nous aurons sera située sous un climat sain & bien fertile, partie en plaines, partie en collines légérement pentives du côté de l'Orient ou de celui du Midi : elle aura des portions de terreins cultivées, & d'autres en bois & qui seront sauvages : elle avoisinera la mer, où un fleuve navigable qui facilitera l'exportation des fruits, & l'importation des marchandises qui y seront nécessaires. Il y aura au pied des édifices, une plaine distribuée en prairies, en terres labourées, en saussaies & en plantations de roseaux. Il y aura des collines non plantées, dont la seule destination sera de rapporter du bled, quoique le bled viendra encore mieux dans des plaines médiocrement séches & grasses, que dans des endroits qui iront en pente. C'est pourquoi les terres à bled, même les plus élevées,

---

de cet Auteur qui y revient le plus, est celui-ci du Chap. V. *qu'il ne faut pas que le Métayer croie avoir plus de bon sens que son Maître.*

doivent être à peu-près généralement applanies, &
n'avoir qu'une pente très-douce, pour ressembler,
le plus que faire se pourra, à celles qui sont en
plaines. Pour les autres collines, il y en aura qui
seront couvertes d'oliviers, de vignes & d'arbres
dont on tirera des échalas pour la vigne; d'autres qui fourniront du bois & de la pierre, au cas
que l'on soit forcé de bâtir, ainsi que des pâturages pour les bestiaux. Il faut encore qu'il s'y
trouve des sources d'eaux vives, dont se forme-
ront des ruisseaux qui arroseront les prés, les
jardins & les saussaies; & qu'on y ait des troupeaux de gros bétail, & d'autres quadrupedes qui
paîtront tant les lieux cultivés que les brossail-
les. Mais une situation telle que nous la desirons
est rare & difficile à trouver : la meilleure a son
défaut, sera celle qui réunira le plus grand nombre de ces avantages, comme celle à qui il en
manquera le moins sera la plus tolérable.

CHAPITRE III.

Porcius Caton (1) pensoit qu'il falloit s'attacher à deux choses principales dans l'examen d'un

---

(1) Tout ce que Columelle attribue ici à Caton ne se trouvant pas dans cet Auteur, & la plus grande partie se trouvant
dans Varron, quelques Interpretes ont prétendu que Columelle

fond que l'on vouloit acheter, à la falubrité du climat & à la fertilité du lieu ; de façon que fi l'un de ces deux points venoit à manquer dans une terre , & que nonobftant cela quelqu'un voulût s'opiniâtrer à la cultiver , il prétendoit qu'un tel homme étoit un fou, qu'il falloit à ce titre mettre fous la curatelle de fes parens paternels (2) : Qu'en effet, il n'y a pas d'homme, pour peu qu'il jouiffe de fon bon fens, qui doive fe mettre en frais pour cultiver un terrein ingrat, & que d'un autre côté , tout fertile & gras que foit un fond, le Propriétaire ne voit jamais venir les fruits jufqu'à la récolte, s'il eft mal-fain, parce que non-feulement la récolte eft incertaine dans tout endroit où il faut batailler avec la mort, mais que la vie même des cultivateurs y eft peu affurée, ou plutôt que leur mort eft plus certaine que le profit qu'ils pourroient efpérer. Après ces deux points capitaux, il ajoutoit qu'il ne falloit pas confidérer avec moins d'attention ceux-ci, le chemin,

---

s'étoit trompé en citant l'un de ces Auteurs pour l'autre ; mais une pareille erreur n'étant pas à préfumer dans un homme auffi inftruit, il eft plus naturel de regarder tout ce qui fe trouve ici, comme une paraphrafe de ce que dit Caton au commencement du premier Chapitre de fon Economie rurale, paraphrafe ornée par notre Auteur de fes propres penfées, & de celles de Varron fur le chemin, l'eau & le voifin. Voyez l'Economie rurale de celui-ci, Liv. I, Chap. XVI.

(2) Voy. la Note 12 du Chap. II. de l'Economie rurale de Varron, Liv. I.

l'eau & les voisins : Qu'un chemin commode est d'une grande utilité pour les terres ; premiérement, & c'est le point le plus important, parce qu'il leur procure la présence même du maître, qui s'y transporte d'autant plus volontiers, qu'il n'a pas à craindre les incommodités d'une route difficile ; secondement, parce qu'il favorise l'importation & l'exportation des provisions , chose qui ajoute au prix des fruits que l'on a récoltés, & qui diminue le coût de ce que l'on a à y importer , puisqu'il en coûte moins pour faire venir les choses qui peuvent arriver sans grande peine : Qu'en outre, c'est un avantage d'être voituré à peu de frais, lorsqu'on fait la route sur des bêtes de louage , ce qu'il est toujours plus expédient de faire , que d'avoir à entretenir des bêtes à soi : Qu'enfin les esclaves qui doivent accompagner le Propriétaire , trouvent alors moins de difficulté à faire le chemin à pied. Pour la bonté de l'eau, c'est un article dont l'importance saute si fort aux yeux , qu'il est inutile de s'étendre dessus. Qui est-ce en effet qui peut révoquer en doute , que la meilleure eau ne soit celle, au défaut de laquelle personne d'entre-nous, fût-il de bonne ou de mauvaise santé , ne peut parvenir à une longue vie ? Quant à l'avantage que l'on peut retirer de ses voisins, c'est un point sur lequel on ne peut pas à la vérité tabler, puisque souvent la mort nous les ravit, & que d'autres causes de différentes especes peuvent nous en substituer d'autres. Aussi

y a-t-il quelques personnes qui n'admettent point
le sentiment de Caton (1) en cette partie, mais
cependant ils paroissent être bien dans l'erreur. Car
de même qu'il est d'un homme sage de supporter
avec fermeté les accidens occasionnés par le hazard, il est également d'un fou de provoquer lui-
même son malheur : or, c'est précisément ce que
feroit un homme, qui donneroit son argent pour
acquérir un méchant voisin, d'autant que, pour
peu qu'il soit né de parens libres, il a pû entendre dire, dès sa premiere enfance, qu'*il ne péri-
roit jamais de bœuf, s'il n'y avoit pas de mauvais
voisin* (3), proverbe qui ne doit pas s'appliquer
seulement aux bœufs, mais encore à telle nature
de biens que ce soit. Cela est si constant qu'il s'est
trouvé bien des gens, qui ont mieux aimé n'avoir
ni feu ni lieu, & abandonner leurs domiciles,
que d'être exposés aux injures de leurs voisins :
à moins que nous ne nous imaginions que des Nations entieres aient fui de leur patrie, & se soient
réfugiées dans des pays étrangers, par d'autres motifs, que celui de l'impossibilité où ils étoient de
supporter la méchanceté de leurs voisins, je veux
dire les Achéens, les Hibériens, les Albaniens &
les Siciliens même, où pour citer les peuples aux-

---

(3) Vers d'Hésiode, relatif à l'usage des peuples *Cumani*
qui habitoient l'Eolide, & qui étoient tous en armes pour
se défendre mutuellement contre les voleurs. Hésiode étoit
originaire de Cumes par son pere.

quels nous devons notre origine, les Pélasgiens, les Aborigenes & les Arcadiens : & si nous ne voulons pas nous borner aux calamités publiques, l'histoire ne fait-elle pas foi qu'il y a eu des particuliers même, tant dans les contrées de la Grece, que dans notre Hespérie elle-même, qui passoient pour des voisins détestables ; à moins qu'on ne veuille prétendre que ce fameux Autolicus (4) ait pû être tolérable à quelqu'un de son voisinage ; ou que, lorsque Cacus (5) habitoit le Mont-Aventin, il ait fait la félicité de ses voisins, qui habitoient le Mont-Palatin. J'aime mieux m'en tenir à ces exemples pris parmi les morts, que de citer des personnes existantes, pour n'être pas dans le cas de nommer un de mes propres voisins, qui ne laisse subsister dans notre contrée ni un arbre tout venu, ni une pépiniere sans y toucher, ni un seul échalas sans l'arracher de la vigne, & qui ne laisse pas même les bestiaux pai-

---

(4) Cet homme que Columelle, d'accord avec Homere, peint comme un voleur insigne, étoit fils de Mercure ou de Deucalion, & grand pere maternel d'Ulisse.

(5) C'étoit, selon la Fable, un fils de Vulcain qui vomissoit le feu, & qui fut tué par Hercule, dont il avoit volé les bœufs : mais Servius, en expliquant l'endroit du Livre de l'Enéide, où il est parlé de ce monstre, dit que c'étoit un esclave d'Evandre très-méchant & très-fripon, que l'on nomma Cacus, du mot Grec, κακός, qui veut dire, *mal.* On s'accoutuma à dire qu'il vomissoit le feu, parce qu'il ravageoit les campagnes en y mettant le feu.

tre tranquillement, si on n'y veille de près. C'est
donc avec raison , autant que j'en puis juger, que
M. Porcius (1) a pensé qu'il falloit se garder de
pareilles pestes, & qu'un des premiers avis qu'il
a donnés à ceux qui se destinent à cultiver, est
de ne s'en pas approcher, quand ils pourront l'é-
viter. Pour nous , nous ajouterons à ces préceptes
de Caton (1) celui qu'un des sept Sages a laissé à
la postérité : Qu'il faut garder un milieu & une
juste mesure en tout ; précepte que nous n'appli-
quons pas seulement aux autres opérations de la
vie , mais encore aux acquisitions que l'on veut
faire, c'est-à-dire, que nous voulons qu'on se
garde d'en faire une, qui soit plus considérable que
nos facultés ne nous permettent de la faire : car c'est
de ce précepte que doit s'entendre cette belle Sen-
tence de notre Poëte (6) : *Célébrez les grandes possessions, mais cultivez-en une petite ,* attendu que
ce sçavant homme n'a fait que consigner dans ses
vers, autant que je l'imagine, un ancien précepte,
qui avoit déja été donné par d'autres avant lui.
En effet, on convient généralement que les Carthaginois (ce peuple qui passoit pour être très-avisé)
avoient dit, avant lui, qu'une terre doit être plus
foible que celui qui la cultive, & qu'autrement,
lorsque le Propriétaire est dans le cas de lutter
contre elle, il est écrasé, s'il a le dessous. D'ailleurs
il n'y a point de doute qu'une terre considérable

---

(6) Virgile, Liv. II. des Géorgiques.

qui fera mal cultivée, ne rapporte moins qu'une petite terre qui le fera bien. C'est ce qui fait que ces fept *Jugera* de terres que Licinius (7), lors de fon Tribunat (8) après l'expulfion des Rois, avoit affignés par tête à chaque citoyen, rapportoient à nos devanciers de plus grands profits, que ne nous en rapportent aujourd'hui les guérets les plus éten- dus : aufli Curius Dentatus (9), que nous avons déja cité ci-deffus, eftimoit-il que cinq cent *Ju- gera* de terres étoient une trop grande fortune pour un Conful (10) & un Triomphateur, puif- que le peuple les lui offrant à titre de récompenfe due à fon courage fupérieur, après l'importante victoire qu'il venoit de remporter, & dont tout le fuccès étoit dû à fa conduite, il rejetta ce pré- fent, quoique offert au nom du public, & fe contenta de la portion du dernier des citoyens. Et même bientôt après, quoique nos victoires & le carnage de nos ennemis euffent laiffé bien des terres vacantes, on regarda cependant comme un crime dans la perfonne d'un Sénateur (11), de

---

(7) Voy. le Chap. II. du Liv. I. de l'Economie rurale de Varron, & les Notes 13 & 14.

(8) Voy. la Note 15. *ibid.*

(9) Voy. la Préface & la Note 11.

(10) Voy. la Note 11 du Chap. II. de l'Economie rurale de Varron, Liv. III.

(11) Voy. la Note 14 du Chap. IV. de l'Economie rurale de Varron, Liv. II.

posséder plus de cinq cent *Jugera* de terre, puisque C. Licinius (7) fut même condamné en vertu de sa propre Loi, pour avoir, en cédant à la
passion effrénée de la propriété, outrepassé la mesure de terres fixée pour chaque citoyen, par la
Loi qu'il avoit porté lui-même pendant son Tribunat (8). Or cette condamnation n'étoit pas tant
fondée sur ce que la possession d'un plus grand
terrein paroissoit provenir d'un esprit de domination, que sur ce qu'on regardoit comme crimi-
nel dans un citoyen Romain de posséder, contre
l'usage, plus de terrein que les forces de son patrimoine ne lui permettroient d'en faire valoir,
au risque d'être obligé d'abandonner des terres,
que l'ennemi, qu'on en avoit chassé, avoit déja
désolées dans sa retraite. On gardera donc dans
l'acquisition des terres une juste mesure, telle
qu'on doit la garder en toutes choses ; car on
n'en doit avoir qu'autant qu'il en faut, pour paroître les avoir achetées à l'effet d'en jouir, &
non pas pour en être surchargé soi-même, ni pour
enlever à d'autres le droit d'en jouir, à l'exemple
de ces gens immensément riches, qui possédant
des terreins qui suffiroient à des Nations entieres, n'en peuvent pas faire le tour même à cheval, & sont obligés, soit de les laisser exposés à
être foulés aux pieds des bestiaux, ou ravagés &
dévastés par les bêtes féroces, soit de ne s'en
servir que pour y mettre à la chaîne des Ci-

toyens (12), & des esclaves en prison. Quant à la quotité de cette mesure, elle sera proportionnée à la volonté raisonnable de chacun & à ses facultés, car il ne suffit pas, comme je l'ai déja dit ci-dessus, de vouloir posséder, il faut encore pouvoir cultiver.

CHAPITRE IV.

En suivant l'ordre des choses, vient à présent le précepte de Céson qu'on dit avoir été aussi adopté par Caton (1) : ce précepte veut que, lorsqu'on se dispose à acheter une terre, on revoie souvent celle sur laquelle on aura jetté ses plombs, parce qu'on ne découvre ni ses défauts, ni ses bonnes qualités à la premiere inspection, au lieu que bientôt les uns & les autres se découvrent facilement en la revoyant. Nos Ancêtres nous ont aussi

---

(12) Chez les Romains les personnes libres, qui étoient dans l'impuissance de payer leurs dettes, pouvoient être mises à la chaîne par leurs créanciers, & forcées de travailler à leur profit. Loi dure, si l'on veut, mais qui assuroit bien la confiance publique.

(1) On trouve quelque chose de semblable à ce précepte au commencement du Chap. I. de l'Economie rurale de Caton, mais Columelle paroît moins avoir en vue ce passage, qu'une espece de Tradition sur cet objet, antérieure à Caton lui-même.

donné

donné à l'appui de ce précepte une espece de
formule, dont on peut se servir pour discerner à
la simple vue si une terre est grasse & fertile; nous
en parlerons en son lieu (2), en traitant des différens genres de terres. Mais sans entrer ici dans
ce détail, nous devons au moins donner comme
certain en général, & répéter souvent cet adage-
ci, que l'on attribue à M. Attilius Regulus (3),
qui fut un Général très-renommé au temps de la
premiere guerre Punique : c'est que de même qu'il
ne faut pas acquérir un fond de terre dans le sol
le plus fécond, lorsqu'il n'est pas salubre, il ne
faut pas non plus en acquérir un, tel salubre qu'il
soit, lorsqu'il est situé dans un sol stérile : or ce
conseil que donnoit Attilius (3) aux Agriculteurs
de son siecle, avoit d'autant plus de poids dans sa
bouche, qu'il l'avoit puisé dans sa propre expérience; car l'histoire nous apprend qu'il cultivoit
un fond de terre maigre & pestilentiel à la fois
dans le Canton de Pupinia. C'est pourquoi, comme un homme sage ne doit point acheter un fond
de terre dans toutes sortes d'endroits, ni se laisser

---

(2) Dans le Chap. II. du Liv. II.

(3) C'est celui qui, ayant été fait prisonnier par les Carthaginois, fut renvoyé à Rome sur sa parole, pour y traiter
de l'échange des prisonniers, & qui insista en plein Sénat
sur l'inutilité de cet échange. En conséquence de quoi, il
retourna à Carthage, où on le fit mourir cruellement par la
privation du sommeil.

Tome III.   D

tromper par l'attrait de la fécondité , ou par les charmes de l'agrément; un Chef de famille véritablement intelligent doit aussi faire fructifier & rendre profitable celui qu'il aura acheté, ou qui fera tombé autrement entre fes mains : ce qui fera d'autant plus facile, que nos devanciers nous ont donné beaucoup de remedes contre le mauvais air, & que quiconque a une terre maigre à cultiver peut venir à bout de furmonter ce défaut, par fa prudence & fon attention. Or nous y parviendrons, fi nous nous en rapportons, comme à un oracle, à ce que dit le plus véridique de tous les Poëtes (4) : *Attachez-vous à connoître d'avance les vents & les différens climats, la culture des anciens habitans d'un pays , & les ufages habituels des lieux , & à fçavoir ce que chaque contrée peut rapporter , ou ce à quoi elle n'eft pas propre , & fi, fans nous en* tenir à l'autorité des Agriculteurs qui nous ont devancés, ou à celle de ceux de notre temps, nous ajoutons à leurs préceptes nos propres exemples, & les nouvelles expériences que nous aurons tentées. Car, quoique ces fortes d'expériences aient quelquefois leurs inconvéniens dans le particulier, il en réfulte cependant toûjours une utilité réelle pour l'enfemble de la chofe, parce qu'en général on ne cultive jamais de terre fans en tirer quelques profits, & que d'ailleurs un Propriétaire vient à bout, par fes effais, de fe former aux opé-

---

(4) Virgile, Liv. I. des Géorgiques.

rations qui font le plus à fa portée ; cette conduite augmente même le produit des terres, qui font
les plus fertiles. C'eſt pourquoi, il ne faut jamais
négliger de diverſifier ſes expériences, & il faudra même les riſquer avec d'autant plus de har-
dieſſe, que le terrein ſera plus gras, parce que
l'effet qui en réſultera, dédommagera toujours
du travail & de la dépenſe. Mais de même qu'il
eſt important de connoître la qualité d'un fond,
& la maniere de le cultiver, il ne l'eſt pas moins
de ſçavoir comment la Métairie doit être bâtie,
& quelle doit être ſa diſpoſition, pour pouvoir
en tirer un bon parti. Car l'Hiſtoire nous apprend
que pluſieurs perſonnes ont erré ſur ce chapitre,
entre autres ces grands perſonnages L. Lucullus
(5) & Q. Scœvola (6), dont l'un avoit conſtruit
une Métairie plus grande, & l'autre en avoit
conſtruit une plus petite, que ne le requéroit la
meſure du fond : procédés qui, tout différens qu'ils
ſont, ſont tous deux également oppoſés à l'intérêt
du Propriétaire, puiſque d'un côté les enclos trop
vaſtes non-ſeulement coûtent plus à bâtir, mais
entraînent dans de plus fortes dépenſes pour leur
entretien ; & que d'un autre côté, lorſqu'ils ſont

----

(5) Voy. la Note 22 du Chap. II. de l'Economie rurale de
Varron, Liv. III.

(6) Pline 18, 6, dit, dans le même ſens, que le fond de
Scœvola manquoit de Métairie, & que la Métairie de Lucullus manquoit de fond.

D ij

plus petits que le fond ne les requerre, les fruits sont exposés à être dissipés. Car les productions de la terre, tant les liquides que les seches, sont sujettes à se corrompre, si l'on n'a pas d'endroits couverts où on puisse les serrer, ou que ces endroits soient incommodes, pour être trop étroits. Un Chef de famille doit aussi être logé lui-même le mieux possible, eu égard à ses facultés, afin qu'il trouve plus de plaisir à venir à sa campagne, & que la résidence qu'il y fera lui paroisse plus agréable; cet article est encore plus essentiel, s'il est dans le cas de s'y faire accompagner de sa Dame, dont le goût, ainsi que le sexe, est plus délicat que le sien. Il faudra donc dans ce cas-là qu'elle trouve quelques agrémens, qui la flattent dans ce séjour, afin qu'elle y réside plus patiemment avec lui. Qu'un Agriculteur bâtisse donc élégamment, mais cependant sans faire paroître de fureur pour les bâtimens; que ses bâtimens, au contraire, n'occupent que le terrein nécessaire pour qu'ils ne soient pas, comme dit Caton (7), inutiles à la Métairie pour être trop vastes, ou insuffisans pour être trop resserrés. Nous allons expliquer quelle doit être en général la situation d'une Métairie. De même qu'en commençant le bâtiment, il faut le placer dans une contrée saine, il faut aussi que ce soit dans la partie la plus saine de cette contrée. Car lorsque l'air, qui envi-

____

(7) Chap. III. de l'Economie rurale.

ronne le bâtiment, est corrompu, il donne lieu à
bien des incommodités qui affectent le corps. Il
y a des lieux qui, à la vérité, s'échauffent moins
que d'autres aux Solstices, mais aussi, dont le froid
est intolérable en Hiver; on prétend que Thebes en
Béotie est dans ce cas là : il y en a, au contraire, où
l'Hiver est doux, mais où la chaleur est cruelle en
Eté; telle est, à ce qu'on assure, Chalcis dans l'Eu-
bée. Il faut donc chercher un air tempéré, & qui
ne soit ni trop froid ni trop chaud, tel qu'il est
communément vers le milieu des collines, par la
raison que cette partie n'est ni assez enfoncée, pour
être engourdie par les gelées de l'Hiver ou brûlée par les chaleurs de l'Eté, ni assez élevée pour
avoir rien à redouter soit des moindres vents,
qui sont toujours furieux sur le haut des montagnes, soit des pluies auxquels la cime des montagnes est exposée dans tous les temps de l'année
(8). L'assiette la plus favorable sera donc au milieu
d'une colline, mais cependant sur un endroit un
peu plus élevé que le reste du terrein, afin que,
si un torrent formé par les pluies vient à rouler
du haut de la colline, les fondemens du bâtiment n'en soient point ébranlés.

---

(8) Ceci doit s'entendre des montagnes communes : car on
prétend, au contraire, qu'il ne se fait sentir aucun vent, &
qu'il ne tombe point de pluie sur les montagnes qui sont
très-élevées, & au-dessus de la région des nuages.

D iij

CHAPITRE V.

IL faut qu'il y ait des eaux vives qui coulent à travers la Métairie, soit qu'elles y prennent leur source, soit qu'elles la prennent au-dehors; qu'il y ait dans le voisinage un lieu d'où l'on puisse tirer sa provision de bois, & qui présente des pâturages. S'il ne s'y trouve point d'eau courante, on cherchera dans les environs un puits qui ne soit pas profond, & dont l'eau ne soit pas d'un goût amer ni salé. Si l'on manque absolument d'eau courante, & qu'on ne trouve pas même d'eau de puits, on construira de vastes citernes à l'usage des hommes, & des mares pour les bestiaux, dans lesquelles on ramassera, en derniere ressource, l'eau de pluie qui est la plus salutaire aux corps: on ne doit néanmoins la regarder comme excellente, que lorsqu'elle passe à travers des tuyaux de terre, qui la conduisent dans une citerne couverte. Après l'eau de pluie, la meilleure est celle qui prend sa source dans les montagnes, pourvu qu'elle s'y précipite à travers des rochers, comme il s'en trouve sur le Mont Gaurannus en Campanie. Celle qui tient le troisieme rang pour la bonté, c'est l'eau que l'on tire des puits, pourvu qu'ils soient creusés sur des collines, ou au moins qu'ils ne le soient pas au plus bas d'une vallée (1). La pire de toutes, est l'eau marécageuse qui n'a qu'un écoulement insensible. Pour celle qui croupit dans des marais, sans jamais s'écouler, elle est absolument pestilentielle; cependant cette derniere même, quoique nuisible par sa nature, s'adoucit lorsqu'elle a été corrigée par les pluies de l'Hiver. On voit encore par-là que l'eau de pluie est la plus salutaire, puisqu'elle a la vertu de détruire le vice des eaux les plus pernicieuses ; aussi avons-nous dit que c'étoit la meilleure que l'on pût employer pour servir de boisson. Au surplus, les ruisseaux d'eau de source contribuent infiniment à tempérer les chaleurs de l'Eté, & à rendre un pays délicieux. Par conséquent, je pense que lorsque la situation du lieu le comporte, il faut en amener dans sa Métairie de tel endroit que ce soit, & telles que soient leurs eaux, pourvu qu'elles soient douces. S'il se trouve une riviere suffisamment éloignée des collines, & que la salubrité du lieu & la hauteur de ses rives permettent de placer la Métairie sur ses bords, on pourra le faire, pourvu qu'elle soit à l'abri de ses inondations, & en observant toutefois de laisser cette riviere derriere la Métairie, & d'opposer la face du bâtiment aux mauvais vents de la contrée, en la tournant du côté des bons, parce que la plupart

---

(1) Effectivement l'eau de ces derniers ne trouvant pas d'issue par en bas, ne peut manquer de contracter quelque vice par son état de stagnation.

des rivieres sont couvertes de brouillards, qui sont
occasionnés par l'évaporation de l'eau en Eté, & qui
sont froids en Hiver, & causent des maladies
tant aux bestiaux qu'aux hommes, s'ils ne sont
pas dissipés par la violence des vents. La position
d'une Métairie la plus avantageuse sera donc,
comme je dis, du côté de l'Orient ou de celui
du Midi pour les endroits sains, & du côté du
Nord pour les lieux mal-sains. Elle ne sera pas
moins bien en face de la mer, pourvu qu'elle en
soit assez près, pour que les flots la baignent &
viennent s'y briser, au lieu qu'elle seroit mal sur
ses bords, ou à quelque distance de ses eaux. Car,
lorsqu'on fait tant que de s'écarter de la mer, il
vaut mieux s'en écarter plus que moins, parce que
l'intervalle compris entre la mer & une certaine
distance de ses bords, est toujours rempli de va-
peurs dangereuses. Il ne faut pas non plus qu'il y
ait dans la proximité des bâtimens, de marais ni
de grands chemins; point de marais, parce qu'ils
exhalent pendant les chaleurs un air pestilentiel,
& qu'ils engendrent ou des essains nombreux d'a-
nimaux, qui nous assaillent avec les aiguillons
mal-faisans dont ils sont armés, ou des serpens
pestilentiels, tant terrestres qu'aquatiques, qui,
venant à être privés de l'eau qu'ils étoient habitués à trouver en Hiver, deviennent venimeux en
séjournant dans la boue & dans la fange, quand
elle commence à croupir, ce qui occasionne souvent des maladies, dont les causes sont si cachées,

que les Médecins eux-mêmes ne peuvent point
les découvrir, & parce qu'en outre la rouille &
l'humidité gâtent pendant toute l'année les inftrumens de culture, les meubles & les fruits,
tant ceux qui font ferrés, que ceux qui font à
l'air; point de chemins publics, parce qu'ils font
toujours quelque bréche à notre patrimoine, foit
par les dégats que font les voyageurs en les tra-
verfant, foit par l'hofpitalité qu'on eft continuellement expofé à exercer. C'eft pour toutes ces
raifons que je penfe qu'il faut éviter ces inconvéniens, en ne bâtiffant fa Métairie ni fur un grand
chemin, ni dans un endroit peftilentiel, mais
loin de ces deux incommodités, & fur un terrein
élevé, de façon que la face en foit tournée vis-à-
vis le point du Ciel, où le Soleil fe leve à l'Equinoxe, parce que c'eft la pofition qui tient le milieu entre les vents d'Hiver & ceux d'Eté, & celle
où ils font dans un parfait équilibre entre eux.
Plus le fol de l'édifice fera tourné vers l'Orient,
plus il fera à même de jouir du vent en Eté, &
moins il fera expofé à être tourmenté par les
tempêtes de l'Hiver. Dailleurs dès que le Soleil
fera levé, le givre s'y dégélera facilement : au
lieu qu'on regarde en général prefque comme
peftilentiel tout lieu, qui ne jouit du Soleil & des
vents chauds, que de côté & par derriere, parce
qu'au défaut de l'un & de l'autre, rien n'eft capable de deffécher ou de reffuier la gelée de la
nuit, non plus que la rouille & les immondices

qui, s'attachant à tout, nuisent non-seulement aux hommes, mais encore aux bestiaux, aux plantes & à leurs fruits. Au reste, quiconque voudra élever un édifice sur un terrein qui va en pente, doit toujours commencer la bâtisse par la partie la plus basse du terrein : en effet, lorsque les premieres fondations auront été jettées dans cette partie, non-seulement elles soutiendront aisément le poids de l'édifice, qu'on élevera dessus, mais elles serviront encore de contrefort & d'appui aux nouveaux bâtimens, que l'on aura à y ajouter par la suite en achevant la Métairie; attendu que les bâtimens, construits précédemment par en bas, résisteront puissamment au poids de ceux que l'on viendra à appuyer contre eux, au lieu que si l'on commençoit les fondations par la partie supérieure du coteau, comme elles seroient déja chargées de la masse des bâtimens pour lesquels elles auroient été faites, tout ce que l'on viendroit à y ajouter dans la suite au-dessous, formeroit des faux-joints & des crevasses. Car, toutes les fois qu'en fait de construction l'on ajoute du nouveau à du vieux, & que l'on bâtit un nouvel édifice auprès d'un autre qui menace ruine, celui-ci à force de résister à la poussée de celui qui s'éleve auprès de lui, finit par lui céder, & dès-lors le nouvel édifice venant à pancher du côté de l'ancien à mesure qu'il lui a cédé, s'appésantit peu-à-peu par sa propre masse, jusqu'à ce qu'il ait été entraîné dans la ruine du premier.

C'est pourquoi il faut éviter ce défaut de construction, dès le moment que l'on jette les fondations.

CHAPITRE VI.

IL faut aussi faire la distribution de tout le corps de la Métairie, & la pourvoir de tous ses membres. On la partagera donc en trois parties ; l'une destinée à l'habitation du Propriétaire, l'autre aux opérations rustiques, & la troisieme à la garde des productions de la terre (1). La premiere

____

(1) On voit, par les détails suivans, que les Romains ne s'astraignoient point comme nous à faire leurs bâtimens de campagne quarrés, ni à faire un seul corps de bâtimens, mais qu'ils donnoient à leurs Métairies une forme circulaire ou au moins octogone, ou plutôt qu'ils les partageoient en plusieurs corps de logis séparés les uns des autres, & qui n'avoient de communication entre eux que par des portiques & des promenades. Au reste, la description de la Métairie, que donne ici Columelle pour modele, est assez claire pour n'avoir pas besoin de figures pour être entendue ; ou plutôt l'ensemble de ses préceptes sur la distribution d'une Métairie, qu'il s'agiroit de bâtir de fond en comble, est tel, qu'on peut se former plusieurs idées très - différentes les unes des autres, quant aux détails, & qui néanmoins ne blesseroient aucun de ces préceptes : & c'est une preuve de leur bonté, puisqu'une petite différence dans le site, doit en jetter beaucoup dans la distribution.

sera distribuée en appartemens d'Eté & en appartemens d'Hiver, de façon que les chambres à
coucher d'Hiver seront exposées au Soleil Levant
d'Hiver, & les salles à manger de la même saison
au Soleil Couchant Equinoxial, au lieu que les
chambres à coucher d'Eté seront exposées au Midi
Equinoxial (2), & les salles à manger de la même
saison au Soleil Levant d'Hiver. Les bains seront
tournés du côté du Soleil Couchant d'Eté, afin
d'être bien éclairés l'après midi & jusqu'au soir.
Les promenades seront sons le Midi Equinoxial
(2), de façon à avoir le plus de Soleil possible en
Hiver, & le moins possible en Eté (3). Mais on

---

(2) On distingue bien à la vérité trois Levants, ainsi que
trois Couchants du Soleil, celui de l'Equinoxe, celui d'Hiver & celui d'Eté, mais le Midi, ainsi que le Septentrion,
sont toujours les mêmes : que veut donc dire Columelle par
le Midi Equinoxial, & comment interpréter cette expression
que l'on ne rencontre dans aucun autre Auteur, & qui semble même contraire à la raison, en ce qu'elle paroîtroit admettre différentes especes de Midi ? le voici. De même que
l'Orient ou le Couchant Equinoxial sont ceux qui font un
angle de 90 degrés avec le Midi ou le Septentrion, sans
s'approcher plus de l'un que de l'autre, comme font au contraire les Levants ou les Couchants d'Eté ou d'Hiver, on
peut donner le nom de Midi ou de Septentrion Equinoxial
au point précis, qui fait un angle de 90 degrés avec le Levant ou le Couchant Equinoxial, sans s'approcher ni s'éloigner de l'un ni de l'autre. C'est ce que nous appellerions le
plein Midi.

(3) On ne peut pas concevoir que ces promenades exposées

placera dans la partie de la Métairie, destinée aux opérations rustiques, une cuisine vaste & bien exhaussée, tant afin que la charpente en soit à l'abri du danger du feu, qu'afin que les gens de la maison puissent y rester commodément en tel temps de l'année que ce soit. On fera bien de mettre les chambres des esclaves, qui ne seront point à la chaîne, du côté du Midi Equinoxial (2) : pour ceux qui seront enchaînés, on leur fera sous terre une prison la plus saine que faire se pourra ; cette prison sera éclairée par un grand nombre de fenêtres, mais qui seront toutes étroites & assez ex-

---

au plein Midi, puissent avoir le moins de Soleil possible en Eté, pendant qu'elles en ont le plus possible en Hiver, à moins qu'on ne les suppose en forme de portiques couverts, & dont la couverture soit inclinée, de façon que les rayons directs du Soleil frappant le sol du portique, tant que le Soleil n'est qu'à une certaine élévation de l'horizon, comme il arrive en Hiver, se trouvent interceptés par la couverture du portique en Eté, où le Soleil monte plus haut, de façon qu'on puisse se promener dessous à l'ombre. Il est étonnant que Columelle, qui est si exact par-tout ailleurs, ne se soit pas exprimé plus clairement ici. C'est une imputation qu'on peut aussi lui faire à l'égard des autres parties de sa Métairie, auxquelles il assigne le Midi Equinoxial, quoiqu'elles soient de nature à avoir beaucoup de Soleil, à la vérité, pendant l'Hiver, mais très-peu pendant l'Eté. Et l'on ne peut s'empêcher de croire, quoique notre Auteur n'en parle pas, qu'elles devoient être munies des deux côtés de volets, pour leur procurer ou leur ôter le Soleil du Midi, ou le frais du Septentrion, suivant le besoin, ainsi que Palladius le déclare positivement 1, 21, à l'égard des étables.

hauſſées, pour qu'ils ne puiſſent pas y atteindre avec la main. On conſtruira pour les beſtiaux des étables, qui ſeront également à l'abri tant du froid que du chaud. On en fera deux pour les animaux domptés, l'une pour l'Eté & l'autre pour l'Hiver. Quant aux autres eſpeces de bêtes, qu'il convient d'avoir dans l'intérieur de la Métairie, on leur fera d'un côté des retraites couvertes, où elles ſe tiendront pendant l'Hiver, d'un autre coté des enclos en plein air, entourés de hautes murailles, où elles pourront reſter pendant l'Eté, ſans avoir à craindre d'y être attaquées par les bêtes féroces. Au ſurplus, de telle nature que ſoient les étables, elles ſeront ordonnées de façon que l'eau ne puiſſe pas y pénétrer du dehors, & que celle que les animaux y feront, s'en écoule le plus promptement que faire ſe pourra, afin que la pourriture ne gagne ni les fondations des murs, ni la corne des pieds des beſtiaux. Les étables à bœufs auront dix pieds de largeur ou neuf tout au moins, cet eſpace étant néceſſaire, mais ſuffiſant, pour donner à l'animal la facilité de ſe coucher, & laiſſer au bouvier la liberté de tourner autour de lui; il faut que les mangeoires ſoient à une hauteur convenable, pour que les bœufs ou toutes les autres bêtes de ſomme, puiſſent y manger commodément en ſe tenant ſur leurs pieds. On fera l'habitation du Métayer vis-à-vis la porte, afin qu'il ſoit à portée de voir en face ceux qui entreront comme ceux qui ſortiront, & celle du

Receveur commis à la dépense au-dessus de la
porte même, tant pour la même raison, qu'afin
qu'il ait l'œil de près sur le Métayer ; ils auront l'un
& l'autre à leur portée le magasin où seront déposés
tous les instrumens de culture, & dans lequel sera
un endroit particulier fermé à la clef, où l'on serrera tous les ustensiles de fer. On fera des cabanes
pour les bouviers & pour les bergers, auprès de
leurs bestiaux, afin qu'ils soient à même d'aller
en prendre soin. Cependant tous ces gens-là doivent être logés le plus près que faire se peut les
uns des autres, tant afin que le Métayer ait moins
de chemin à faire, pour visiter avec exactitude les
différentes parties de la Métairie, qu'afin qu'ils
soient eux-mêmes mutuellement témoins entre
eux de leur exactitude comme de leur négligence. La partie destinée à la garde des productions
de la terre, comprend le cellier à huile, le pressoir, le cellier à vin cuit, le grenier à foin, le
grenier à paille, les serres & le grenier à grain.
On réservera pour la garde des choses liquides
destinées à être vendues, comme le vin ou l'huile,
celles de ces pieces qui seront situées au rez-de-
chaussée, au lieu que les choses seches, comme le
bled, le foin, les feuillages, la paille & toutes
les autres especes de fourage, seront entassées sur
des planchers. Ainsi l'on montera par un escalier,
comme on voit par ce que je viens de dire, dans
ces greniers ; & ils auront de petites fenêtres, qui
livreront passage aux Aquilons, parce que c'est le

côté du Ciel le plus frais, & le moins humide ; deux qualités essentielles pour conserver le bled très-longtemps. Il faut procurer les mêmes avantages au cellier à vin, si ce n'est qu'il sera placé au rez-de-chaussée : il doit d'ailleurs être très-éloigné des bains & du four, comme aussi du tas à fumier & des autres immondices, qui exhalent une mauvaise odeur, comme encore des citernes ou des eaux saillantes, qui répandent à l'entour d'elles une humidité qui pourroit gâter le vin. Je sçais bien qu'il y a des personnes, qui regardent comme l'emplacement le plus favorable pour conserver le bled, un grenier voûté, dont le sol n'est autre chose que le terrein même, & que l'on prépare ainsi : avant de le paver, on le fouille, puis on l'arrose de lie d'huile nouvelle & non salée, ensuite on le bat à la hie (comme ces ouvrages de Signia). Cela fait, on attend qu'il soit séché pour y établir, comme on fait pour ces ouvrages, une aire de briques de terre cuite, posées de champ en bain de mortier de chaux & sable détrempés avec de la lie d'huile au lieu d'eau, après quoi on enfonce cette sorte de pavé à grand coups de hie, on le polit, & enfin on remplit d'un bourlet de ciment, les angles formés tant par les murs entre eux, que par les murs & le sol, parce qu'il arrive ordinairement que, lorsqu'il vient à se former des crevasses dans ces parties du bâtiment, ce sont autant de trous & de retraites pour les animaux de dessous terre.

On

On partage en outre ces greniers en différentes
cafes, dans lesquelles ont met chaque forte de légumes à part. On enduit les murs d'un mortier
détrempé avec de la lie d'huile, & dans la composition duquel on fait entrer, au lieu de paille,
des feuilles d'olivier fauvage delléchées, ou, fi
l'on n'en a point, des feuilles d'olivier quelconque. Lorfque cet enduit eft bien fec, on l'humec-
te de nouveau avec de la lie d'huile, & l'on attend qu'elle foit féchée pour ferrer le bled. Ces
préparatifs paroiffent très-convenables pour garantir le grain de l'attaque des charenfons, & des
autres animaux femblables qui ne tarderoient pas
à le ronger, fi l'on n'avoit pris aucune précaution
avant de le ferrer. Quoiqu'il en foit, ces greniers,
tels que nous venons de les décrire, ne fuffiroient
pas pour préferver de l'humidité le grain le plus
fort, s'ils n'étoient encore conftruits dans un endroit de la Métairie deja fec par lui-même. Lorfqu'on n'a rien à craindre de l'humidité, on peut
encore conferver le bled, en le cachant fous terre, comme on le pratique dans quelques provinces fituées au-delà des mers ; en effet on y rend
une feconde fois à la terre les productions qui
font forties de fon fein, après l'avoir creufée en
forme de puits, auxquels les habitans donnent le
nom de *Siros*. Pour nous, nous aimons mieux
dans ces pays-ci, qui ne font déja que trop fujets
à l'humidité, avoir nos greniers fufpendus en
l'air, ou bien quand nous voulons les faire avec

Tome III.   E

plus d'attention, nous avons recours à ces pavés & à ces constructions de murs dont je viens de parler, parce qu'ainsi que je le disois, cette méthode de fortifier le sol & les côtés de ces greniers empêche le charenson d'y pénétrer. Lorsque cet accident est arrivé, bien des gens croient que pour y remédier, il faut remuer le bled qui est déja rongé dans le grenier même, comme si on vouloit l'éventer, mais leur idée est très-fausse : car loin de chasser par cette opération ces animaux, on les disperse dans la totalité des tas, au lieu que si l'on n'eût pas remué le grain, il n'y en auroit eu que la superficie de gâté, vû que le charenson ne le pénetre pas au-delà d'un palme de profondeur, & qu'il vaut mieux que le danger ne tombe que sur la partie du bled qui est déja gâtée, plutôt que d'en affecter la totalité ; d'autant que dans l'occasion où l'on en aura besoin, il sera aisé de mettre à part le grain qui sera gâté, pour ne prendre que celui de dessous qui sera resté intact. Quoique ces observations soient étrangeres à la matiere que je traite, je ne les crois pas cependant déplacées ici. Les celliers à huile doivent être chauds, & les pressoirs encore plus, parce que la chaleur dissout aisément les liqueurs, au lieu que le froid les resserre davantage, & que, quand l'huile vient en petite quantité, s'il arrive qu'elle se condense, elle devient rance. Mais de même qu'il faut une chaleur naturelle, telle que celle qui provient de l'exposition du local & du climat,

il ne faut pas avoir recours au feu ni aux flammes,
parce que la fumée & la suie qui en réfulteroient,
feroient perdre à l'huile fa faveur. C'eft pourquoi
le preffoir doit être éclairé du côté du Midi, afin
qu'on puiffe s'y paffer de feu & de lumiere, lorfqu'on preffera l'olive. L'endroit où l'on fera cuire
le vin, ne doit être ni étroit ni obfcur, afin que
le valet, qui fera cette opération, puiffe y avoir
fes aifes. Celui où l'on ferre le bois qui eft nouvellement coupé & que l'on veut faire fécher
promptement, peut auffi être placé dans la partie
de la Métairie deftinée aux travaux ruftiques,
attenant les bains des gens : car il eft bon qu'ils
aient auffi leurs bains particuliers, dont ils ne feront néanmoins ufage que les jours de Fêtes, attendu que l'ufage fréquent du bain eft nuifible
à la force du corps. Les ferres feront commodément placées au-deffus des endroits d'où ils fort
habituellement de la fumée, parce que les vins y
vieilliront plutôt, & que la continuité de la fumée les fera parvenir de bonne heure à leur maturité. Auffi faudra-t-il avoir un autre plancher
fur lequel on les arrangera par la fuite, pour éviter qu'ils ne finiffent par fe gâter à force d'être
enfumés. Nous en avons dit affez relativement à
la fituation de la Métairie & à la diftribution de
fes différentes parties. Voici des chofes qu'il faudra de plus avoir dans fes environs : un four &
un moulin d'une grandeur proportionnée au nombre des colons qui doivent l'habiter ; deux mares

au moins, l'une pour les oies & les bestiaux,
l'autre dans laquelle on mettra tremper les lupins, l'osier, les baguettes, & toutes les autres
choses d'usage. On aura aussi deux fosses à fumier, l'une dans laquelle on transportera les nouvelles immondices, pour les y laisser en dépôt
pendant une année, l'autre d'où l'on tirera les
anciennes pour les porter dans les champs : mais
l'une & l'autre doivent être, ainsi que les mares,
légérement pentives, murées & pavées, pour que
l'eau n'y trouve point d'issue. Car il est très-intéressant que le fumier conserve toute sa vertu,
& qu'il ne perde pas son suc, mais qu'il soit
au contraire continuellement humecté, afin que,
s'il s'y trouve pêle mêle avec la litiere & la paille
quelques graines d'épines ou de gramen, elles y
périssent, & qu'elles ne couvrent pas d'herbes les
terres labourées, lorsqu'on l'aura exporté dans
les champs. C'est pour cela que les paysans ex-
périmentés couvrent avec des claies d'osier, tout
le fumier qu'ils ont tiré des bergeries & des étables, après l'avoir retourné, de peur que le vent
ne le dessèche, ou que l'ardeur du Soleil ne le
consume. Il faut que l'aire soit, autant que faire
se pourra, sous les yeux du Maître, ou au moins
sous ceux du Receveur commis à dépense. La
meilleure aire est celle qui est pavée en pierres,
parce qu'il faut peu de temps pour y battre le
bled, attendu que le sol ne s'affaisse point alors
sous le pied des animaux, ni sous le poids des

traîneaux (4), & parce que, lorsque le bled y est vanné, il est plus propre, & n'est point chargé de pierrailles ni de particules de terre, telles que celles qui se détachent communément d'une aire dont le sol ne diffère point de la terre, toutes les fois qu'on y bat le bled. Il faut pratiquer auprès de l'aire, sur-tout en Italie à cause de l'inconstance du temps, un lieu couvert où l'on puisse transporter les gerbes à demi battues, pour les mettre à l'abri lorsqu'on se voit menacé d'une pluie imprévue : mais cette précaution est inutile dans les contrées situées au-delà de la mer, où il ne pleut jamais en Eté. Il faut aussi enclorre des vergers & des jardins à une petite distance de la Métairie, & du côté où ils pourront recevoir tout l'écoulement des égouts de la cour, & celui des bains, ainsi que la lie d'huile qui sort du pressoir : car toutes ces liqueurs ne nourrissent pas moins les légumes & les arbres, que tout autre fumier peut faire.

CHAPITRE VII.

Tout se trouvant arrangé dans la Métairie, par rapport aux bâtimens, de la manière que je

---

(4) Voy. le Chap. LII. de l'Economie rurale de Varron, Liv. I.

viens de preſcrire, ſoit par le Propriétaire, ſoit par
ſes Auteurs; ſa principale attention ſe tournera
ſur tous les autres objets, mais principalement
ſur les hommes qui l'habiteront. Ces hommes
ſont ou des Fermiers, ou des Eſclaves; ceux-ci
ſont ou enchaînés, ou non. Il faut être honnête & traitable vis-à-vis de ſes Fermiers,
& les preſſer plus rigoureuſement ſur l'ouvrage
qu'ils ont à faire, que ſur le payement de leurs
termes, parce que cette conduite les offenſe
moins, quoi qu'en général elle tourne plus à notre
profit. Car, pourvu qu'une terre ſoit cultivée avec
ſoin, il y a communément à gagner deſſus pour
le Fermier; & en général il n'y doit jamais perdre (à moins qu'il ne ſurvienne des forces ma-
jeures, telle qu'une tempête ou un pillage de voleurs): conſéquemment il n'oſera pas demander
de remiſe. Le Propriétaire ne doit pas même faire
valoir ſes droits trop rigoureuſement, par rapport
à tous les objets qui entrent dans l'obligation du
Fermier, comme par rapport à l'échéance des paye-
mens, à la livraiſon du bois, & aux autres acceſ-
ſoires qu'il a droit d'exiger, & qui, tout minces
qu'ils ſoient, cauſent plus de tourmens aux gens de
la campagne, qu'il ne leur en coûte pour les payer.
Effectivement on ne doit pas revendiquer tout
ce qu'on a droit de revendiquer. Car les anciens
penſoient que tout droit rigoureux étoit une croix
rigoureuſe. Ce n'eſt pas, d'un autre côté, que l'on
doive ſe relâcher tout-à-fait de ſes droits: car on

prétend à cette occasion que l'usurier Alphius avoit coutume de dire, & avec raison, que les meilleures obligations même devenoient verreuses, lorsqu'on ne sommoit pas les débiteurs d'y satisfaire. J'ai entendu dire de nos jours à L. Volusius (1) ancien Consulaire & homme puissamment riche, que le fond le plus à désirer pour un Chef de famille, étoit celui dont les Colons natifs du pays même, s'y étoient toujours maintenus de pere en fils, comme dans un bien de famille auquel ils avoient été habitués dès leur enfance, & je suis aussi convaincu moi-même que c'est une mauvaise spéculation que de donner fréquemment sa terre à bail : mais le pire de tous les Fermiers, c'est celui qui, faisant son séjour à la ville, aime mieux faire cultiver la terre qu'on lui a affermée par ses gens, que par lui-même. Saserna (2) disoit d'un pareil homme, qu'au lien de payer, il suscitoit des procès, & que, par conséquent, il falloit faire ensorte de s'en tenir toujours à des paysans, comme étant les Fermiers les plus assidus, lorsqu'il ne nous étoit pas possible

---

(1) C'est L. Volusius Saturninus qui mourut Préfet de la ville à 90 ans passés (Pline 11, 38) après avoir survécu à tous les Sénateurs, dont il avoit pris les voix pendant son Consulat (7, 48). On ne trouve cependant dans les fastes Consulaires qu'un Quintus Volusius Saturninus, & non pas un Lucius.

(2) Voy. la Note 29 du Chap. II. de l'Economie rurale de Varron, Liv. I.

E iv

de cultiver par nous-mêmes, ou que nous ne
trouvions pas notre avantage à faire cultiver par
nos gens; ce qui n'arrive cependant jamais que
dans les pays qui font défolés par les mauvais
temps, & par la ftérilité du fol. Autrement, pour
peu qu'une terre foit bonne, & que le climat en
foit fain, on en retirera toujours plus de profit par
les foins qu'on y donnera foi-même, & fouvent
par ceux d'un Mérayer, que par ceux d'un Fermier,
pourvu que ce Mérayer ne foit point un efclave abfolument négligent ou habitué à piller. Or, il n'eft
pas douteux que c'eft prefque toujours le Propriétaire qui donne naiffance à ces deux défauts, ou du
moins qui les entretient, puifqu'il eft le maître de
ne pas mettre un homme qui en eft infecté, à la
tête de fon bien, comme il eft le maître de l'en retirer lorfqu'il y eft. Il faut cependant convenir que
pour ce qui eft des terres éloignées, dans lefquelles le Chef de famille ne peut pas facilement fe
tranfporter, il vaut mieux les faire valoir par des
Fermiers libres, que par des Mérayers efclaves;
& cela de telle nature que foient ces terres, mais
encore plus quand ce font des terres à bled, que
le Fermier ne peut pas dégrader (comme il pourroit faire, fi c'étoient des vignobles ou des plans
d'arbres mariés à des vignes) : car en général les
efclaves font beaucoup de tort à leur maître,
foit en louant à des étrangers fes bœufs & fes autres beftiaux, ou en les nourriffant mal, foit en
ne labourant pas avec exactitude, & en comptant

plus de grain pour les femailles qu'ils n'en ont
réellement employé, foit encore en ne prenant
pas affez de foin de ce qu'ils ont femé pour le
faire venir à bien, & enfin en diminuant tous
les jours par fraude ou par négligence, la quantité du grain qu'ils avoient tranfporté dans l'aire
pour le battre : Effectivement, ou ils le volent
eux-mêmes, ou ils ne le préfervent pas des voleurs, ou même après qu'ils l'ont ferré, ils ne le
portent pas avec fidélité fur leurs comptes; d'où
il arrive que le maître-valet, & les gens de la
maifon s'écartent tous de leur devoir, & que fouvent une terre acquiert en conféquence un mauvais renom. C'eft pour cela que je penfe qu'il faut
donner à ferme une pareille terre, fi, comme je
l'ai dit, le maître ne peut pas y aller.

CHAPITRE VIII.

LEs premiers foins qui viennent à la fuite de
ceux que nous venons de détailler, font relatifs
aux efclaves ; ils confiftent à examiner qui font
ceux d'entre eux que l'on prépofera à chaque fonction, & ceux que l'on députera à tels ou tels ouvrages. Le premier avis que j'ai donc à donner,
eft de ne pas prendre un Métayer parmi les efclaves que nous avons fait fervir à nos plaifir, ni
même dans la claffe de ceux qui ont exercé les

Arts, qui tiennent au luxe & qui font du reſſort de la Ville. En effet, les eſclaves de cette eſpece font pareſſeux & endormis, habitués à l'oiſiveté, à la promenade, au Cirque (1), aux théâtres, au jeu, à la taverne & aux mauvais lieux; ils rèvent toujours à ces miſeres, & lorſque ce goût vient à les ſuivre au milieu des travaux de la campagne, il en réſulte plus de dommage pour le maitre dans tout le reſte de ſon patrimoine encore, que dans la perſonne même de l'eſclave qui en eſt dominé. On choiſira par conſéquent un homme endurci aux travaux de la campagne dès ſon enfance, & dont l'expérience ait fait connoître les talens. Si l'on n'en a point qui ſoit dans ce cas, on mettra à la tête de ces travaux un homme pris dans le nombre de ceux qui ont paſſé par un ſervice laborieux. Il faut auſſi qu'il ſoit hors de la premiere jeuneſſe, ſans cependant être encore parvenu à un âge trop avancé, de peur que d'un côté ſa jeuneſſe ne diminue le poids de l'autorité dont il a beſoin pour commander, d'autant que les gens âgés dédaignent d'obéir à un homme plus jeune qu'eux-mêmes, & que, d'un autre côté, ſon âge trop avancé ne l'expoſe à ſuccomber ſous le poids d'un ouvrage trop pénible. On le prendra donc dans le moyen âge, en pleine vigueur, inſtruit en matiere d'Agriculture, ou au moins très-attentif pour pouvoir ſe mettre plutôt au fait

---

(1) Voy. la Note 14 de la Préf.

de cet Art. Car ce ne seroit pas notre compte
qu'il y en eût un qui commandât, & que ceux
qui sont faits pour lui obéir l'instruisissent; & en
général, tout homme qui est obligé de demander
à ceux qui lui sont subordonnés, ce qu'il y a à
faire, & la maniere dont il faut s'y prendre pour
le faire, n'est pas en état de le faire exécuter. Ce
n'est pas qu'un homme qui ne sçait ni lire ni
écrire, ne puisse néanmoins être chargé de ce genre d'administration, pourvu qu'il ait la mémoire
sure, & même Cornelius Celsus (2) prétend qu'un
Métayer, qui est dans ce cas là, apporte plus souvent de l'argent à son maître qu'un livre de compte, parce que ne sachant point écrire, il est
hors d'état de mettre lui-même ses comptes par
écrit, ou qu'il craint d'être trompé en les faisant
écrire par un autre. Mais quelque Métayer que
vous choisissiez, il faut lui donner pour compagne une femme prise dans le nombre de vos esclaves pour le contenir, & l'aider même dans certaines fonctions. Il faut aussi lui prescrire, ainsi
qu'au maître-valet, la loi de ne manger avec qui
que ce soit d'entre les gens, & encore moins avec
des étrangers. Il pourra cependant se prêter quelquefois a admettre à sa table les jours de Fête,
comme pour leur donner une marque de distinc-
tion, ceux en qui il aura remarqué beaucoup

______

(2) Voy. la Note 32 du Chap. I.

d'exactitude, & un grand courage dans le travail. Il ne fera point de facrifices fi ce n'eft de l'ordre de fon maître. Il ne recevra point chez lui d'Arufpices (3), ni de forcieres, tous gens qui jettent les ignorans dans la dépenfe, en les leurrant par l'appas d'une vaine fuperftition, & qui les plongent enfuite dans le crime. Il ne fréquentera pas non plus la ville ni aucuns marchés, fi ce n'eft pour acheter ou pour vendre les marchandifes qui feront de fon diftrict. Car un Métayer (comme dit Caton (4)) doit être fédentaire, & il ne doit jamais aller au-delà des limites de la Métairie, à moins que ce ne foit pour apprendre quelque chofe de relatif à la culture, encore faut-il dans ce cas là, qu'il ne s'écarte pas trop loin, & qu'il foit toujours dans le cas de pouvoir être de retour en peu de temps. Il ne laiffera point faire de nouveaux fentiers, ni pofer de nouvelles bornes dans la terre. Il ne recevra point d'hôte chez lui, à moins que ce ne foit un ami ou un parent de fon maître, & dans le cas de néceffité. De même qu'on doit lui faire toutes ces défenfes, on doit auffi l'exhorter à prendre foin des inftrumens de culture & des uftenfiles de fer. Il faudra qu'il en ait deux fois autant qu'il en faut

---

(3) Voy la Note 4 du Chap. V. de l'Economie rurale de Caton.

(4) Economie rurale, Chap. V.

pour le nombre des esclaves qu'il occupera, &
qu'il serre à part les doubles, après les avoir fait
raccommoder, pour n'être jamais dans le cas d'a-
voir recours à ses voisins, parce que le temps que
perdent les esclaves pour en aller chercher chez
eux, est plus précieux que l'argent qu'il faudroit
dépenser pour en acheter. Il tiendra les gens soi-
gnés & vêtus moins délicatement que commodément, & aura soin qu'ils soient bien garantis du
vent, du froid & de la pluie. Il suffira de leur
donner à cet effet des fourrures garnies de manches, de mauvaises casaques (5), ou des sayes
avec des capuchons, moyennant quoi, il ne pourra jamais y avoir de temps assez intolérable, pour
les empêcher de faire quelqu'ouvrage même en
plein air. Il ne faut pas seulement que le Métayer
soit un homme propre aux travaux rustiques,
mais il faut encore qu'il ait quelques bonnes qualités du côté de l'ame, autant que peut le com-
porter l'état de servitude dans lequel il est, afin
qu'il ne commande aux autres ni avec mollesse, ni avec dureté. Il faut qu'il caresse toujours
les esclaves qui valent mieux que les autres, mais
cependant qu'il épargne même les moins bons,

---

(5) Columelle dit *des casaques usées.* Effectivement c'étoit
une espece de manteau fait avec les vieux habits des Esclaves. Voy. le Chap. LIX. de l'Economie rurale de Caton, &
la Note 4 du Chap. II.

afin que ceux-ci soient dans le cas de craindre
plutôt sa sévérité, que de détester sa cruauté :
c'est à quoi il parviendra s'il contient bien ceux
qui sont sous ses ordres, & qu'il les empêche de
commettre des fautes, plutôt que de leur en laiffer commettre par sa négligence, qui l'oblige-
roient ensuite de les punir. Or, il n'y a pas de
plus sûr moyen pour contenir l'homme même le
plus méchant, que de lui prescrire un certain travail, de lui faire remplir sa tâche avec exactitude,
& d'avoir toujours l'œil sur lui. Tant qu'il suivra
cette méthode, ceux qui ont la conduite des différens ouvrages rempliront exactement leurs fonctions, & les autres se livreront après la fatigue du
travail au repos & au sommeil, bien plutôt qu'à la
mollesse. Plut-à-Dieu que l'on pût obtenir aujour-
d'hui d'un Métayer qu'il se conformât à ces anciens usages, qui, tout excellens qu'ils étoient, sont
absolument tombés de nos jours : je veux dire, de
ne se faire servir par aucun esclave, si ce n'est dans
les occasions où l'intérêt du Propriétaire l'exige, de
ne prendre ses repas qu'en présence des gens, & de
ne pas avoir une nourriture différente de la leur,
parce que c'est le moyen qu'il veille à ce que le
pain, dont il mangera lui-même, soit fait avec
soin, & à ce que les autres alimens soient apprê-
tés sainement. Il ne laissera sortir personne hors
de la terre, à moins qu'il ne juge à propos de l'envoyer lui-même quelque part, ce qu'il ne fera

jamais que dans le cas d'une grande nécessité. Il
ne commercera point à son profit & n'emploiera
pas les deniers de son maître en achat d'animaux, ou de telle autre marchandise que ce
soit : car ces sortes de commerces ne peuvent que
le détourner de son devoir, & ne lui permettent
jamais d'appurer ses comptes avec son maître,
attendu que, lorsque celui-ci vient à lui demander de l'argent, il n'a jamais alors que des effets
à lui montrer. Voici une regle générale à laquelle on doit sur - tout l'astreindre : elle consiste
à ne pas croire sçavoir les choses qu'il ignore
réellement, & à chercher toujours à s'instruire
de celles qu'il ne sçait point, car une chose mal
faite nuit toujours plus, qu'une bien faite ne profite. En effet, il n'y a qu'un seul principe important en fait d'Agriculture, c'est de ne jamais revenir plus d'une fois à chacune des opérations
nécessaires à la culture. Car dès qu'on en est réduit à la nécessité de corriger des fautes occasionnées par l'imprudence ou par la négligence, l'économie est déja perdue sans ressource, & elle auroit beau tourner à bien par la suite, ce ne pourroit jamais être au point de se relever des dommages qu'elle a soufferts, & de compenser les
profits qu'elle auroit dû produire par le passé.
Quant aux autres esclaves, voici à-peu-près les
regles qu'il faut suivre, telles que je les ai suivies
moi-même, sans être dans le cas de m'en repen-

tir. J'étois dans l'usage de m'entretenir plus souvent & plus familiérement avec mes esclaves de la campagne, qu'avec ceux de la ville, pourvu qu'ils ne se fussent pas mal comporté; & comme j'avois remarqué en différentes occasions, que la douceur d'un maître apporte quelque adoucissement à leurs travaux continuels, j'allois même quelquefois jusqu'à badiner avec eux, & jusqu'à leur permettre de le faire eux-mêmes avec moi. Voici encore une chose à laquelle je me prête souvent, c'est de les consulter sur des ouvrages nouveaux que j'ai dans la tête, comme s'ils en sçavoient plus que moi là-dessus, & par là je parviens à connoître l'esprit, la capacité & la prudence de chacun d'eux. D'ailleurs je m'apperçois même qu'ils se mettent plus volontiers à un ouvrage, sur lequel ils ont été consultés d'avance, & qu'ils s'imaginent que je n'ai entrepris que par leur conseil. Pour les regles suivantes, il n'y a pas de gens prudens qui ne les suivent : elles consistent à faire visiter par les Géoliers les esclaves qui sont en prison, à l'effet de s'assurer s'ils sont exactement enchaînés, si la prison elle-même est assez sûre & assez forte, & si le Métayer n'en a ni enchaîné, ni déchaîné quelques-uns à l'insçu de son maître : Car il y a deux articles essentiels auxquels le Métayer doit se conformer : premiérement, de ne point ôter les chaînes, sans la permission du Chef de

famille,

famille, à ceux qu'il aura condamnés à cette peine : secondement, de ne point mettre en liberté ceux qui auront été enchaînés de son ordre privé, avant d'en avoir instruit son maître. Le Chef de famille doit de son côté être attentif à examiner par lui-même si les esclaves, qui ont le malheur d'être dans ce cas là, ne sont pas maltraités injustement, soit du côté de l'habillement, soit du côté des autres fournitures qui leur sont nécessaires : & il doit y veiller d'autant plus scrupuleusement, que ces malheureux étant soumis à un plus grand nombre de personnes, comme au Métayer, à ceux qui ont la conduite des différens ouvrages, & aux Géoliers, ils sont plus exposés à souffrir quelque injustice de la part de tous ces gens là, & par conséquent plus à redouter, dans le cas où ils viendroient à être réduits au désespoir par leur cruauté & leur avarice. Ainsi un maître prudent s'enquêtera non-seulement de ces esclaves, mais encore de ceux qui ne sont point enchaînés, & dont le témoignage est plus sûr en cette occasion, si on a soin de leur donner ce qui leur est légitimement dû conformément à ses ordres. Il goûtera par lui-même si leur pain & leur boisson sont de bonne qualité, & visitera leurs habits, leurs manches & leurs chaussures. Souvent même, il leur accordera la permission de lui porter les plaintes qu'ils peuvent avoir à faire contre ceux qui rendent leur état encore plus dur, ou par cruauté, ou par fraude. Pour nous, nous sommes à la vérité dans l'usage de venger ceux qui se plaignent, pourvu que leurs plaintes soient fondées en raison, mais aussi nous sévissons avec rigueur contre ceux qui excitent des séditions dans la maison, & qui calomnient leurs supérieurs; comme d'un autre côté nous avons soin de récompenser ceux qui se comportent bien & avec fermeté. Il nous est même arrivé quelquefois de dispenser du travail les femmes fécondes, qui méritent quelques égards lorsqu'elles ont fait un certain nombre d'enfans, & même de leur donner la liberté, lorsque ce nombre étoit plus considérable; car dès qu'elles en avoient trois, elles étoient dispensées de travailler, & même, si elles en avoient davantage, nous leur donnions la liberté : cette espece de justice, & cette attention d'un Chef de famille, ne contribue pas peu à accroître son patrimoine. Il faut aussi que le Propriétaire se souvienne des regles suivantes : de rendre ses devoirs aux Dieux Pénates (6) de sa Métairie à son arrivée de la Ville, ensuite de visiter sa terre entiere dès l'instant de son arrivée, s'il est encore à temps de le faire, sinon dès le lendemain, & d'en revoir toutes les parties en détail, en examinant si son absence n'a pas apporté quelque relâchement dans la disci-

---

(6) Ce sont les mêmes que les Dieux Lares. Voy. la Note 1 du Chap. II. de l'Economie rurale de Caton.

pline, ou dans la garde de ses esclaves, s'il n'y a
pas quelque sep de vignes, quelque arbre ou
quelque production de la terre de manque; il
fera aussi la revue des bestiaux & des gens, ainsi
que celle des instrumens de culture & de tout
le mobilier. En observant ces regles, sans relâche,
pendant plusieurs années de suite, il viendra à
bout d'établir chez lui une bonne discipline, qui
continuera d'y être observée pendant sa vieillesse,
de sorte qu'il n'y aura pas d'âge dans sa vie, si
décrépit qu'il soit, où il ait à se plaindre d'être
méprisé par ses esclaves.

CHAPITRE IX.

IL nous reste encore à parler des différentes qualités, tant de l'ame que du corps, que nous
croyons nécessaires dans les différens sujets, selon
les différentes espèces de travaux. Il faut mettre
à la tête des ouvrages, pour les conduire, des
gens adroits & d'une grande frugalité : ces deux
points sont en effet plus essentiels dans leur mi-
nistere, que la stature & la force du corps, parce
que toutes leurs fonctions consistent à maintenir
dans un bon état les choses qui sont de leur dis-
trict, & à bien entendre leur partie; au lieu que
les qualités de l'ame, quoique nécessaires à celui

qui gouverne les bœufs, lui sont néanmoins in-
suffisantes, à moins qu'il n'y joigne une étendue
de voix & une grandeur de taille qui puissent le
rendre formidable à ces bestiaux : mais il faut cependant que la force se trouve tempérée en lui
par la douceur, & qu'il inspire plus de frayeur,
qu'il ne montre de brutalité, parce que, s'il est
nécessaire que les bœufs lui obéissent, il faut aussi
qu'ils soient plus long-temps en état de résister au
travail, comme il arrivera, lorsqu'ils ne seront pas
accablés en même-temps par le travail & par les
coups. Au reste, je reprendrai chacune en son lieu
les fonctions des maîtres des ouvrages, ainsi que
celles des ouvriers, il suffit pour le présent d'avertir en général que la force du corps & la grandeur
de la taille ne servent de rien dans les uns, &
qu'elle est de très-grande conséquence dans les
autres. Nous aurons donc soin d'avoir des laboureurs de la plus haute taille, ainsi que je l'ai déja
dit, tant pour les raisons que je viens de donner, que, parce que dans toute la culture, il n'y
a point d'ouvrage qui fatigue moins un grand
homme que le labour, attendu qu'en labourant,
il n'est presque pas obligé de se courber, pour
s'appuyer sur le manche de sa charrue. On peut
prendre des *Mediastini* (1) de toute taille, pourvu

---

(1) On donnoit à la ville le nom de *Mediastini* aux Esclaves qui étoient soumis à d'autres, & comme *in medio*, c'est-

qu'ils soient en état de supporter le travail. Les vignes ne demandent point tant des gens d'une grande taille, que des gens de large encolure, & bien en muscles. Car c'est l'habitude du corps la plus convenable pour bêcher & tailler la vigne, & pour lui donner toutes les autres façons qu'elle demande. L'Art de l'Agriculture exige moins la frugalité dans ces derniers, que dans les autres ouvriers, parce que le vigneron fait toujours son ouvrage en grande compagnie & d'après les avis de quelqu'un, & que communément les gens méchans, qui sont ceux qu'on doit employer préférablement à ce genre d'ouvrage, sont aussi ceux qui ont l'esprit le plus prompt à saisir un avis: car cette espece d'ouvrage ne demande pas seulement un homme fort & robuste, mais encore un homme qui ait de la finesse dans l'esprit, & la conception vive. Aussi est-ce pour cela que les vignobles sont le plus ordinairement cultivés par

---

à-dire, entre les premiers & les derniers des esclaves, tels que les portiers, les balayeurs : par la même raison les *Mediastini* à la campagne étoient, pour ainsi dire, *in medio agricolationis*, c'est-à-dire, que leurs fonctions étoient subordonnées à celle du laboureur, quoiqu'ils fussent au-dessus de ceux qui étoient à la chaîne : tels étoient ceux qui semoient, qui hersoient, qui sarcloient, qui moissonnoient, &c. De même dans les vignobles, *les Mediastini* étoient subordonnés au vigneron : tels étoient ceux qui épamproient la vigne, les vendangeurs, &c.

les esclaves qui sont à la chaîne. Il faut cependant convenir qu'un honnête homme, qui auroit autant de pénétration qu'un fripon, s'en acquiteroit encore mieux : soit dit en passant, afin qu'on ne s'imagine pas que je sois dans l'idée d'aimer mieux faire cultiver les champs par des misérables que par d'honnêtes gens, ce qui n'est pas, quoique je sois persuadé en même-temps qu'il ne faut pas confondre les ouvrages de la maison les uns avec les autres, ni les faire faire tous indifféremment par toute sorte de gens au hazard. Car cette pratique ne seroit point du tout avantageuse à un Agriculteur, soit parce que personne ne regarderoit un ouvrage comme le sien propre, soit parce que celui qui auroit fait quelqu'effort pour avancer la besogne, se trouveroit n'avoir point tant avancé la sienne propre que celle de tous ses camarades, & que dans cette idée, chacun se dispenseroit le plus qu'il pourroit de travailler. Ajoutez à cela que, lorsque plusieurs personnes ont mis la main au même ouvrage, on ne peut pas discerner qui sont ceux qui ont mal opéré ; c'est pour cela qu'il faut séparer les laboureurs des vignerons, ainsi que les vignerons des laboureurs, & les uns comme les autres des *Mediastini*. Les classes dans lesquelles on les distribuera, ne seront pas composées de plus de dix hommes chacune : c'est ce que nos ayeux appelloient des *Decurie* (2), & ils

---

(1) Les esclaves étoient aussi distribués par *Decuries* à la

approuvoient fort ces fortes de claſſes, parce que le nombre d'hommes qui les compoſent, peut être aiſément gardé à vue pendant le travail, & que, lorſque le conducteur, qui les dirige, vient à les paſſer en revue, ſon attention n'eſt pas diſtraite par la confuſion qu'occaſionne la multitude. C'eſt pourquoi, ſi la terre eſt d'une grande étendue, il faut diſperſer ces claſſes dans des quartiers différens, & partager la beſogne entre chacun de ceux qui les compoſent, de façon qu'ils ne ſe trouvent jamais ſeuls, ni deux ſeulement enſemble, parce que, lorſqu'ils ſont ainſi diſperſés en petit nombre, il eſt difficile de les garder à vue; quoiqu'il faut éviter d'un autre côté de les aſſocier plus de dix enſemble, de peur qu'étant en trop grand nombre, chacun d'eux ne regarde pas comme ſon ouvrage propre ce qu'il aura à faire. Cette méthode de les arranger par claſſes non-ſeulement excite l'émulation entre eux, mais donne encore la facilité de diſcerner les pareſſeux : en effet toutes les fois qu'un ouvrage eſt échauffé par l'émulation des travailleurs, on eſt en droit de ſévir contre les nonchalans, & il ſemble qu'on puiſſe alors le faire ſans exciter les plaintes de qui que ce ſoit. Mais tout en preſcrivant les objets auxquels doivent s'étendre les ſoins d'un homme qui ſe deſ-

---

ville. Trimalchion demande à un Cuiſinier, dans Pétrone, de quelle *Décurie* il eſt, & cet homme répond qu'il eſt de la quarantieme *Décurie*.

tine à l'Agriculture, sçavoir : la salubrité, le chemin, le voisinage, l'eau, la situation de la Métairie, l'étendue de la terre, les especes tant des
colons que des esclaves, la distribution des offi-
ces & des travaux ; nous voici parvenus par-là
au moment de parler de la culture même de la
terre, objet que nous allons traiter avec étendue
dans le Livre suivant.

Fin du premier Livre.

L'ÉCONOMIE
RURALE
DE L. JUNIUS MODERATUS
COLUMELLE.

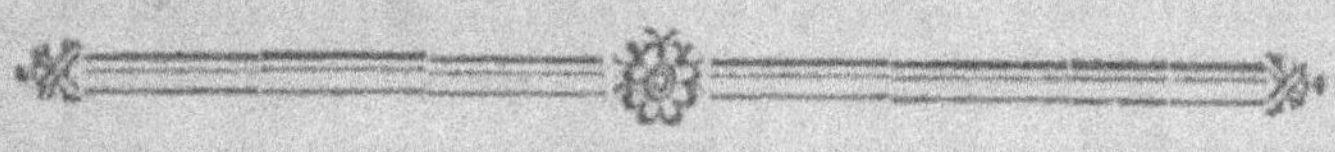

LIVRE SECOND.

CHAPITRE PREMIER.

Vous me demandez, Publius Silvinus, & je ne refuse pas de vous satisfaire à l'instant, pourquoi j'ai commencé dès le premier Livre de cet Ouvrage, par rejetter l'opinion de presque tous les anciens Auteurs, qui ont traité de la culture des terres, & par réfuter, comme contraire à la vérité, le sentiment dans lequel ils sont que la

terre est vieillie, & qu'elle a été fatiguée & épuisée par le laps des ans , & par l'exercice continuel
dans lequel on l'a tenue depuis tant de temps. Je
sçai que vous respectez l'autorité de tous ces Auteurs célebres, entre autres celle de Trémellius (1),
qui, dans l'ouvrage qu'il a laissé à la postérité,
& où il donne , d'une maniere aussi élégante
que sçavante, la plus grande partie des préceptes de l'Agriculture , s'est imaginé faussement ,
sans doute par trop d'estime pour les anciens qui
avoient traité de la même matiere , que la terre,
qui est la mere de toutes les productions, étoit
accablée par la vieillesse à l'exemple des femmes ,
& par conséquent qu'elle étoit incapable aujour-
d'hui de rien engendrer. J'avoue que je serois moi-
même de cet avis, si la terre ne produisoit plus
aucun fruit : mais en suivant la comparaison prise
de la nature humaine , ce n'est pas lorsqu'une
femme cesse de faire deux ou trois enfans à la
fois qu'on la juge stérile , mais seulement lorsqu'elle ne peut plus absolument en mettre au
monde. Aussi une fois que le temps de la jeunesse
est éclipsé pour la femme, elle a beau vivre long-
temps par-delà, la fécondité que les années lui
refusent ne reparoît plus jamais chez elle; au lieu
que quoique la terre ait cessé de produire, soit
d'elle - même , soit par un accident quelconque ,
pour peu qu'on la reprenne sous œuvre, & qu'on

____

(1) Voy. la Note 50 de la Préf.

la cultive de nouveau, elle répond toujours aux
soins de l'Agriculteur, & paie amplement les intérêts du temps pendant lequel elle s'étoit reposée. Ce n'est donc pas la vieillesse de la terre qui
occasionne son peu de fertilité, puisque, lorsqu'elle s'est une fois emparée de nous, la vieillesse ne
va plus jamais en rétrogradant, & que nous ne
pouvons ni rajeunir, ni reprendre notre premiere vigueur. Mais, d'un autre côté, ce ne peut pas
être non plus la fatigue du terrein qui diminue
aujourd'hui le profit de l'Agriculteur, puisqu'il y
auroit de l'extravagance à penser que la fatigue
soit une suite de la culture & de l'agitation des
terres, comme elle est dans les hommes une suite
du trop grand exercice de corps, ou de la charge
de quelque fardeau. A quoi revient donc, me
direz-vous, ce qu'assure Trémellius (1), que les
lieux sauvages & non-cultivés commencent à la
vérité par être très-fertiles, après une premiere
culture, mais qu'ils ne continuent point à répondre de même aux travaux des cultivateurs par la
suite? Je vous dirai que cet Auteur a vû, sans
contredit, le fait tel qu'il arrive ordinairement,
mais qu'il n'en a pas pénétré la raison. Car, si
une terre neuve, & qui ne fait que d'être trans-
formée en champs, de bruyere qu'elle étoit auparavant, est plus féconde qu'une autre, on ne
doit pas attribuer cette différence à ce qu'elle est
plus reposée & plus jeune qu'elle, mais plutôt à ce
qu'ayant été copieusement engraissée, pour ainsi

dire, pendant plusieurs années par le suc des feuilles & des herbes qu'elle engendroit naturellement & sans culture, elle se prête avec plus de facilité à la procréation & à la nutrition des plantes. Mais dès qu'une fois les racines de ces herbes ont été brisées par le hoyau & par la charrue, que les bois ayant été coupés, ont cessé de nourrir de leurs feuilles la terre sur laquelle ils croissoient, & que les feuilles qui tomboient en Automne des arbrisseaux & des arbres, au lieu de rester couchées sur terre comme auparavant, s'y trouvent reversées par le soc de la charrue, & mêlées & comme incorporées aux couches inférieures de la terre, qui sont ordinairement plus maigres que les supérieures, il devient alors indispensable que la terre, qui se trouve privée de son ancienne nourriture, maigrisse. Ce n'est donc pas par fatigue, comme l'ont crû la plupart des Auteurs, ni par vieillesse que les campagnes répondent aujourd'hui moins favorablement à nos espérances, qu'elles ne le faisoient autrefois, mais nous devons l'attribuer à notre paresse. Car on sera toujours assuré de faire rendre à la terre des fruits plus abondans, pourvu qu'on la renouvelle par des engrais fréquens donnés à temps & modérément. Comme nous avons promis dans le premier Volume de traiter de sa culture, nous entrons en matiere.

CHAPITRE II.

LEs plus habiles Agriculteurs, Silvinus, ont dit qu'il y avoit trois genres de terreins, celui des plaines, celui des collines & celui des montagnes; ceux de ces terreins qu'ils ont le plus généralement approuvés, sont une campagne située dans une plaine non pas totalement unie & de niveau, mais légérement pentive, une colline dont la croupe soit douce & facile, & une montagne non pas trop élevée ni sauvage, mais couverte de bois & d'herbes. On assigne encore à chacun de ces trois genres, six especes différentes de sols, le gras ou le maigre, le friable ou l'épais, l'humide ou le sec, & toutes ces différentes qualités étant mélangées entr'elles alternativement, forment des variétés infinies dans les terres, qu'il n'appartient pas à un Maître d'Agriculture de détailler. Car l'objet de cet Art n'est pas de parcourir toutes les especes qui sont innombrables, mais de s'en tenir aux premiers genres que la conception & le discours peuvent aisément embrasser tous. Il faut donc recourir aux unions, pour ainsi dire, des qualités disparates entr'elles, ce que les Grecs appellent εὐζυγίας ἐναντιοτήτων, & ce que nous appellerions proprement *discordantium comparationes*. Il faut aussi sçavoir qu'entre toutes les pro-

ductions de la terre, il y en a beaucoup plus qui
se plaisent dans les campagnes, qu'il n'y en a qui
se plaisent sur les collines, de même qu'il y en a
davantage qui se plaisent dans un sol gras, qu'il
n'y en a qui se plaisent dans un maigre. Quant
aux productions des terreins secs, ainsi que celles
des terreins arrofés, nous n'avons point découvert quelles sont celles dont le nombre l'emporte
sur les autres, d'autant qu'il y en a presque une
infinité qui se plaisent tant dans l'un que dans
l'autre de ces terreins. Au surplus, de toutes ces
productions, il n'y en a pas une seule qui ne réuf-
fiffe mieux dans un terrein friable que dans un
terrein épais. C'est auffi un des éloges particuliers, que notre ami Virgile (1) a fait d'une terre féconde, lorsqu'il a dit : *& celle dont le sol est
réduit en pouffiere , car c'est ce que nous cherchons
à imiter par les labours :* & effectivement cultiver
n'est rien autre chose que réduire la terre en
pouffiere & l'amollir. C'est ce qui fait qu'une
terre naturellement graffe & meuble à la fois,
est toujours celle du plus grand revenu , parce
que, quoiqu'elle rapporte plus qu'une autre, le peu
de soins qu'elle exige, n'occafionne pas beaucoup
de peine & ne jette pas dans de fortes dépenfes.
Ainfi on aura le droit de regarder un sol qui réunira ces deux qualités, comme le meilleur poffible

---

(1) Voy. la Note 25 de la Préf. Liv, II. des Géorg.

de tous : le second après lui sera le sol gras &
épais, parce qu'il récompensera abondamment le
cultivateur de sa dépense & de ses peines : le troisieme est le sol naturellement arrosé, parce qu'il
peut produire des fruits sans aucune dépense. Caton vouloit même que celui-ci fût le premier de
tous, puisqu'il préféroit de beaucoup le revenu
des prés à tout autre revenu (1); mais cette question est étrangere à notre sujet, puisque nous
avons à traiter ici des façons qu'il faut donner à la
terre, & non pas de sa qualité. Il n'y a pas de plus
mauvaise espece de terre que celle qui est seche,
ainsi que celle qui est épaisse & maigre, tant parce
qu'elle est difficile à manier, que parce qu'elle
ne dédommage point de cette difficulté, même
après avoir été façonnée, & que, si on l'abandonne à elle-même sans la cultiver, elle ne donne
point suffisamment de prés ni de pâturages. Ainsi
soit qu'on travaille un champ de cette nature,
soit qu'on le laisse en repos, il occasionne toujours des regrets au cultivateur, & il faut par conséquent l'éviter, comme on pourroit en éviter un
qui seroit pestilentiel. Car si celui-ci porte la mort
avec lui, l'autre porte la faim qui est la compagne affreuse de la mort, si nous en croyons les

---

(1) Caton ne donne cependant aux prés, dans le Chap. I.
de son Economie rurale, que le cinquieme rang entre les
différentes natures de biens de campagne. Mais voyez ce
que nous avons dit à ce sujet dans notre Préface.

Mufes (3) Grecques qui publient qu'*il n'y a pas de fort plus miférable que celui de mourir de faim*. Mais pour le préfent, arrêtons-nous plutôt au fol le plus fertile , qu'on peut confidérer fous deux faces : ou comme cultivé, ou comme inculte. Nous traiterons d'abord de la façon de mettre en guérets un terrein inculte , parce qu'il faut préalablement donner l'exiftence à un champ, avant de le cultiver. Examinons donc fi un canton inculte eft fec ou humide, s'il eft garni d'arbres ou pierreux, s'il eft couvert de jonc ou d'herbes, ou s'il eft embarraffé de fougeres & de broffailles. S'il eft humide, il faut faire des foffés pour le deffécher, & pour donner de l'écoulement aux eaux trop abondantes qui le couvrent. Nous connoiffons deux efpeces de foffés , ceux qui font cachés, & ceux qui font larges & ouverts : on emploie ceux-ci dans les terreins épais & remplis d'argille , mais dans ceux dont le grain eft moins compacte , on en fait quelques-uns d'ouverts & quelques-uns de cachés , de façon que l'écoulement de ceux qui font cachés, donne dans ceux qui font ouverts. Il faut auffi que les foffés ouverts foient plus larges par le haut que par le bas, & qu'ils préfentent deux talus, en fe refferrant jufqu'au fond comme une tuile creufe pofée fur fon dos en forme de gouttiere. Car quand les parois

---

(3) Voy. la Note 4 du Chap. I. de l'Economie rurale de Varron, Liv. I.

de

de ces foſſés ſont droites, ils ſont bientôt minés
par les eaux & comblés par les terres qui s'ébou-
lent d'en-haut. D'un autre côté, on fera pour les
foſſés cachés des tranchées de trois pieds de profondeur, que l'on remplira juſqu'à moitié de petites pierres ou de gravier pur, après quoi on les
applanira au niveau du terrein, en y remettant
la terre qu'on en avoit tirée par la fouille, ou ſi
l'on n'a ni pierres ni gravier à ſa diſpoſition, on
formera des eſpeces de cables avec des brins de
ſarment liés enſemble, auxquels on donnera l'é-
paiſſeur néceſſaire pour qu'ils puiſſent remplir le
fond du foſſé, après qu'on les aura retrécis &
ajuſtés à la largeur de cette partie qui en eſt la
plus étroite. Quand ce ſarment ſera bien enfoncé au fond du foſſé, on le chargera de terre &
on le couvrira de feuilles de cyprès ou de pin,
ou à deffaut de celles-ci, de toutes autres feuilles
que l'on foulera bien aux pieds, puis on dreſſera
aux deux bouts du foſſé, en forme de contrefort,
comme on le pratique pour les petits ponts, deux
groſſes pierres ſeulement qui en porteront une
troiſieme, pour ſoutenir les bords du foſſé &
empêcher qu'ils ne ſe comblent au point de ne
plus laiſſer de paſſage à l'eau. On a recours à deux
ſortes de travaux pour les terreins couverts d'arbres & d'arbriſſeaux : ou il faut déraciner ces arbres & les transporter hors du terrein, ou bien s'il
y en a peu, il ſuffira de les couper par le pied,
de les brûler & de les incorporer avec la terre en

la labourant. Pour les terreins pierreux il sera facile de les débarrasser en ramassant les pierres; s'il
y en a une grande quantité, on consacrera quelques parties du terrein à la réserve de ces pierres,
& on les y arrangera par tas en forme de murailles, afin que les autres parties en soient totalement délivrées, ou bien on creusera une tranchée
profonde dans laquelle on les enterrera, ce qu'il
ne faudra cependant faire qu'au cas que les journées soient à bas prix. Le défoncement du sol
sera suffisant pour détruire le jonc & les herbes.
Pour la fougere on viendra à bout de la détruire
en l'extirpant à plusieurs reprises (quoiqu'on puisse
aussi le faire avec la charrue), parce qu'étant souvent arrachée, elle meurt communément dans
l'espace de deux ans & même plutôt, si on a soin
de fumer en même-temps la terre, & qu'on y
seme des lupins ou des fèves, dans la vue de tirer
quelque profit du remede même qu'on apportera à ce vice. Car il est certain que le moyen le
plus facile de détruire la fougere, est d'ensemencer ou de fumer le terrein qui la porte : & quand
on ne feroit même que la faucher de temps en
temps à mesure qu'elle pousse, ce qu'un enfant
seul peut faire, elle cesseroit de revenir au bout
du temps que nous venons de marquer. Mais
après avoir donné la méthode de débarrasser un
terrein inculte, nous voici parvenus à la façon
que l'on doit donner aux terres nouvellement
défrichées; & c'est aussi sur quoi je ne tarderai pas

à dire mon sentiment, quand j'aurai donné aux
Amateurs de la campagne des préceptes, dont ils
doivent avoir auparavant la connoissance. Je me
rappelle que presque tous ceux des anciens qui
ont écrit sur l'Economie rurale, ont donné comme des signes avoués & indubitables auxquels
on reconnoît si une terre sera grasse & abondante en bled, sa douceur naturelle, son habitude à
produire des herbes & des arbres, & sa couleur
noire ou cendrée. De ces trois signes, il y en
a deux sur la certitude desquels je ne voudrois
pas prononcer : mais pour ce qui est de la couleur, je ne puis m'empêcher d'être surpris que
tous ces Auteurs, & sur-tout Cornelius Celsus (5),
cet homme qui connoissoit parfaitement non-seulement l'Agriculture, mais encore la nature entiere, se soient trompés, & même à l'œil, au point
de n'avoir point remarqué tant de marais & tant
de terres à salines, qui sont communément des
deux couleurs que nous venons de dire ; car il est
impossible de ne pas voir, même sans y faire une
grande attention, que tous les endroits où l'eau
a tant soit peu croupi, sont de l'une ou l'autre
de ces couleurs, à moins que je ne sois moi-même
dans l'erreur, en croyant qu'on ne peut pas faire
venir de beaux bleds sur le sol d'un marais bourbeux & d'une fange amere, ou sur les terres à salines qui sont au bord de la mer. Mais cette er-

____

(5) Voy. la Note 32 du Chap. I. Liv. I.

reur des anciens est trop évidente, pour qu'il soit nécessaire de donner un plus grand nombre de preuves de la fausseté de leur opinion. La couleur n'est donc pas un signe assuré de la bonté des terres : ainsi c'est plutôt par d'autres qualités qu'il faut juger si une terre est propre à rapporter du bled, c'est-à-dire, si elle est grasse. Car de même que la nature a donné aux bestiaux les plus robustes des couleurs différentes & presque innombrables, elle a aussi voulu que les terres les plus fortes fussent variées par la multiplicité de leurs couleurs. Ainsi il faudra examiner si le sol que nous jugeons digne de culture sur sa couleur, est réellement & intrinsèquement gras, & cette graisse est même encore trop peu de chose par elle-même, si elle n'est pas jointe en même-temps à la douceur. Or, nous pouvons nous assurer de ces deux qualités au moyen d'une expérience assez facile : il suffira pour cela de verser un peu d'eau sur une motte de terre, & de la paîtrir ensuite entre ses mains; si cette terre est gluante, qu'elle tienne aux doigts pour peu qu'on la presse, & que suivant l'expression de Virgile (6), *elle s'éten-de sur les doigts comme de la poix que l'on manie*, si enfin elle ne s'éparpille point lorsqu'on la jette avec violence contre terre, c'est un signe qui nous avertit qu'elle est naturellement remplie de suc & de graisse. De même, si lorsque vous voulez remet-

---

(6) Voy. la Note 25 de la Préf. Liv. I. des Géorg.

tre dans un fossé la terre que vous en avez tirée par
la fouille, & qu'en la refoulant il s'en trouve trop
pour le remplir, de façon que cette terre semble
avoir fermenté & s'être gonflée, il est certain
que c'est une terre grasse; comme au contraire si
elle ne suffit pas pour le remplir, c'est qu'elle est
maigre; & si elle le remplit juste, c'est qu'elle est
médiocre : quoiqu'au surplus toutes les inductions
que je viens de rapporter peuvent ne pas passer
pour aussi certaines, que celles que l'on peut tirer
d'une terre qui tire sur le noir, car cette derniere
est celle qu'on regarde communément comme la
meilleure pour le rapport. Nous connoîtrons aussi
une terre à son goût : il faudra pour cela tirer des
mottes de cette terre dans la partie qui nous en
paroîtra la plus mauvaise, & les mettre détremper dans un vase de terre, après avoir versé de
l'eau par-dessus; ensuite nous les goûterons après
les avoir passées avec soin, comme on passe le vin
qui est sur sa lie, & nous pourrons assurer que le
goût de cette terre ne différera pas de celui, que
ces mottes auront communiqué à l'eau dans cette
opération. Mais indépendamment de cette expérience, il y a encore bien des signes auxquels on
peut reconnoître si une terre est douce & propre
au bled : par exemple, si elle produit du jonc, des
roseaux, de l'herbe, du trefle, de l'yeble, des
ronces, des prunelles & quantité d'autres productions, qui sont également connues de ceux qui
cherchent des sources d'eaux, & qui toutes ne

viennent que dans les veines de terre qui sont
douces. Il ne faut pas non plus nous en tenir au
premier aspect de la superficie d'un terrein, mais
il faut encore examiner avec attention la qualité
de sa matiere inférieure, pour nous assurer si elle
est terreuse ou non. Il suffira pour le bled que la
terre soit d'une égale bonté jusqu'à deux pieds de
profondeur, & quatre pieds de profondeur de bonne terre seront autant qu'il en faudra pour les arbres (7). Après toutes ces observations préalables,
nous préparerons le champ pour l'ensemencer ;
or il sera d'autant plus fertile qu'il aura été labouré avec plus de soin & d'habileté. C'est pourquoi, presque tous les Auteurs les plus anciens
ont consigné dans leurs écrits, la méthode de labourer, pour être suivie par les Agriculteurs, comme une ordonnance & une loi solemnelle en cette
matiere. Il faut donc que les bœufs soient étroi-
tement unis l'un à l'autre dans cette opération,
afin qu'ils marchent plus pompeusement, le corps
droit & la tête élevée, & que leurs cols soient
moins ébranlés, le joug y étant mieux appliqué :
car c'est la façon de les atteler qui est la plus généralement reçue. Pour celle qui est usitée dans
quelques Provinces, & qui consiste à attacher le
joug à leurs cornes, elle est rejettée presque par

---

(7) Notre Auteur donne ailleurs (Chap. I. du Liv. IV.) la
profondeur qu'il faut pour les vignes, qui tiennent le milieu entre le bled & les arbres.

tous ceux qui ont laissé par écrit des préceptes à
l'usage des gens de la campagne, & avec raison.
Car les animaux sont en état de faire de plus
puissants efforts avec le col & la poitrine qu'avec
les cornes; & en effet lorsqu'ils sont attelés de la
premiere façon, leurs efforts se font avec tout le
poids du corps, au lieu que, lorsqu'ils le sont
de la seconde façon, ils se tourmentent en reti-
rant leur tête en arriere, & ont bien de la peine à ne faire qu'égratigner la superficie de la
terre, avec le soc de la charrue même la plus légere. C'est ce qui est cause qu'on emploie de trop
petites charrues, avec lesquelles on ne peut pas
sillonner profondément les terres nouvellement
deffrichées, quoique ce ne soit qu'en les sillonnant
ainsi, qu'on peut les rendre meilleures pour toutes
sortes de productions : car, quand les terres sont
profondément sillonnées, les grains & les fruits
des arbres y prennent plus d'accroissement. Je suis
donc encore en cela d'un avis différent de Celsus (5), qui, pour ménager la dépense qui est en
effet plus forte à proportion de ce qu'on emploie
au labour des bêtes plus robustes, pense qu'il
faut labourer la terre avec de petits socs enclavés
dans de petits bois de charrue, afin d'y pouvoir
employer des bœufs de moyenne taille; mais cet
Auteur ne fait pas attention qu'il y a plus de gain
à faire sur l'abondance des récoltes, qu'il n'y a
de perte à souffrir sur le coût des bœufs d'une
grande taille, sur-tout en Italie où les terres qui

G iv

font plantées d'arbres mariés à des vignes, ou d'oliviers, veulent être labourées plus profondément qu'ailleurs, tant afin que les racines supérieures des seps de vignes & des oliviers soient entiérement coupées par le soc de la charrue, de peur qu'en restant en terre, elles ne nuisent aux productions, qu'afin que celles qui sont au fond de la terre tirent plus aisément le suc dont elles se nourrissent, lorsque le sol sera bien labouré. Ce n'est pas que cette méthode de Celsus (5) ne puisse convenir dans la Numidie & dans l'Egypte, ou d'ordinaire le terrein est sans arbres, & semé tout en bled, & où il suffit de le retourner avec le soc le plus léger, attendu que ce sol n'est autre chose qu'un grain de sable gras & une espece de poussiere semblable à de la cendre. Il faut que le bouvier marche sur la partie du terrein qui sera labourée, & que tour-à-tour ou il tienne la charrue panchée tantôt sur un côté, tantôt sur un autre, ou qu'il enfonce le soc droit & à plein; mais toujours de façon qu'il ne laisse nulle part de terre crue, & à laquelle il n'ait point touché, ce que les Agriculteurs appellent un *Scamnum*. Il faut qu'il arrête fortement les bœufs, & qu'il les retarde lorsqu'ils approchent d'un arbre, de peur que le soc de la charrue, venant à heurter contre ses racines avec trop de violence, n'occasionne une commotion au col de ces animaux, ou qu'ils ne donnent eux-mêmes un coup de corne trop violent contre le tronc de cet arbre, ou enfin qu'ils ne l'entament avec l'extrémité du joug, & n'en arrachent quelque branche. Il doit intimider les bœufs de la voix, plutôt que de leur donner des coups, auxquels il n'aura recours qu'en derniere ressource , & lorsque ces animaux refuseront opiniâtrement de travailler. Il n'irritera jamais un jeune bœuf en le piquant de l'aiguillon, parce que cela le rend récalcitrant à l'ouvrage , & l'accoutume à ruer, mais il pourra lui donner quelques coups de fouet pour le réveiller. Il n'arrêtera point non plus ses bœufs au milieu d'un sillon, mais il attendra qu'ils soient arrivés au bout pour les faire reposer, afin qu'ils parcourent toute la longueur du sillon avec plus de légéreté, dans l'espérance de ce repos. Il est dangereux de faire tracer à un bœuf un sillon de plus de cent vingt pieds de long, parce que quand il excede cette longueur, l'animal se fatigue outre mesure. Lorsqu'on sera arrivé à un détour, il faudra repousser le joug sur le devant de la tête des bœufs, & les arrêter pour donner à leur col le temps de se rafraîchir : sans cette précaution il s'échaufferoit en peu de temps , & cet accident seroit suivi d'une enflure, qui finiroit par se convertir en ulcere. Le Bouvier ne se servira pas moins de la houe que du soc, & il déracinera toutes les souches les plus tenaces, ainsi que les racines supérieures qui embarrassent un champ, quand il est planté en arbres mariés à des vignes.

CHAPITRE III.

Lorsque les bœufs seront détellés, le Bouvier les frottera après les avoir étrillés, & leur pressera le dos avec la main, en soulevant la peau pour l'empêcher de s'attacher au corps, ce qui leur causeroit une maladie très-dangereuse. Il leur baissera le col, & leur versera du vin pur dans la gorge, s'ils ont trop chaud. Il suffira de leur en donner à chacun deux *Sextarii*. Mais il ne faut pas les attacher à la mangeoire, avant qu'ils aient cessé d'être en sueur & repris haleine. Lorsqu'ensuite il sera temps de les faire manger, il ne faudra pas leur donner d'abord une grande quantité de nourriture, ni la leur donner toute à la fois, mais peu-à-peu & par parties. Après qu'ils auront mangé, on les menera boire, & on sifflera pour les exciter à le faire plus volontiers; ce ne sera qu'après les avoir ramenés de boire, qu'on leur donnera amplement du fourage. Jusqu'ici nous avons suffisamment parlé des devoirs du Bouvier, reste à prescrire à présent les temps des labours.

CHAPITRE IV.

COMME l'eau séjourne long-temps dans les terres grasses, lorsqu'elles se sont reposées ou qu'elles n'ont pas encore été labourées, elles doivent recevoir le premier labour dans la saison où il commencera à faire chaud, & lorsque toutes les herbes seront poussées, mais avant qu'elles soient montées en graine : auquel cas il faut faire les sillons si multipliés & si serrés les uns auprès des autres, qu'on puisse à peine distinguer les traces du soc, parce que c'est le moyen de faire périr toutes les herbes en brisant leurs racines. Mais il faut encore que les guérets soient si bien réduits en poudre par des labours ultérieurs répétés plusieurs fois (1), qu'ils n'aient pas du tout ou presque pas besoin d'être hersés, lorsqu'ils auront été ensemencés. Car les anciens Romains prétendoient qu'une terre avoit été mal labourée, lorsqu'il falloit la herser après l'avoir ensemencée. L'Agriculteur doit examiner souvent par lui-même si les labours ont été bien faits, & il ne doit pas s'en rapporter sur cet article à sa vue, qui pourroit l'in-

____

(1) Pline 18, 20, dit que communément le sol de l'Italie demandoit cinq labours avant d'être ensemencé, & celui de la Toscane, neuf.

duire quelquefois en erreur, dans le cas où il se trouveroit un peu de terre pulvérisée étendue sur les bosses de terre crue & qui les cacheroit, mais il aura encore recours au tact qui est moins susceptible de tromper, & enfoncera à cet effet une perche forte sous les sillons en travers de leur direction : car si cette perche pénetre également par-tout sans rencontrer de résistance, il est évident que tout le sol aura été remué, mais si quelque partie de terre trop dure s'oppose à son passage, c'est une preuve que le guéret est encore crud : quand les Bouviers voient faire souvent cette manœuvre, ils ne s'exposent point à laisser des bosses de terre crue. Ainsi les terres humides doivent recevoir le premier labour après les Ides (2) du mois d'Avril ; lorsqu'elles auront été labourées pour la premiere fois dans ce temps-là, il faudra les biner quelques jours après le Solstice, qui est le neuf ou le huit des Calendes (2) de Juillet, & les tiercer ensuite vers les Calendes (2) de Septembre, d'autant que les gens tant soit peu versés dans l'Agriculture, conviennent tous qu'il ne faut pas labourer depuis le Solstice d'Eté jusques-là, à moins que la terre n'ait été trempée par de grandes pluies imprévues semblables à celles d'Hiver, comme il arrive quelquefois : auquel cas rien n'empêche de labourer les

____

(2) Voy. la Note 1 du Chap. XXVIII, de l'Economie rurale de Varron, Liv. I.

guérets au mois de Juillet. Mais en tel temps que
l'on laboure, on aura l'attention de ne point toucher à un champ qui sera bourbeux , non plus
qu'à celui qui n'aura été qu'à demi-humecté par
des pluies légeres : c'est ce que les gens de la campagne appellent une terre *varia & cariosa*. La
terre est dans ce cas, lorsqu'après une longue sécheresse, il survient de petites pluies qui ne font
qu'en mouiller la superficie, sans pénétrer au
fond. En effet pour peu qu'on ait remué des terres dans le temps qu'elles étoient bourbeuses, on
ne peut plus dès-lors y toucher de toute l'année,
& elles sont hors d'état d'être ou ensemencées,
ou hersées, ou plantées ; comme d'un autre côté
celles qui ont été labourées dans le temps qu'elles
n'étoient qu'à demi-humectées, deviennent stériles pour trois années de suite (3). Prenons donc
un juste milieu lorsque nous labourons les terres,
& choisissons le temps dans lequel elles ne sont
ni trop humides, ni absolument dépourvues de
sucs ; car le trop d'humidité les rend, comme j'ai
dit, bourbeuses & fangeuses. Pour celles que le
deffaut de pluie à desséchées, elles ne peuvent
jamais être labourées comme il faut ; car on leur
dureté empêche le soc de la charrue d'y mordre,
ou si elle ne va pas jusqu'à l'empêcher d'y pénétrer par quelqu'endroit , il ne les pulvérise pas

---

(3) Voy. la Note 7 du Chap. V. de l'Economie rurale
de Caton.

affez, mais il en enleve de groffes mottes qui ne
font qu'embarraffer le fol fur lequel elles reftent
étendues, & qui s'oppofent à ce qu'il foit bien
biné, parce que la réfiftance qu'elles apportent aux
feconds labours, fait fauter le foc hors du fillon,
comme s'il venoit à rencontrer des fondations
qui s'oppofaffent à fon paffage : d'où il arrive
qu'il s'y forme encore des boffes de terres crue
lorfque l'on vient à les biner, & que les bœufs font
très-moleftés par la difficulté qu'ils trouvent à
l'ouvrage. Ajoutez à cela que toutes les terres,
même les plus fertiles, étant toujours, malgré leur
fertilité, plus maigres dans le fond qu'à la fuperficie, ces groffes mottes qui fe levent de terre entraînent avec elles les parties inférieures de la
terre, qui fe trouvent dès-lors fur fa fuperficie,
d'où il arrive que la partie la plus ftérile de la
terre, fe trouvant incorporée avec la plus graffe,
le champ donne une récolte moins abondante :
fans compter que le laboureur eft furchargé de
befogne par le peu de progrès de fes travaux,
puifque lorfqu'une terre eft endurcie, on ne peut
pas lui donner toutes les façons dont elle a befoin. C'eft pourquoi, je penfe qu'il ne faut pas
biner pendant les féchereffes les terres qui ont déja
reçu un premier labour, mais qu'il faut attendre la pluie pour le faire ; afin que la terre étant
humectée nous facilite les moyens de la cultiver.
Au furplus, un *Jugerum* d'une terre bien humectée
peut être expédié en quatre journées de travail :

car il suffit de deux journées pour labourer la premiere fois, d'une troisieme pour biner, des trois
quarts de la quatrieme pour tiercer, & de l'autre
quart pour disposer la semence par raies. Les gens
de la campagne donnent aussi le nom de *porcæ* à ces
raies, que l'on forme par le labour même, en
laissant entre deux sillons, très-éloignés l'un de
l'autre, une élévation sur laquelle le grain doit rester à sec. Les collines dont le sol est gras, doivent
recevoir le premier labour sitôt après qu'on aurase-
mé les trémois, c'est-à-dire, au mois de Mars, ou
même dès le mois de Février, si la douceur de la
température & la sécheresse de la contrée le permettent. Ensuite il faudra les biner depuis le milieu
d'Avril jusqu'au Solstice, & les tiercer en Septembre
vers l'Equinoxe. Il ne faut pas moins de journées
pour cultiver un *Jugerum* d'une terre de cette nature, que pour les terres humides. Mais lorsqu'on
aura une montagne à labourer, il faudra sur-tout
observer d'y faire les sillons en travers de son talus,
car moyennant cela, on éludera la difficulté du
talus, & l'on diminuera beaucoup la peine des
hommes ainsi que celle des bêtes. Il faudra cependant dans tous les seconds labours qu'on y fera,
diriger le sillon un tant soit peu obliquement,
c'est-à-dire, tantôt sur le côté le plus élevé, tantôt sur le côté le plus bas du côteau, afin que la
terre soit également ameublie des deux côtés, &
que le fort de l'opération ne suive pas toujours
une seule & même trace. Une plaine maigre &

couverte d'eau sera labourée pour la premiere fois vers la fin du mois d'Août, ensuite elle sera binée en Septembre & prête à recevoir les semences vers l'Equinoxe; mais le travail qu'exige une pareille terre est plutôt expédié, & il ne faut pas employer tant de journées que pour une autre, puisque trois journées suffiront à un *Jugerum*. Il ne faut pas non plus labourer en Eté les petites éminences de terre, dont le grain est léger, mais seulement vers les Calendes (2) de Septembre, parce que, si on leur donnoit le premier labour auparavant, comme elles sont épuisées & sans suc, elles se consumeroient à l'ardeur du Soleil pendant l'Eté, & ne conserveroient plus aucune vertu; c'est pourquoi on fera bien de les labourer entre les Calendes (2) & les Ides (1) de Septembre, & de les biner tout de suite, afin qu'elles puissent être ensemencées aux premieres pluies de l'Equinoxe : & il ne faut pas dans ces sortes de terre placer le grain sur les raies qui sont élevées entre deux sillons, mais sous le sillon même (4).

---

(4) Effectivement les raies qui sont entre les sillons, étant plus élevées que le sillon lui-même, sont dès-lors la partie du guéret la plus seche, au lieu que le sillon en étant la partie la plus humide, parce que l'eau de pluie s'y amasse, il est aussi la partie la plus propre à recevoir le grain, lorsque la terre a peu de sucs par elle-même.

CHAPITRE

CHAPITRE V.

Cependant avant de biner une terre maigre, il conviendra de la fumer, car le fumier est une espece de nourriture qui sert à l'engraisser. On arrangera pour cela des tas de fumiers de la valeur de cinq *modii* chacun, de façon qu'ils soient plus éloignés les uns des autres dans les plaines, & plus près sur les collines ; on laissera dans les plaines entre chaque tas huit pieds d'intervalle en tout sens, au lieu qu'un intervalle de deux pieds moins large sera suffisant sur les collines : au surplus nous approuvons que cette opération soit faite au déclin de la Lune, parce que c'est le moyen d'empêcher que les herbes ne pullulent dans les terres labourées. Il faut pour un *Jugerum* de terre vingt-quatre *vehes* de fumier, quand on rapproche davantage les tas les uns auprès des autres, & dix-huit quand on les éloigne davantage. Dès que le fumier sera éparpillé sur la terre, ce qui ne doit point tarder à être fait, on la labourera pour le couvrir de terre, afin que le hâle du Soleil ne lui fasse point perdre sa force, & que la terre étant incorporée avec cet aliment puisse s'en engraisser. C'est pourquoi, lorsque l'on aura arrangé les tas de fumier dans un champ, il ne faudra pas en éparpiller plus que les Bouviers n'en pourront couvrir de terre dans le jour même où l'on fera cette opération.

CHAPITRE VI.

COMME nous avons montré comment on doit préparer la terre pour recevoir la semence, nous allons maintenant parcourir les différentes especes de semences. Les premieres & les plus utiles à l'homme sont le bled, le froment & le grain *Adoreum* (1). Nous avons connu bien des especes de froment, mais celui qu'il faut semer de préférence est celui que l'on appelle *robus* (1), parce qu'il l'emporte sur tous les autres, tant par son poids (2) que par sa netteté. Il faut mettre le *Siligo* (1) dans la seconde classe : celui dont on se sert le plus pour faire du pain n'est pas pesant. On mettra dans la troisieme classe les trémois

---

(1) Voy. la Note 1 du Chap. XXXIV. de l'Economie rurale de Caton, par rapport aux différentes especes de bleds. Quand les Interpretes nous diront que le grain *Ador* étoit ainsi appellé du mot *adurere*, qui signifie, *brûler*, parce qu'on le grilloit avant de le moudre, ou qu'il s'étoit appellé auparavant *Edor*, du mot *edere*, qui veut dire, *manger*, nous n'en sçaurons pas plus ce que c'étoit.

(2) Il est sensible que plus le grain pese, plus il fournit de matiere alimentaire, & que dès-là il est préférable aux autres.

qui font une espece de *Siligo* (1), dont l'ufage est très - gracieux aux Agriculteurs , parce qu'ils leur fervent de reffource, lorfqu'on n'a pas pû faire les femailles à temps à caufe des pluies qui font furvenues, ou pour toute autre raifon. Les autres efpeces de froment font inutiles à connoître, fi ce n'eft pour les perfonnes qui font curieufes de la plus grande diverfité dans toutes les efpeces de productions , & qui s'en font une vaine gloire. Nous avons vû qu'on employoit communément quatre fortes de grains *Adorea* (1) : celui que l'on appelle grain de *Clufium* qui eft d'un blanc brillant, le rouge & le blanc appellés *venucula* (3) qui font tous deux plus péfants que celui de *Clufium* , & celui qui vient en trois mois. On appelle ce dernier *alicaftrum* (4) , & c'eft le premier de tous eu égard à fon poids & à fa bonté. Il faut que les Agriculteurs confervent de toutes ces efpeces de fromens & de grains *Adorea* (1) , parce qu'il arrive rarement que la fituation d'un champ foit affez heureufe, pour que nous puiffions nous y contenter d'une feule efpece de grain , & qu'un champ fe trouve toujours mélangé de parties humides & de parties feches : or le froment vient mieux dans un lieu fec, & l'*Adoreum* (1) craint moins l'humidité.

---

(3) *A venulis*, à caufe *des petites veines* dont il eft parfemé.

(4) Ce mot paroît dérivé de celui d'*Alica*. Voy. la Note 3 du Chap. LXXVI. de l'Economie rurale de Caton.

CHAPITRE VII.

QUOIQU'IL y ait bien des especes de légumes (1), ceux qui paroissent les plus agréables à l'homme & qui sont à son usage, sont la fève, la lentille, le pois, le haricot, le pois chiche, le chanvre, le millet, le panis, le sesame, le lupin, le lin même & l'orge parce qu'on en fait des ptisanes : de même les meilleurs fourages, sont d'abord la luzerne & le fenu-grec, ainsi que la vesce, & après eux la cicerole, l'ers, & ce que l'on coupe en herbes pour faire manger aux bestiaux, & qui n'est rien autre chose que de l'orge. Nous traiterons d'abord de ce qui se seme pour notre usage, après avoir rappellé un très-ancien précepte, qui veut que l'on seme dans les lieux froids le plutôt possible, dans ceux qui sont tempérés un peu plus tard ; & que l'on finisse par ceux qui sont chauds. Les préceptes que nous allons donner doivent s'entendre des contrées tempérées.

---

(1) Nous donnerons toujours le nom de *légumes* à toutes les plantes que les Romains appelloient *legumina*, conformément à l'étimologie de ce mot, qui s'appliquoit chez eux à tout ce qu'on cueilloit en le tirant de terre, & sans le couper. Voy. l'Economie rurale de Varron, Chap. XXIII & XXXII.

CHAPITRE VIII.

NOTRE Poëte veut que l'on ne seme ni le bled *Adoreum* (1), ni même le froment avant le coucher des Pleïades, précepte qu'il exprime ainsi dans ses Vers : (2) *Mais si vous labourez une terre dans l'intention d'y récolter du froment & du* robus (1), *& que les épis soient votre but unique, attendez que les filles d'Atlas se couchent le matin.* Or elles se couchent le trente & unieme jour après l'Equinoxe d'Automne, qui tombe vers le neuf des Calendes (3) d'Octobre : par où l'on doit voir qu'on a quarante-six jours pour semer le froment, à compter du coucher des Pleïades, qui tombe avant le neuvieme jour des Calendes (3) de Novembre, jusqu'au Solstice d'Hiver. Car les Agriculteurs prudens se gardent bien de labourer la terre, comme de tailler la vigne ou les arbres quinze jours avant ou après le Solstice d'Hiver. Nous ne doutons point non plus qu'il ne faille se conformer à ce précepte pour faire les semailles, lorsque le climat sera tempéré & que le terrein ne sera point humide;

---

(1) Voy. la Note 1 du Chap. VI.
(2) Virgile, Liv. I. des Géorg.
(3) Voy. la Note 1 du Chap. XXVIII. de l'Economie rurale de Varron, LIV. I.

mais si le terrein est humide, maigre, froid ou même ombragé, nous croyons qu'il faut y semer d'ordinaire avant les Calendes (3) d'Octobre, *pendant que la sécheresse de la terre laissera la liberté de le faire, & que les nuages seront encore suspendus en l'air* (4), afin que les racines des bleds aient pris une certaine force, avant que les pluies de l'Hiver, les frimats & les gelées viennent à les molester. Mais quoique les semailles aient été faites à temps, on prendra néanmoins la précaution de détourner toutes les eaux dans des fossés, & de les faire écouler hors des terres labourées, en y pratiquant de larges rigoles, & un grand nombre de tranchées pour favoriser cet écoulement : quelques personnes donnent à ces tranchées le nom d'*elices*. Je sçais bien qu'il y a d'anciens Auteurs qui ont défendu d'ensemencer les terres, avant qu'elles aient été humectées par la pluie; & je ne doute pas que l'Agriculteur ne trouve effectivement plus de profit à attendre qu'elles l'aient été, quand ce retard ne l'empêchera pas de faire les semailles à temps. Mais si (comme il arrive quelquefois) les pluies viennent trop tard, on pourra fort bien ensemencer les terres malgré la sécheresse; & on le pratique même ainsi dans quelques Provinces situées sous des climats où les pluies sont tardives. Car le grain ne se corrompt pas plus pour avoir été jetté sur un terrein sec & hersé

---

(4) Virgile, Liv. I. des Géorg.

depuis le labour, que s'il eût été ferré dans un grenier, & même, dès que la pluie vient, il leve en un feul jour, quoique femé depuis plufieurs. Il eft vrai que Trémellius (5) affure que les oifeaux & les fourmis le mangent en attendant qu'il pleuve, lorfqu'il eft femé dans une terre defféchée par les beaux jours de l'Eté : & c'eft une chofe que nous avons remarquée nous - mêmes après maintes expériences. Quoiqu'il en foit, on fera mieux de femer dans ces dernieres terres du grain *Adoreum* (1) que du froment, parce que ce grain eft renfermé dans une capfule forte, durable & capable de réfifter long-temps à l'humidité.

CHAPITRE IX.

IL faut ordinairement pour un *Jugerum* de terre, quatre *modii* de froment fi elle eft graffe, & cinq fi elle eft médiocre : un bon terrein ne demande que neuf *modii* d'*Adoreum* (1), mais un médiocre en veut dix (2). Car quoique les Auteurs

---

(5) Voy. la Note 50 de la Préf.

(1) Voy. la Note 1 du Chap. VI.

(2) Cette différence entre la quantité de froment & d'*Adoreum* qu'il faut femer dans une même mefure de terre, peut être fondée fur la groffeur différente de ces grains ; en effet, le grain moins gros donne plus de femence, & le plus gros

ne foient pas d'accord fur cette mefure, c'eft cependant là celle que nous jugeons la plus convenable d'après notre propre expérience; fi quelqu'un cependant ne veut pas s'y conformer, il pourra fuivre les préceptes de ceux, qui prétendent qu'un terrein fertile eft bien enfemencé avec cinq *modii* de froment & huit d'*Adoreum* (1) par *Jugerum*, & une terre médiocre à proportion (2). Nous ne trouvons pas toujours à propos nous-même de fuivre la méthode que nous donnons ici, parce qu'elle peut varier fuivant les lieux, les faifons & la température de l'air : fuivant les lieux; comme lorfque nous enfemençons en bled des plaines ou des collines, & que les unes ou les autres font ou graffes, ou médiocres, ou maigres : fuivant les faifons; comme lorfque nous femons des bleds en Automne, ou à l'approche de l'Hiver, car on peut fe contenter d'une moindre quantité de grain pour les premieres de ces femailles, au lieu qu'il en faut une plus grande quantité pour les fecondes : fuivant la température de l'air; comme lorfqu'il fait de la pluie, ou qu'il fait fec, car dans le premier cas on fuit la méthode des premieres femailles, & dans l'autre cas on fuit celle des

---

en donne moins : par conféquent, il en faut davantage de gros que de petit, pour remplir une même mefure de terrein. Or, l'*Adoreum* étoit plus gros que le froment, puifqu'on le femoit avec la capfule forte dans laquelle il étoit renfermé, comme l'a dit Columelle à la fin du Chap. précédent.

secondes (3). Toutes les especes de bleds se plaisent principalement dans une large campagne, dont la pente soit tournée du côté du Soleil & bien exposée à ses rayons, & dont le sol soit poudreux. Car, quoique le froment que les collines produisent soit un peu plus fort que celui des plaines, il est cependant en moindre quantité (4). Les terres épaisses, argilleuses & humides nourrissent facilement le *Siligo* (1) & le bled *Adoreum* (1). L'orge ne se plaît que dans les lieux secs & poudreux: tous les autres grains dont nous venons de parler, veulent une terre reposée & labourée alternativement de deux années l'une,

---

(3) Lorsqu'on seme à temps, c'est-à-dire, en Automne, il faut moins de grain que lorsqu'on seme plus tard, parce que dans ce dernier cas, l'Hiver qui menace, empêche le grain de se fortifier & de jetter plusieurs germes, & que les gelées en font périr une partie, de sorte que, si on n'en avoit pas semé une grande quantité, la récolte seroit médiocre; au lieu que le grain semé le premier & dans un temps où il fait encore chaud, acquiert de la force & s'étend sous terre avant les froids, &, comme alors il demande plus de terrein dans sa croissance, il ne faut pas qu'il soit semé trop dru. De même lorsqu'on seme en temps de pluie, il faut moins de grain qu'il n'en faut lorsqu'on seme par un temps sec, parce que la sécheresse fait autant de tort au grain que le froid, en donnant aux animaux de dessous terre la facilité de le ronger.

(4) Par la raison que les tuyaux étant perpendiculaires à la base des collines, qui est la mesure de leur superficie, il ne peut pas y en avoir plus que cette base n'en comporte.

& qui foit très-bonne ; au lieu que l'orge rejette toute terre médiocre, & veut être femé ou dans une qui foit très-graffe, ou dans une très-maigre (5). Les autres grains fe foutiennent, quoiqu'ils aient été femés dans un cas de néceffité après des pluies continuelles, & lorfque la terre étoit encore bourbeufe & humectée ; l'orge meurt au contraire fi on le feme dans une terre limoneufe. Lorfqu'une terre eft médiocrement argilleufe ou médiocrement humide, il y faut femer un peu plus de cinq *modii* de *Siligo* (1) ou de bled, quoique ce foit la mefure que j'ai prefcrite ci-deffus ; au lieu que fi elle eft feche & réduite en poudre, comme fi elle eft graffe ou maigre, il n'y en faut femer que quatre : car une terre maigre ne demande pas plus de femence qu'une graffe, parce que, par la raifon des contraires, fi le grain y eft femé drû, il ne donne que des épis vuides & menus, au lieu que, lorfqu'il y eft clair femé, il donne un grand nombre d'épis, un feul grain fourniffant à lui feul plufieurs tuyaux. Nous ne devons pas non plus ignorer, entre autres chofes, qu'il faut un cinquieme de femence de plus pour un terrein planté en arbres mariés à des vignes, qu'il n'en faut pour un terrein vuide & décou-

---

(5) Parce que comme il épuife la terre, il n'y a rien à rifquer en le femant dans une terre maigre, & qu'une terre graffe fe foutiendra encore malgré le tort qu'il y fera.

vert (6). Or nous n'avons parlé jufqu'ici que des femailles d'Automne , parce que nous penfons que ce font les meilleures. Mais il y en a d'autres que l'on fait lorfqu'on y eft contraint par la né-ceffité , auxquelles les Agriculteurs donnent le nom de trémois : on les fait à propos dans les lieux très-froids & pleins de neige , & ou l'Eté eft humide & fans chaleurs fortes. Elle réuffiffent très-rarement dans les autres lieux, encore faut-il qu'elles foient faites promptement & toujours avant l'Equinoxe du Printemps : & en général, plus elles feront faites de bonne-heure, pourvu que le climat & la température de l'air le per-mettent , plus elles viendront aifément. Car il n'y a pas , comme bien des gens l'ont crû, de grain particulier dont la nature foit de venir en trois mois (7) , puifque tout grain qui vient en

---

(6) Quelle peut-être la raifon de cette différence , fi ce n'eft que l'ombre & les racines des arbres diminuant la bonté du terrein , il faut compenfer le tort qui en réfulte , par l'a-bondance de la femence ?

(7) On peut, à l'occafion de ce paffage , prouver ce que nous avons avancé dans notre Préface , que Pline cherche à mordre, fans raifon, fur Columelle. En effet, il l'accufe fauffement 18 , 7 , d'avoir avancé qu'il n'y a pas de bled qui vienne en trois mois , tandis qu'il y en a même , ajoute ce critique, qui vient en deux mois; & cependant Columelle ne nie point ici qu'il y ait du bled qui vient en trois mois, il dit feulement que celui qui vient en trois mois, n'eft pas d'une nature différente de celui que l'on feme en Automne, & qui pour lors réuffit mieux.

trois mois réussiroit encore mieux s'il étoit semé en Automne ; mais il y en a néanmoins qui sont préférables à d'autres pour cet objet, parce qu'ils supportent la chaleur modérée du Printemps, tels que le *Siligo* (1), l'orge de Galatie, le grain *Alicastrum* (8) & la fève des Marses : pour les autres grains qui sont plus robustes, il faut toujours les semer avant l'Hiver dans les lieux tempérés. La terre est quelquefois dans l'habitude de jetter une eau salée & amere, dont le poison corrompt les semences même déja mures ; cette eau dégarnit d'herbes les endroits où elle se trouve, & en fait des places nettes & où il ne reste pas une seule tige des semences qui y étoient. Il faut marquer ces endroits dégarnis d'herbes avec un signal pour les reconnoître, afin de remédier à ce vice dans le temps convenable : car il faut répandre de la fiente de pigeon, ou, si l'on en a pas, des feuilles de cyprès dans les endroits, où l'humidité ou quelque mauvaise odeur auront fait périr les grains, & y incorporer ce fumier avec la terre en la labourant. Mais le plus important est de faire écouler toute l'humidité par le moyen d'une tranchée, autrement les remedes que nous venons d'indiquer seront inutiles. Il y a des gens qui doublent d'une peau d'Hyene un semoir de trois *modii* de contenance, & qui y laissent séjourner le grain pendant quelque temps avant de le se-

---

(8) Voy. la Note 4 du Chap. VI.

mer, convaincus qu'en le semant à la suite de cette précaution, il viendra à bien. Il se trouve aussi des animaux sous terre qui font périr les grains qui ont déja pris une certaine croissance, en rongeant leurs racines : le jus de l'herbe que les paysans appellent *Sedum* (9), mêlé avec de l'eau, prévient cet accident & y remédie ; car il suffit de laisser tremper, pendant un nuit, dans cette composition les semences avant de les jetter en terre. Quelques personnes versent de l'eau sur du jus de concombre sauvage & sur les racines de cette plante pilées, après quoi ils y mettent tremper de même les semences avant de les confier à la terre. D'autres arrosent les sillons, dès que la moisson commence à être endommagée, avec cette eau ainsi préparée, ou avec de la lie d'huile sans sel, & ils écartent par-là tous les animaux nuisibles. J'ai maintenant à donner un précepte qui tient à ceci, c'est de se précautionner, après la moisson, du grain destiné aux semailles, & cela dès qu'il est dans l'aire : car il faut, ainsi que le prescrit Celsus (10), choisir les meilleurs épis lorsque la moisson n'a pas été abondante, & en mettre à part le grain pour l'employer aux semailles ; il faut à cet effet vanner tout le grain qui aura été battu, & garder toujours pour être semé celui qui sera resté au fond du tas, à cause de sa gros-

---

(9) La joubarbe.

(10) Voy. la Note 31 du Chap. I. du Liv. I.

feur & de fon poids. Cette attention est fort utile, parce qu'à moins qu'on ne l'ait prife, il arrive toujours que les bleds dégénerent même dans les lieux fecs, quoique plus tard à la vérité que dans les lieux humides : car il n'est pas douteux qu'une femence forte peut s'affoiblir, comme il est évident que celle qui est maigre dans fon principe, n'acquiert jamais de force par la fuite; c'est pour cela que Virgile a dit, entre autres belles chofes fur les femences (11) : *J'ai vû que les femences, choifies depuis long-temps & qui avoient été éprouvées avec le plus grand foin, finiffoient par dégénérer, à moins que la prudence humaine ne fît un choix toutes les années des plus fortes d'entr'elles, tant il est écrit dans le destin que tout empire & décline en rétrogradant.* Si un grain qui est roux laiffe voir à l'intérieur la même couleur, lorfqu'on le fépare en deux, nous ne doutons point qu'il ne foit bon; celui qui est blanchâtre au-dehors & blanc en-dedans, doit paffer pour vuide & léger. Ne nous laiffons point tromper par le *Siligo* (1), comme fi c'étoit une production qui dût être à defirer pour les Agriculteurs; car c'est une espece de bled dégénéré, & quoiqu'il l'emporte fur le bled par la blancheur, il lui cede néanmoins du côté du poids. Au furplus il vient bien fous un climat humide, & par conféquent il est plus propre pour les lieux où il y a des eaux courantes.

***

(11) Voy. la Note 25 de la Préf. Liv. I. des Géorg.

Mais cependant nous n'avons pas besoin d'en aller chercher bien loin, ni de nous donner beaucoup de peines pour en avoir, puisque tout froment se convertit en *Siligo* (1) la troisieme fois qu'il a été semé dans un lieu humide. Le grain qui tient le premier rang dans l'usage après ces bleds, est l'orge que les Paysans appellent *Hexasticum* (12), & que quelques personnes appellent *Canterinum* (13), parce que tous les animaux qui

---

(12) C'est-à-dire, dont l'épi a six rangs de grains.

(13) De *Canterius*, qui veut dire, *cheval hongre*, & en général toute *bête de somme*. Au reste, quoique nous ayons déja remarqué dans notre Préf. que nous ne pouvions pas appliquer les noms véritables aux productions qui servent à la vie commune, il y a lieu de soupçonner que cet *hordeum hexasticum* est moins ce que nous appellons *orge*, que ce que nous appellons *seigle*. En effet, toutes les qualités que Columelle attribue ici à ce grain, conviennent à notre *seigle*. C'est le grain qui tient le premier rang après le bled par sa bonté; sa tige est foible, & son grain n'est couvert que par l'extrémité d'en bas; il mûrit plutôt que le bled, & on le moissonne plutôt, de peur que son grain ne tombe, comme aussi on n'a point de peine à le battre dans l'aire, & il maigrit les terres dans lesquelles il est semé. Or, nous n'avons point de grains à qui toutes ces qualités conviennent davantage qu'a notre seigle. Il y a cependant des personnes qui ont prétendu que les Anciens ne connoissoient point notre seigle, & il est vrai de dire que l'épi de notre seigle n'a point six rangs de grains, ou du moins que les rangs du milieu, qui pourroient compléter ces six rangs, ne sont point développés. Aussi n'y avoit-il que les Paysans qui lui donnassent le nom d'*hexasticum*. Ce qu'il y a de certain, c'est que le grain que

font à la campagne, indépendamment de l'homme, s'en nourriſſent plutôt que de bled, & qu'il eſt plus ſalutaire à l'homme même que le mauvais froment. En effet, il n'y a pas de grain qui ſauve plus de la miſere dans le cas de ſtérilité. On le ſeme dans une terre ſeche & poudreuſe, pourvu qu'elle ſoit très-graſſe ou très-maigre ; car, comme il eſt conſtant qu'il maigrit les terres dans leſquelles il eſt ſemé, on doit le ſemer ou dans une terre très-graſſe que ſa force met à

---

nous appellons *orge* eſt couvert d'une peau qui le tient très-ſerré, qui ne le quitte point lorſqu'on le bat, & avec laquelle on le ſeme, toutes choſes qui ne conviennent point à l'*hordeum* dont parle ici Columelle, & qui conviendroient plutôt au grain *Adoreum*, dont il a dit à la fin du Chapitre précédent, qu'il étoit renfermé dans une capſule forte, durable & capable de réſiſter longtemps à l'humidité. Ce n'eſt pas même le ſeul point de reſſemblance que nous trouvons entre le grain *Adoreum* & notre *orge*. En effet, l'un & l'autre étant enveloppé d'une peau, doit occuper un plus grand eſpace, & par cela ſeul on pourroit juger qu'il en faut une plus grande quantité quand on le ſeme, qu'il ne faut de cet *hordeum hexaſticum*, dont les grains ſont nuds. Auſſi Columelle dit-il ici qu'il ne faut que cinq *modii* de cet *hordeum* pour enſemencer un *Jugerum*, au lieu qu'il a demandé, au commencement du Chapitre, neuf ou même dix *modii* d'*Adoreum* pour pareille meſure de terre. Au reſte tout ceci n'eſt qu'un ſoupçon, mais qui ſuffit pour faire voir qu'en comparant ainſi tout ce que les anciens Auteurs diſent des productions de la terre, il ſera poſſible de parvenir à vaincre l'ignorance dans laquelle nous ſommes ſur cet objet.

l'abri

l'abri d'être ruinée, ou dans une maigre qui n'est bonne à nulle autre chose. Il faut le semer après l'Equinoxe & vers le milieu des semailles dans une terre grasse qui aura été binée, & plutôt dans une maigre. Il en faudra cinq *modii* pour ensemencer un *Jugerum*, & dès qu'il sera un peu mûr on le moissonnera avant tout autre bled : car sa tige étant foible, & son grain n'étant revêtu d'aucune paille, il est sujet à tomber de bonne-heure, aussi le bat-on plus aisément par cette raison même que les autres grains. Mais lorsqu'on l'aura moissonné, il sera bon de laisser reposer un an les terres qui l'auront porté, ou du moins de les bien fumer, & d'en écarter tout le venin qu'il y aura déposé. Il y a encore une autre espece d'orge que les uns appellent *distichum* (14), & les autres *Galaticum* (15); il est d'un poids & d'une blancheur remarquables, de façon qu'en le mêlant avec du froment, il fournit une excellente nourriture pour les gens. On le seme dans les lieux les plus gras, mais qui sont froids, vers le mois de Mars. Il vient cependant mieux quand on le seme vers les Ides (16) de Janvier, pour peu que la douceur de l'Hiver le permette ; il en faut six *modii* pour un *Jugerum*. On peut mettre

---

(14) C'est-à-dire, dont l'épi a un double rang de grains.

(15) C'est-à-dire, de Galatie.

(16) Voy. la Note 1 du Chap. XXVIII. de l'Economie rurale de Varron, Liv. I.

aussi au nombre des bleds le panis & le millet, quoique je les aie déja rangés dans la classe des légumes (17) : car il y a bien des pays où les colons s'en nourrissent. Ils demandent une terre légere & poudreuse, & réussissent non-seulement dans un terrein sablonneux, mais dans le sable même, pourvu que le climat soit humide, ou que le sol en soit arrosé, car ils redoutent un sol sec & argilleux. On ne peut pas les semer avant le Printemps, parce qu'une chaleur modérée est la température qui leur plaît le plus : on peut cependant les semer très-commodément à la fin du mois de Mars. Ils n'occasionnent pas non plus une grande dépense au cultivateur, puisqu'il n'en faut que quatre *Sextarii* à-peu-près pour ensemencer un *Jugerum*. Il faut cependant les sarcler souvent, & en arracher les mauvaises herbes, pour qu'ils aient la liberté de venir. Lorsqu'ils sont en épis, on les cueille à la main avant que la chaleur les entr'ouvre, & on les serre après les avoir suspendus au Soleil pour les faire fécher. Quand on a pris ces précautions, avant de les serrer, ils durent plus long-temps que tous les autres bleds. On fait du pain de millet, que l'on peut manger sans dégoût quand il est chaud. On fait avec du panis pilé dans un mortier & féparé du son, & même avec du millet, un potage d'assez bon goût, sur-tout quand il est au

---

(17) Voy. la Note 1 du Chap. VII.

lait, & ce potage sert de ressource dans les temps de disette.

CHAPITRE X.

COMME nous avons donné d'assez longs préceptes sur les bleds, passons à présent aux légumes. Le lupin est celui qui mérite la premiere attention, parce qu'il consomme le moins de journées, qu'il coute très-peu, & que de toutes les semences, c'est celle qui est la plus utile pour le fond : car il fournit un excellent fumier pour les vignes maigres & pour les terres labourables, outre qu'il vient dans les terreins épuisés, & que, quand il est serré dans un grenier, il dure éternellement. On le donne à manger aux bœufs pendant l'Hiver cuit & détrempé, & il leur est très-bon, & il peut même très-bien, dans un temps de famine, satisfaire la faim des hommes eux-mêmes. Il est bon à être semé au sortir de l'aire, & il est le seul de tous les légumes qui n'ait pas besoin d'avoir été gardé préalablement dans un grenier. On peut le semer ou dans le mois de Septembre avant l'Equinoxe, ou incontinent après les Calendes (1) d'Octobre, dans les

____

(1) Voy. la Note 1 du Chap. XXVIII. de l'Economie rurale de Varron, LIV. I.

terres qu'on laisse reposer sans les labourer ; & de telle façon qu'on le seme, la négligence du colon ne lui fait jamais tort. Cependant les chaleurs modérées de l'Automne lui sont nécessaires, pour qu'il prenne promptement de la force, car, lorsqu'il n'a pas pris de consistance avant l'Hiver, les froids lui nuisent. Le mieux est de serrer les lupins qu'on a de reste après avoir semé ce légume, sur un plancher dont la fumée puisse approcher, parce que, si l'humidité le gagnoit, il s'y engendreroit des vers, & que, dès que ces insectes en auroient rongé les germes, le reste ne pourroit plus pousser. Il se plaît, comme je l'ai dit, dans une terre maigre , & sur-tout dans une terre rouge : car il craint l'argille, & il ne vient point dans un terrein limoneux ; il en faut dix *modii* pour ensemencer un *Jugerum*. Après ce légume vient le haricot, que l'on fera bien de semer dans des jacheres, ou encore mieux dans une terre grasse & qui rapporte toutes les années sans se reposer ; il n'en faut pas plus de quatre *modii* pour un *Jugerum*. Il en est de même du pois, qui cependant veut une terre légere & poudreuse, ainsi qu'un lieu chaud & un climat où il pleuve beaucoup ; il en faut autant que de haricot pour ensemencer un *Jugerum*, ou un *modius* de moins : on peut le semer au commencement des semailles depuis l'Equinoxe d'Automne. On destine aux fèves les lieux les plus gras par eux-mêmes, ou ceux qui ont été fumés, ou si l'on a des jacheres fituées dans des vallées, qui puiffent recevoir l'eau des terreins fupérieurs, on commencera par les en enfemencer, enfuite on donnera le premier labour à ces terres, après quoi on difpofera la femence par raies (2), puis on herfera, afin qu'elle foit mieux recouverte de terre & plus enfoncée ; ce qui eft très-intéreffant, fi l'on veut que lorfque fes racines feront venues, elles foient abfolument fous terre. Si on fe propofe de femer des fèves dans les terres où l'on viendra de faire la moiffon, & que l'on doit enfemencer enfuite en grain fans les laiffer repofer, on y diftribuera par *Jugerum*, après avoir coupé le chaume, vingt-quatre *vehes* de fumier, que l'on aura foin d'y éparpiller. Lorfqu'on les aura femées dans un terrein non labouré, on les enfoncera de même en terre en le labourant, après quoi on les herfera après les avoir difpofées par raies (2), quoiqu'il y ait des perfonnes qui prétendent qu'il ne faut pas herfer la fève dans les lieux froids, parce que les mottes de terre qui reftent fur un champ qui n'a point été herfé, la préfervent des gelées, lorfqu'elle eft encore tendre, & qu'elles la maintiennent dans une certaine chaleur modérée, lorfqu'elle vient à être

---

(2) C'eft-à-dire, qu'on aura foin qu'elle foit fur des raies élevées entre deux fillons. Voy. la Note 4 du Chap. IV. à l'occafion d'une pratique différente, dans le cas d'un terrein qui a peu de fucs par lui-même.

vexée par le froid. Il y a auffi des perfonnes qui croient qu'elle fert de fumier dans les terres labou-rées; mais j'interprete cette opinion de façon que je penfe que les fèves ne confument pas, à la véri-té, les forces de la terre autant que les autres fe-mences, fans néanmoins croire qu'elles l'engraif-fent pour y avoir été femées : car je fuis convain-cu au contraire qu'un champ fera meilleur pour le bled, lorfqu'il n'aura rien porté l'année pré-cédente, qu'il ne le feroit s'il avoit produit des fèves. Trémellius (3) croit que lorfqu'un terrein eft gras, il fuffit de quatre *modii* de fèves pour en enfemencer un *Jugerum*; pour nous, nous croyons qu'il en faut fix, & même un peu plus s'il eft d'une qualité médiocre. Les fèves ne fe plaifent ni dans un lieu maigre, ni dans un climat fujet aux brouillards, cependant elles réuffiffent fou-vent dans un terrein épais. Il en faut femer une partie au milieu des femailles, & l'autre partie à la fin des femailles; on appelle ce dernier enfe-mencement *Septimontialis* (4). Celles qui font fe-mées à temps font le plus fouvent les meilleures, cependant celles qui font femées les dernieres

---

(3) Voy. la Note 50 de la Préf.

(4) De *Septimontium*, qui étoit une Fête que l'on célébroit à Rome au mois de Décembre, un peu avant les Saturnales, c'eft-à-dire, avant la mi-Décembre, en mémoire du jour où l'on avoit renfermé dans l'enceinte de la Ville, la fep-tieme des collines dont elle étoit compofée.

l'emportent quelquefois sur elles. On auroit tort
de semer la fève après le Solstice d'Hiver, & encore plus de la semer au Printemps, quoiqu'il y
ait aussi un genre de fèves trémois (5), qu'on seme
au mois de Février, auquel cas il faut en semer
un cinquieme de plus que lorsqu'on les seme à
temps, mais pour lors, elles ne donnent que de
petites pailles & peu de cosses. Aussi entends-je
communément dire aux anciens Paysans qu'ils aiment mieux les favarts des fèves semées de bonne heure, que ceux de celles-ci. Mais en quelque
temps de l'année qu'on seme la fève, il faudra
faire ensorte que toute la quantité que l'on aura
destinée à être semée, soit jettée en terre au
quinzieme jour de la Lune, si toutefois cette Planette n'est pas encore ce jour-là derriere
les rayons du Soleil, ce que les Grecs appellent
ἀπόκρυψις (6), sinon, on l'y jettera dès le quatorzie-
me jour & pendant que la Lune croîtra encore,
quand même on ne pourroit pas sur le champ

---

(5) Il appelle ces fèves *trémois* improprement, non pas
parce qu'elles ne restent que trois mois en terre comme les
bleds trémois, mais parce qu'on ne les y met comme eux
qu'après l'Hiver. En effet, on ne récolte ces fèves plantées
en Février qu'au commencement de Juillet. Voy. le Chap.
II. du Liv. XI.

(6) Ce mot signifie l'*action de se cacher*, & s'applique très-
bien au commencement du déclin de la Lune, qui arrive,
lorsqu'elle cesse de précéder les rayons du Soleil, qui lui est
diamétralement opposé, & qu'au contraire elle les suit.

couvrir de terre tout ce qui y aura été jetté : car pour lors, ni les rosées de la nuit, ni aucuns autres accidens ne pourront lui nuire, pourvu que d'ailleurs elle soit préservée des bestiaux & des oiseaux. Les anciens Agriculteurs & Virgile lui-même vouloient qu'on trempât la fève dans de la lie d'huile, ou dans du nitre avant de la semer (7), *afin que ses grains fussent mieux nourris sous leur écorce trompeuse, & qu'ils fussent plus prompts à s'amollir, en cuisant même à petit feu,* & nous avons remarqué nous-même que lorsque la fève avoit reçu cet apprêt, elle étoit moins sujette à être endommagée par le charenson, quand elle étoit mûre. Ce n'est aussi que d'après notre propre expérience que nous donnons le précepte suivant : il faut cueillir les fèves lorsqu'il n'y a point de Lune & avant le jour, ensuite lorsqu'elles seront séchées dans l'aire, il faudra les battre sur le champ & les serrer dans le grenier, après qu'elles seront rafraîchies, avant que la Lune commence à croître ; lorsqu'elles auront été ainsi serrées, elles seront à l'abri des charensons. C'est celui des légumes qu'il sera le plus facile de battre, sans avoir recours aux efforts des bêtes de somme, & le vent ne sera point nécessaire pour le nettoyer. Voici comme on s'y prendra : on en déliera quelques bottes, que l'on placera à l'extrémité de l'aire, après quoi

---

(7) Voy. la Note 15 de la Préf. Liv. I. des Géorg.

trois ou quatre hommes les pousseront devant
eux avec le pied, en traversant le milieu de l'aire,
qui est le plus long intervalle qu'ils puissent y
parcourir (8), & les battront en même-temps
avec des bâtons & des fourches, après quoi lorsqu'ils seront arrivés à l'autre extrémité de l'aire,
ils y mettront le chaume en tas, moyennant quoi
les grains seront restés étendus dans l'aire ; on battra de même peu-à-peu les autres bottes sur ces
grains-là sans les déplacer : ceux qui les auront
battues mettront de côté les pailles les plus dures
après les avoir coupées, & feront un second tas
des plus petites pailles qui seront sorties des cosses
avec les fèves, & qui seront restées à terre comme
elles. Lorsqu'ils auront fait un monceau tant de
ces dernieres pailles, que des grains mêlés avec
elles, ils les jetteront peu-à-peu avec des pelles à
vanner à une certaine distance d'eux, moyennant
quoi la paille, comme étant la partie la plus légere, tombera en-deçà, & la fève qui sera en-
voyée plus loin, parviendra sans mélange à l'endroit où le vanneur l'aura jettée. Il faut semer
la lentille au milieu des semailles, & tant que
la Lune croît jusqu'à son douzieme jour, dans un
terrein soit léger & réduit en poudre, soit gras,
pourvu sur-tout qu'il soit sec : car quand elle est

---

(8) Effectivement l'aire devant être communément ronde,
ainsi que l'a prescrit Varron I, 51, le milieu où le diametre
est le plus long intervalle qui s'y trouve.

en fleurs, le trop grand suc de la terre & l'humidité lui font tort. Il faut, afin qu'elle leve promptement & qu'elle grossisse, la mêler avec du fumier sec avant de la semer, & la laisser dans cet
état pendant quatre ou cinq jours. Nous sommes
dans l'habitude de la semer à deux fois, la premiere fois, qui est censée faite à temps, pendant
le milieu des semailles, & la seconde fois, qui est
réputée tardive, au mois de Février; il en faut
un peu plus d'un *modius* pour un *Jugerum* de terre. Pour empêcher que le charenson ne la ronge,
(ce qu'il fait même pendant qu'elle est en cosse)
il faudra avoir soin, lorsqu'on l'aura battue, de la
jetter dans l'eau, & de séparer celle qui sera pleine de celle qui sera vuide, ce qu'on distinguera
sur le champ, parce que cette derniere surnage-
ra; on la fera ensuite sécher au Soleil, & on
versera dessus du vinaigre dans lequel on aura
broyé de la racine de laser, & après l'avoir es-
suyée, on la fera de nouveau sécher au Soleil;
lorsqu'ensuite elle sera rafraîchie, on la serrera
ou dans un grenier, si on en a une grande quantité, ou, si on en a moins, dans des vaisseaux
qui servent à mettre l'huile, ou à garder des
viandes salées; lorsque ces vaisseaux sont bien
pleins & qu'ils ont été bien bouchés sur le champ,
on trouve la lentille saine & entiere toutes les
fois qu'on l'en veut retirer pour son usage : on
peut néanmoins la garder aussi à merveille sans
tant d'apprêt, en la mêlant simplement avec de la

cendre (9). Il ne faut point semer de graine de lin, à moins que cet objet ne soit d'un grand revenu dans le pays que vous cultivez, & que sa cherté ne vous y engage; car c'est ce qu'il y a de plus nuisible aux terres : aussi demande-t-il un terrein qui soit très-gras & un peu humide en même-temps. On le seme depuis les Calendes (1) d'Octobre jusqu'au lever de l'Aigle, qui arrive le sept des Ides (1) de Décembre; il en faut huit *modii* pour un *Jugerum* de terre. Il y a des gens qui veulent qu'on le seme le plus dru que faire se pourra, lorsque le terrein est maigre, afin que le lin qu'on en tirera soit très-fin. Ils prétendent aussi que lorsqu'on le seme dans un terrein gras au mois de Février, il en faut jetter dix *modii* dans un *Jugerum*. Il faut semer le sesame qui n'aura point d'eau qui l'arrose, depuis l'Equinoxe d'Automne jusqu'au Ides (1) d'Octobre; on semera plutôt celui qui sera arrosé. Il demande communément un terrein pourri, que ceux de la Campanie appellent *pullum* (10), il ne vient pas cependant moins bien dans des sables gras ou dans des terres rapportées ; on en jette autant dans un *Jugerum* que de millet & de panis, quel-

---

(9) Voy. la Note 1 du Chap. CXVI. de l'Economie rurale de Caton, par rapport à tous ces préparatifs pour conserver la lentille.

(10) Noirâtre.

quefois même deux *Sextarii* de plus. Mais j'ai vu de mes propres yeux dans les contrées de la Cilicie & de la Syrie, semer ce légume aux mois de Juin & de Juillet, & le récolter très-mur pendant l'Automne. La cicerole qui ressemble au pois doit être semée au mois de Janvier ou de Février, dans un lieu gras & sous un climat humide; on la seme cependant dans quelques contrées de l'Italie avant les Calendes (1) de Novembre. Trois *modii* de ce légume suffisent pour un *Jugerum*, & il n'y en a point qui nuise moins aux terres; mais il réussit rarement, parce que, lorsqu'il est en fleur, il ne peut supporter ni les sécheresses, ni les vents du midi, & que ces deux inconvéniens sont presque toujours à craindre dans le temps de l'année où il quitte sa fleur. On peut semer pendant tout le mois de Mars dans un temps de pluie, & dans le terrein le plus fertile, le pois que l'on appelle *Arietinum* (11), ainsi que celui que l'on appelle *Punicum* (12), & qui est d'une espece différente de celui-là; mais ce légume fait aussi tort à la terre, & c'est pour cela que les Agriculteurs les plus avisés n'en veulent point. Si cependant on est dans le cas d'en semer, il faudra le faire tremper dans l'eau la veille du jour qu'on le semera, pour le faire lever plu-

---

(11) *De Bélier*, parce qu'il ressemble à la tête d'un *bélier*, dit Pline 18, 12.

(12) Carthaginois.

tôt : trois *modii* de ce légume suffisent pour un *Jugerum*. Le chanvre veut un terrein gras, fumé & arrosé, ou un sol plat, humide & labouré bien profondément. On en seme six grains dans l'espace d'un pied quarré de terrein, au lever de l'Arcture, qui tombe à la fin du mois de Février vers le six ou le cinq des Calendes (1) de Mars. On pourra cependant le semer sans risque jusqu'à l'Equinoxe du Printemps, si le temps est pluvieux. Après ces légumes, il faut examiner les navets & les raves, car les uns & les autres servent de nourriture aux Paysans. Les raves sont cependant les plus utiles, parce qu'elles rendent davantage, & qu'elles servent de nourriture non-seulement à l'homme, mais encore aux bœufs, sur-tout dans la Gaule, où l'on est dans l'usage d'en donner à ces animaux pendant l'Hiver. Les uns & les autres veulent un terrein pourri & réduit en poussiere, & ne réussissent point dans une terre épaisse. Mais les raves se plaisent dans les plaines & dans les terreins humides, au lieu que les navets aiment les terres qui vont en pente, & qui sont seches & presque légeres : c'est pourquoi ils viennent meilleurs dans les terreins chargés de gravier & de sable. Au reste, la qualité du sol change la nature de ces deux racines, puisque dans tel ou tel sol les raves se changent en navets au bout de deux ans, ou les navets en raves. On les seme très-bien l'une & l'autre dans les terreins arrosés depuis le Solstice, & dans les terreins secs à la fin du mois d'Août ou au commencement de Septembre. Elles veulent une terre sur laquelle la charrue ou le hoyau aient passé bien des fois, & qui ait été fumée abondamment; ce qui est d'autant plus intéressant, que non-seulement elles y viennent mieux, mais qu'une terre ainsi travaillée donne encore de belles moissons après qu'on les y a recueillies. Pour ensemencer un *Jugerum* de terre, il ne faut pas plus de quatre *Sextarii* de graine de raves : il faut un quart ensus de celle de navets, parce que le navet ne s'étend pas & ne prend point de ventre, mais qu'il pousse des racines menues par en bas. Voilà donc ce que nous croyons qu'on doit semer à l'usage de l'homme, voici ce que l'on semera pour les bestiaux.

CHAPITRE XI. (1)

PLUSIEURS espèces de fourages, tels que l'herbe de Médie, la vesce, ainsi que les herba-

---

(1) Le commencement de ce Chapitre qui n'est que la suite de la derniere phrase du Chapitre précédent, confirme bien ce que nous avons avancé dans notre Préface, que les divisions par Chapitres ne sont point de nos Auteurs. Comment en effet Columelle n'auroit-il pas commencé une phrase en commençant un Chapitre?

ges d'orge que l'on coupe avant leur maturité,
l'avoine, le fenu-Grec, & même l'ers & la gesse.
Car nous ne daignons point entrer dans le détail
des autres especes de fourages, encore moins nous
permettrons-nous de les semer, si ce n'est néanmoins le cytise dont nous parlons dans les Livres
que nous avons composés sur les différentes especes d'arbrisseaux (2). Mais celui de tous ces fourages que nous approuvons comme le meilleur,
c'est l'herbe qui nous vient de Médie, parce que,
lorsqu'elle est une fois semée, elle dure dix ans,
& qu'on la fauche très-bien quatre fois dans l'année, & quelquefois même jusqu'à six fois; parce
qu'elle fume les terres; qu'elle engraisse toutes
les bêtes de somme, lorsqu'elles sont maigres, &
qu'elle sert de médecine aux bestiaux quand ils
sont malades; parce qu'enfin un *Jugerum* planté
en herbe de Médie, est plus que suffisant pour
nourrir trois chevaux pendant toute une année.
On la seme de la maniere que nous allons prescrire. On donne un premier labour vers les Calendes (3) d'Octobre au terrein dans lequel on
doit la semer le Printemps d'ensuite, & on le

---

(2) Ce sont les troisieme, quatrieme & cinquieme Li-
vres. Voy. ce que nous avons dit de cette distribution de
Livres dans notre Préface. Il traite du citise dans le
Chap. XII. du Liv. V.

(3) Voy. la Note 1 du Chap. XXVIII. de l'Economie rurale de Varron, Liv. II.

laisse fermenter tout l'Hiver, ensuite on le bine avec soin aux Calendes (3) de Février, on en retire toutes les pierres & on en brise les mottes, puis on le tierce & on le herse vers le mois de Mars. Après que la terre est bien remuée ainsi, on fait, comme pour un jardin, des planches de dix pieds de largeur sur cinquante de longueur, afin de pouvoir les arroser par les sentiers, & qu'il y ait des passages des deux côtés pour ceux qui en arracheront les herbes ; ensuite on répand sur ces planches du vieux fumier. Quand tout cela est fait, on seme la graine vers la fin d'Avril à la quantité d'un *cyathus* pour un espace de dix pieds de long sur cinq de large. Dès que la graine est semée, on la recouvre aussi-tôt avec des rateaux de bois, ce qui est fort utile, parce qu'autrement le Soleil la brûleroit en très-peu de temps. La graine une fois mise en terre, le fer ne doit plus en approcher ; mais il faut, comme je l'ai dit, la sarcler avec des rateaux de bois, & en arracher de temps en temps les mauvaises herbes, de peur que des herbes étrangeres ne viennent à l'étouffer quand elle est encore foible. Il faudra ne la cueillir pour la premiere fois que très-tard, & lorsque sa graine aura commencé à tomber : ensuite, si on veut l'avoir tendre, on pourra la couper dès qu'elle sera repoussée, & la donner aux bêtes de somme, mais avec ménagement les premieres fois & jusqu'à ce qu'elles y soient faites ; de peur que cette espece de fourage ne leur

soit

soit préjudiciable dans sa nouveauté, d'autant
qu'il les gonfle & leur fait faire beaucoup de
sang. Lorsqu'on l'aura coupée, il faudra avoir
soin de l'arroser souvent. Quelques jours après,
quand elle aura commencé à pousser des rejettons, on en arrachera toutes les herbes étrangeres; avec ces soins on pourra la récolter six fois
par an, & elle ira jusqu'à dix ans. Il y a deux
temps pour semer la vesce : ou on en seme vers
l'Equinoxe d'Automne sept *modii* par *Jugerum*
pour en faire du fourage, ou on n'en seme que
six au mois de Janvier ou même plus tard, pour la
laisser monter en graine. L'un & l'autre de ces en-
semencemens peut être fait dans une terre crue,
mais il sera mieux de ne le faire que dans une qui
aura reçû un premier labour. Cette plante est celle
qui aime le moins la pluie au moment qu'on la
seme. C'est pourquoi il faut la semer après la seconde ou la troisieme heure du jour (4), quand le

---

(4) Les anciens distinguoient deux especes de jours, les
jours naturels & les jours civils. Les jours naturels étoient
composés de vingt-quatre parties égales, à compter d'un
coucher du Soleil jusqu'à son coucher suivant : ces parties
s'appelloient *horæ æquinoctiales*. Les jours civils étoient
composés de douze parties inégales, à compter du lever du
Soleil jusqu'à son coucher, & ces parties s'appelloient *horæ*
temporales ou *vulgares*. Ces heures des jours civils qui
étoient égales à celles des jours naturels pendant l'Equinoxe,
étoient les plus courtes possibles au Solstice d'Hiver, puisqu'elles étoient alors d'un tiers plus courtes que les heures

Soleil ou le vent auront reſſuyé toute l'humidité ; & il ne faut pas en jetter à terre en une fois plus que l'on n'en pourra recouvrir de terre le même jour : car ſi la nuit ſurvenoit, & que la moindre humidité la ſurprît avant qu'elle fût recouverte, elle ſe corromproit. Il faudra prendre garde de ne la pas ſemer avant le vingt-cinquieme jour de la Lune, autrement, d'après les obſervations que nous avons faites, les limaçons lui nuiſent preſque toujours. Il faut ſemer les herbages que l'on doit couper avant leur maturité, dans des terres qui produiſent toutes les années ſans ſe repoſer & qui ſont très-fumées, après les avoir binées. Ces herbages ſont très-bons, lorſqu'on enſemence un *Jugerum* de terre avec dix *modii* d'orge *Canterinum* (5) vers l'Equinoxe d'Automne, pourvu que

---

Equinoxiales, comme elles étoient au contraire les plus longues poſſibles au Solſtice d'Eté, temps auquel elles étoient d'un tiers plus longues que les Equinoxiales. Ainſi depuis le Solſtice d'Hiver juſqu'au Solſtice d'Eté elles croiſſoient dans la proportion que les jours croiſſoient, & depuis le Solſtice d'Eté juſqu'à celui d'Hiver elles décroiſſoient dans la même proportion. Et comme tous les jours civils de l'année étoient compoſés de douze heures, la ſixieme heure du jour étoit toujours le milieu du jour, *Meridies*, comme la premiere commençoit au lever du Soleil, & la douzieme finiſſoit à ſon coucher. Il s'agit ici des heures des jours civils, ainſi il eſt aiſé d'après ce calcul de voir à laquelle de nos heures répondent celles de Columelle, ſuivant la différence des Saiſons.

(5) Voy. la Note 11 du Chap. IX.

ce soit dans le temps que les pluies menacent de tomber, afin que, lorsqu'ils viendront à être arrosés par ces pluies après avoir été semés, ils levent promptement, & qu'ils prennent une certaine consistance avant les rigueurs de l'Hiver. Lorsque les autres fourages viennent à manquer à cause des froids, on fera bien d'en donner aux bœufs & aux autres bestiaux, après les avoir hachés, & si on veut leur en faire manger plus souvent, on pourra les leur laisser paître jusqu'au mois de Mai; si on veut aussi tirer de la graine de ces herbages, il faudra empêcher les bestiaux d'y entrer depuis les Calendes (5) de Mars, & les préserver de tout ce qui pourroit les endommager, afin qu'ils puissent monter en graine. Il en est de même de l'avoine que l'on a dû semer en Automne, & dont l'on fauche une partie, soit pour en faire du foin, soit pour la faire manger en fourage pendant qu'elle est en verd, en conservant l'autre partie sur terre pour la laisser monter en graine. Il y a deux temps de semer le fenu-Grec, que les Paysans appellent *Siliqua* (6); l'un, qui est le temps où on le seme pour servir

---

(6) Qui veut dire, *cosse.* Pline 18, 16, l'appelle *silicia*, mais quelques Interpretes veulent que l'on lise *siliela*, comme *silicula*, qui voudroit également dire *petite cosse.* Cette opinion confirmeroit le nom que lui donne ici Columelle : mais le P. Hardoin prétend que tous les Manuscrits de Pline portent uniformément *silicia.*

de fourage, est au mois de Septembre dans les
mêmes jours où l'on seme la vesce, c'est-à-dire,
vers l'Equinoxe; l'autre qui est le temps où on le
seme pour le moissonner en graine, est à la fin du
mois de Janvier, ou au commencement de Février; mais dans le dernier cas il n'en faut que six
modii pour un *Jugerum*, au lieu qu'il en faut sept
dans le premier. De telle façon qu'on le seme,
on peut le faire avantageusement dans une terre
crue, que l'on a soin de labourer de façon que
les sillons soient serrés les uns auprès des autres,
mais sans être profonds. Car lorsque sa graine est
couverte de terre à plus de quatre doigts d'épais-
seur, elle ne leve pas facilement : c'est pourquoi
quelques personnes, avant de la semer, donnent
un premier labour à la terre avec de très-petites
charrues, & se contentent de recouvrir la graine,
quand ils l'ont jettée, avec des sarcloirs. L'ers se
plaît dans un lieu maigre, & qui ne soit pas humide, parce que la trop grande fertilité de la
terre le fait ordinairement périr. On peut aussi
le semer pendant l'Automne, ainsi qu'après le
Solstice d'Hiver, à la fin de Janvier ou pendant
tout le mois de Février, pourvu que ce soit avant
les Calendes (3) de Mars : car les Agriculteurs
prétendent que ce mois entier ne convient point
à cette plante, parce que, lorsqu'elle a été semée
dans ce mois, elle devient dangereuse pour
les bestiaux, & sur-tout pour les bœufs qu'elle

met en fureur (7) lorsqu'ils en mangent : il en
faut cinq *modii* pour un *Jugerum* de terre. Dans
la Bérique en Espagne , on donne aux bœufs,
au lieu d'ers , de la gesse moulue : à cet effet ,
on la broie d'abord avec une meule suspendue,
puis on la fait un peu tremper dans l'eau , jusqu'à ce qu'elle soit amollie , après quoi on la
mêle avec de la paille hachée , pour la donner
aux bestiaux. Mais il suffit de douze livres d'ers
pour un *Jugerum* de terre , au lieu qu'il en faut
seize de gesse. La gesse n'est pas sans utilité pour
l'homme , ni désagréable au goût : du moins ne
differe-t-elle pas de la cicerole par le goût , & si
elle en differe en quelque chose , ce n'est que par
la couleur , puisqu'elle est d'une couleur plus passée , & qui tire davantage sur le noir. On la seme
au mois de Mars après un ou deux labours , selon
que l'exige la fertilité du fond ; c'est aussi de cette fertilité que dépend la quantité qu'on en semera , puisque pour un *Jugerum* il en faudra tantôt quatre *modii* , & que souvent trois *modii* suffiront , & quelquefois même deux & demi.

---

(7) C'est le sens véritable de *cerebrosus* : Palladius 7 , 1 ,
dit qu'elle rend les bœufs *fous*, *insanos* , & Pline 18 , 15
dit qu'elle leur cause des pésanteurs de tête , *gravedinosos*.

CHAPITRE XII.

COMME nous avons traité des temps où il faut confier à la terre chaque espece de semence, nous allons à présent montrer de quelle maniere il faudra cultiver chacune de celles dont nous avons parlé, & combien elles exigent de journées. Les semailles finies, l'opération d'ensuite consiste à sarcler. Les Auteurs ne font pas d'accord sur cette opération. Il y en a qui prétendent qu'elle est sans utilité, parce que le sarcloir découvre toutes les racines du grain & en coupe même quelques-unes, & que si les froids viennent à lui succéder, la gelée le fait mourir; ils ajoutent qu'il vaut mieux attendre que les mauvaises herbes soient toutes venues pour les arracher alors. Il y a cependant beaucoup d'Auteurs qui veulent qu'on sarcle, pourvu qu'on ne le fasse pas par-tout de la même façon, ni dans le même temps : car ils veulent que dans les terreins secs & exposés au Soleil, dès que les grains pourront souffrir l'opération des sarcleurs, on les rechausse en ramassant la terre auprès de leurs racines, afin qu'ils puissent pousser des tiges, ce qu'ils prétendent qu'il faut faire une premiere fois avant, & une seconde fois après l'Hiver; au lieu qu'ils veulent que dans les lieux froids & marécageux on ne sarcle communément qu'après l'Hiver, & qu'on ne rechausse pas les grains, mais que l'on se contente de remuer la terre en la sarclant à plat. Nous avons cependant éprouvé qu'il étoit bon de sarcler pendant l'Hiver dans plusieurs contrées, pourvu que la sécheresse de l'air & la douceur du temps le permissent. Nous croyons néanmoins que cette opération ne doit pas être faite par-tout, mais qu'il faut se conformer dans chaque contrée à l'usage des habitans : car il y en a, telles que l'Egypte & l'Afrique, qui ont des avantages qui leur sont propres. En effet, le cultivateur ne touche plus dans ces contrées aux productions de la terre depuis les semailles jusqu'à la moisson, parce que la température de l'air, & la bonté de la terre y sont telles, qu'il y vient à peine d'autres herbes, que celles que produisent les semences que l'on a confiées à la terre, soit parce que les pluies y sont rares, soit parce que les cultivateurs ont remarqué cette particularité dans la nature de leurs terres. Quant aux lieux où il faut sarcler de nécessité, on se gardera cependant de le faire, quand même la température de l'air le permettroit, avant que les semences aient entièrement couvert les sillons. Il sera temps de sarcler le froment & le bled *Adoreum* (1) lorsqu'ils commenceront à avoir quatre feuilles ;

---

(1) Voy. la Note 1 du Chap. XXXIV. de l'Economie rurale de Caton.

l'orge, quand il en aura cinq; les fèves & les autres légumes, lorfqu'ils feront élevés de quatre doigts fur terre. Exceptez-en cependant le lupin, qu'il eft dangereux de farcler, parce qu'il n'a qu'une feule racine, & que quand elle eft ou coupée, ou feulement endommagée par le fer, toute fa tige meurt : quand même il n'y auroit pas cet inconvénient à craindre, ce genre de culture lui feroit encore inutile, parce que ce légume eft le feul qui, loin d'être endommagé par les herbes, les fait périr lui-même. Quant aux autres femences, on pourra, à la vérité, les farcler lorfqu'elles feront mouillées de la pluie, mais il fera néanmoins mieux de ne le faire que lorfqu'elles feront feches, parce que c'eft le moyen de les préferver de la rouille, au lieu qu'on ne doit jamais toucher à l'orge qu'il ne foit très-fec. Il y a bien des gens qui croient qu'il ne faut pas farcler les fèves, parce que, lorfqu'on vient à les arracher à la main quand elles font mûres, elles fe levent fans entraîner en même-temps les autres herbes qui font crues avec elles, & que l'on réferve ces herbes pour fervir de pâture aux animaux. Cornélius Celfus (2) eft lui-même de cette opinion, puifqu'il compte au nombre des propriétés de ce légume, qu'après qu'il eft cueilli, on peut encore couper du foin dans l'endroit où il étoit. Pour moi, il me paroît qu'il n'y a qu'un très-mauvais

---

(2) Voy. la Note 32 du Chap. I. Liv. I.

cultivateur qui puisse se permettre d'y laisser
croître l'herbe à ce point : car c'est diminuer beaucoup le produit de la fève elle-même, que de laisser auprès d'elle des herbes qu'on auroit dû arracher. D'ailleurs, il n'est pas d'un Paysan prudent
de s'occuper de la pâture des bestiaux préférablement à la nourriture des hommes, quand il
a sur-tout un autre moyen pour se procurer le
premier de ces objets, qui est la culture des prairies. Aussi suis-je tellement d'avis qu'il faut sarcler les fèves, que je pense même qu'on doit le
faire jusqu'à trois fois, d'autant que j'ai remarqué que lorsqu'on leur donne ces soins, non-seulement elles rapportent plus de fruit, mais qu'encore les gousses n'en font que la plus petite partie, outre que, lorsqu'elles sont moulues & pur-
gées de leurs cosses, elles remplissent presque autant une mesure qu'elles la remplissoient lorsqu'elles étoient entieres, de façon que la cosse qui en
est retranchée, diminue à peine leur volume. En
général il est très-bon, comme nous l'avons déja
dit ci-dessus, de sarcler pendant l'Hiver, quand
il fait beau & sec, c'est-à-dire, après le Solstice
& au mois de Janvier, pourvu qu'il ne gele
point. Dans l'exécution de ce travail, il faut prendre garde d'endommager les racines des plantes,
& avoir bien soin plutôt de les rechausser & d'ac-
cumuler la terre auprès d'elles, afin qu'elles jettent plus de tiges sur terre. Il sera avantageux
de se proposer ce but en sarclant la premiere

fois, mais il seroit nuisible de se conduire de même en le faisant la seconde fois, parce que dès que le bled a cessé de multiplier ses tiges, il finit par pourrir, s'il est trop couvert de terre. Lors donc que l'on sarclera pour la seconde fois, il ne faudra que remuer la terre & l'applanir: c'est ce que l'on fera dès après l'Equinoxe du Printemps sous vingt jours, & avant que les bleds se nouent, parce que, si on les sarcloit plus tard, les sécheresses & les chaleurs, qui succéderoient à cette opération, les gâteroient. Après avoir sarclé, il faut arracher les mauvaises herbes, en prenant garde de toucher aux bleds lorsqu'ils sont en fleurs : ainsi on fera cette opération, soit avant qu'ils y soient, soit sitôt après que la fleur en sera tombée. Toutes les especes de bled & d'orge, & en général toutes les graines qui ne sont point partagées en deux lobes (3) jettent leur épi entre le troisieme & le quatrieme nœud ; & lorsque tout l'épi est sorti, elles quittent leur fleur en huit jours, après quoi elles grandissent pendant quarante jours, au bout desquels la maturité succede aux fleurs : celles au contraire qui sont partagées en deux lobes (3),

-----

(3) Ces deux lobes se séparent lorsque la graine commence à se pourrir en terre, & c'est entre eux que paroit le germe, qui y étoit resté caché, jusqu'à ce que la fermentation l'eût développé : ils restent ensuite des deux côtés de la plante, comme deux feuilles, à mesure qu'elle croit.

comme la fève, le pois, la lentille fleuriffent en quarante jours & grandiffent en même-temps.

CHAPITRE XIII.

CALCULONS à préfent le nombre de journées qu'il faudra employer pour conduire les grains jufqu'à l'aire. Il faut pour quatre ou cinq *modii* de froment quatre journées du bouvier, une de celui qui herfera, deux de celui qui farclera la premiere fois, & une de celui qui farclera la feconde fois, une de celui qui arrachera les mauvaifes herbes, & une & demie du moiffonneur; total dix journées & demi. Il en faut autant pour cinq *modii* de *Siligo* (1). Il faut autant de journées pour neuf ou dix *modii* d'*Adoreum* (1) qu'il

____

(1) Voy. la Note 1 du Chap. XXXIV. de l'Economie rurale de Caton. Le Texte porte de *fefame*, mais nous fommes forcés de le corriger. En effet Columelle dit plus bas que fix *Sextarii* de *fefame* demandent quinze journées, or le *Sextarius* n'étant qu'une partie du *modius*, comment fe pourroit-il que cette partie demandât plus de journées que le *modius* lui-même, puifque neuf ou dix *modii*, fi on lifoit ici *fefami*, n'en demanderoient que dix & demi. En fubftituant *Adorei* à *fefami*, nous fommes fondés fur ce qu'a dit Columelle au commencement du Chap. IX, & qu'il répete dans le Chap. II. du Liv. XI. à fçavoir qu'il faut pour un *Jugerum* de terre quatre ou cinq *modii* de froment, & neuf ou dix d'*Adoreum*, par conféquent, fi quatre ou cinq *modii*

en faut pour cinq de froment. Cinq *modii* d'orge demandent trois journées du bouvier, une du herseur, une & demi du sarcleur, une du moissonneur ; total six & demi. Quatre ou six *modii* de fèves exigent deux journées du bouvier dans les jacheres, & une dans un terrein qui rapporte toutes les années sans se reposer, on les herse en une journée, on les sarcle la premiere fois en une journée & demi, la seconde & la troisieme fois chacune en une journée, on les moissonne aussi en une; ce qui fait au total sept ou huit journées. Six ou sept *modii* de vesce exigent dans les jacheres deux journées du bouvier, & une dans une terre qui rapporte toutes les années sans se reposer, on en emploie aussi une pour les herser, & une pour les moissonner; ce qui donne au total trois ou quatre journées. Il faut autant de journées du bouvier pour semer cinq *modii* d'ers, & une pour les herser, une pour les sarcler, une pour en arracher les mauvaises herbes ainsi que pour les moissonner; ce qui fait en tout six journées. Il faut autant de journées du bouvier pour mettre en terre six ou sept *modii* de fenu-Grec, & une pour les moissonner. Il en faut également autant du bouvier

---

de froment demandent dix journées & demi, neuf ou dix d'*Adoreum* doivent en demander autant; en effet, puisque c'est la même quantité de terre à cultiver, & que la culture est la même pour ces deux productions, ce doit être la même quantité de journées.

pour mettre en terre quatre *modii* de haricots, une
pour les herfer, & une pour les moiffonner. Quatre *modii* de cicerole ou de geffe demandent trois
journées du bouvier, une pour être herfés, une
pour en arracher les mauvaifes herbes & pour les
cueillir; ce qui fait en tout fix journées. Un *fef-
quimodius* de lentilles exigent autant de journées
du bouvier, on les herfe en une, on les farcle en
deux, on en arrache les herbes en une, & on les
cueille en une; ce qui fait en tout huit journées.
Il faut une journée pour mettre en terre dix *modii* de lupins, une pour les herfer, une pour les
moiffonner. Quatre *Sextarii* de millet, & la même quantité de panis demandent quatre journées
du bouvier, il en faut trois pour les herfer, &
trois pour les farcler, le nombre de journées néceffaire pour les cueillir, n'eft point fixe. On feme
trois *modii* de pois chiches chacun en une journée
du bouvier, on les herfe en deux, on les farcle
en une, on en arrache les mauvaifes herbes en
une, on les cueille en trois; ce qui fait au total
dix journées. Huit ou dix *modii* de lin fe fement
en quatre journées, on les herfe en trois, on en
arrache les mauvaifes herbes en une, & on les
cueille en trois; ce qui fait en tout onze journées.
Six *Sextarii* de fefame ont befoin de trois journées du bouvier pour être cultivés depuis le premier labour, de quatre (1) pour être herfés, de

____

(1) On voit par tous les autres articles de ce Chapitre,

quatre pour être sarclés la premiere fois, & de deux pour l'être la seconde, de deux pour être cueillis; ce qui fait en tout quinze journées. On seme le chanvre ainsi que nous l'avons dit plus haut : mais ce qu'il exige de dépenses & de soin, n'est point fixe. On couvre de terre l'herbe de Médie, non pas avec la charrue, mais, comme je l'ai dit, avec des rateaux de bois. Un *Jugerum* de terre ensemencée d'herbe de Médie est hersé en deux journées, sarclé en une & moissonné en une. Il résulte de cet emploi de journées qu'on peut cultiver une terre de deux cent *Jugera* avec deux attelages de bœufs, autant de bouviers & six *Mediastini* (3), pourvu cependant qu'elle soit dégarnie d'arbres : mais si c'est une terre plantée d'arbres, Saserna (4) assure qu'en ajoutant trois hommes, elle pourra être très-bien cultivée. Ce calcul nous apprend aussi qu'un attelage de bœufs peut suffire pour cent vingt-cinq *modii* de froment & autant de légumes, de façon

---

qu'il faut moins de journées pour herser que pour labourer, ou du moins qu'il n'en faut pas davantage, & cela même est conforme à la nature de ces différentes opérations. Comment donc se peut-il qu'ici il faille quatre journées pour herser, quand il n'en faut que trois du bouvier ? Il est à présumer qu'il s'est glissé une faute ici, mais comment la corriger & retrouver la somme totale de quinze journées ?

(3) Voy. la Note 1 du Chap. IX. Liv. I.

(4) Voy. la Note 29 du Chap. II. de l'Economie rurale de **Varron**, Liv. I.

qu'au total les femailles d'Automne iront à deux
cent cinquante *modii*, fans compter qu'après
l'Automne on fémera encore foixante & quinze
modii de trémois. En voici la preuve : les femences qui veulent quatre labours préalables, exigent
dans vingt-cinq *Jugera* cent quinze journées du
bouvier; car un terrein de cette mefure, tel dur
qu'il foit, reçoit le premier labour en cinquante
journées, il eft biné en vingt-cinq, tiercé &
enfemencé en quarante (5) : les autres légumes
exigent foixante journées, c'eft-à-dire, deux mois :
on compte encore quarante-cinq journées pendant lefquelles on ne labourera pas, pour les temps
de pluie & les Fêtes qui furviendront, de même que trente jours pour laiffer repofer les gens
après les femailles. Ainfi cela fait en tout huit
mois & dix jours : il reftera donc encore fur l'année trois mois & vingt cinq jours, qui feront employés ou à femer les trémois, ou à voiturer le
foin, les fourrages, le fumier & les autres pro-
vifions.

---

(5) C'eft-à-dire, que de ces quarante jours, il faut en prendre vingt pour tiercer, & vingt pour enfemencer en même-
temps qu'on laboure pour la quatrieme fois, puifqu'il s'agit
d'un terrein auquel il faut quatre labours.

CHAPITRE XIV.

MAIS le même Saferna (1) croit qu'entre les semences dont j'ai parlé, il y en a qui fument les terres & qui leur sont profitables, & d'autres au contraire qui les brûlent & les maigrissent : que le lupin, la fève, la vesce, l'ers, la lentille, la gesse & le pois les fument. Quant au lupin, je n'en fais aucun doute, non plus que la vesce que l'on emploie en fourrage, pourvu cependant que dès qu'elle aura été fauchée verte, on fasse passer la charrue par-dessus, & que son soc brise & couvre de terre les racines que la faux en aura laissées, avant qu'elles soient séchées : en effet pour lors elle servira de fumier. Mais si ses racines que l'on aura laissées, après l'avoir coupée en fourrage, sont séchées, elles auront tiré à elles tout le suc de la terre & consumé sa force : c'est ce qui arrive aussi vraisemblablement à l'égard de la fève & des autres légumes qui paroissent engraisser la terre, de sorte que si on ne lui donne pas un labour sitôt après les y avoir récoltés, ces légumes ne feront d'aucune utilité pour les semences que l'on viendra à y mettre

______

(1) Voy. la Note 29 du Chap. II. de l'Economie rurale de Varron, Liv. I.

par

par la suite. Trémellius (2) dit aussi que de tous les légumes qui s'arrachent de terre, c'est le pois chiche & le lin qui lui nuisent le plus par le poison qu'ils y déposent; l'un parce qu'il est d'une nature salée, l'autre parce qu'il est d'une nature chaude. C'est aussi ce qu'observe Virgile (3) lorsqu'il dit : *car une moisson de lin brûle un champ, de même que l'avoine & les pavots dont le suc provoque un sommeil qui conduit à la mort.* En effet, il n'y a point de doute que les plantes dont il parle-là ne nuisent aussi aux terres, comme encore le millet & le panis. Mais tout terrein qui aura été épuisé par les légumes dont je viens de parler, trouvera un remede prompt contre cet accident dans le fumier dont on l'aidera, & qui lui rendra les forces qu'il a perdues. Il faut donc fumer la terre, non-seulement par rapport aux semences qu'on lui confie dans des sillons faits à la charrue, mais même par rapport aux arbres & aux arbrisseaux, à qui ce genre de nourriture fait encore plus de plaisir. C'est pourquoi, si le fumier est, comme il me semble, d'une si grande utilité pour les Agriculteurs, je pense qu'il en faut traiter avec beaucoup de soin, d'autant que les anciens Auteurs, sans avoir à la vérité passé cet objet sous

----

(2) Voy. la Note 50 de la Préf.

(3) Voy. la Note 15 de la Préf. Liv. I. des Géorg.

Tome III.   L

silence, n'en ont cependant parlé que très-légérement.

CHAPITRE XV.

IL y a donc trois especes principales de fumier, celui qui provient des oiseaux, celui qui provient des hommes & celui qui provient des bestiaux. Le fumier qui provient des oiseaux passe pour le meilleur de tous : encore met-on au premier rang la fiente que l'on tire des colombiers, ensuite celle des poules & des autres oiseaux, excepté cependant celle des oiseaux marécageux où de ceux qui ont l'habitude de nager, tels que les canards & les oies, qui même est très-pernicieuse. La fiente de pigeon est aussi celle que nous approuvons le plus, parce que nous avons remarqué que, répandue avec modération sur la terre, elle la fait fermenter. On met au second rang les excrémens humains, pourvu qu'ils soient mélangés avec les autres ordures de la Métairie, parce qu'ils sont par eux-mêmes d'une nature très-chaude, & qu'en conséquence employés seuls ils brûleroient la terre. Cependant l'urine de l'homme est excellente pour les arbres, quand on l'a laissé vieillir. Il n'y a rien qui fasse foisonner davantage le fruit, que d'en arroser les vignes & les arbres à fruit, & non-seulement elle en au-

gmente le produit , mais elle donne encore tant
au vin qu'aux fruits un goût plus fin & une
meilleure odeur. On peut aussi se servir de vieille lie d'huile sans sel , pour arroser les arbres à
fruits & sur - tout les oliviers, en la coupant avec
cette urine, quoiqu'employée seule , elle leur soit
aussi très - bonne. Au surplus on se sert de ces
deux liqueurs principalement pendant l'Hiver,
& encore pendant le Printemps avant les chaleurs de l'Eté, pourvu cependant qu'on ait préalablement déchaussé les vignes & les arbres. On
met au troisieme rang le fumier des bestiaux : encore admet-il des différences ; car celui de l'âne
passe pour le meilleur, parce que cet animal mâ-
chant très - lentement & digérant par conséquent
plus aisément , rend un fumier bien fait & qui
peut être sur le champ employé aux terres. Après
ceux dont nous venons de parler , vient le crotin de brebis, ensuite celui de chevres, puis celui des autres bestiaux & des bêtes de somme.
me. La fiente de pourceau passe pour le pire
de tous les fumiers. L'on a vû même employer la cendre & le charbon très - utilement
pour fumer les terres. La tige du lupin coupée
tient aussi lieu d'un excellent fumier. Je sçais
bien qu'il y a de certaines campagnes , dans lesquelles on ne peut avoir ni bestiaux ni oiseaux,
néanmoins il n'y aura jamais qu'un Paysan négligent qui se laissera manquer de fumier même
dans ces endroits-là ; car il peut ramasser toute

sorte de feuillages, toutes les immondices des buissons & des carrefours, il peut couper la fougere chez son voisin sans lui faire aucun tort, puisqu'au contraire il lui rendra service par-là, & la mêler avec les immondices de la cour, il peut faire une fosse, telle que nous avons prescrit dans le premier volume d'en faire une pour mettre le fumier, & y entasser la cendre, la boue des cloaques, le chaume & tout ce qui n'est bon qu'à être balayé; mais il aura soin d'y enfoncer au milieu un morceau de bois de robre, pour empêcher les serpens venimeux de s'y cacher. Voilà qui sera bon pour les campagnes où il n'y aura point de bestiaux, car pour celles où l'on a des troupeaux de quadrupedes, il s'y trouve des endroits que l'on doit nettoyer tous les jours, tels que la cuisine & la laiterie, d'autres que l'on doit nettoyer les jours de pluie, tels que les étables à bœufs & les bergeries. Si la terre n'est destinée dans son entier qu'à rapporter du bled, il n'y a pas d'intérêt à séparer les différentes especes de fumier les unes d'avec les autres; mais si elle est disposée de façon qu'il s'y trouve des arbres, des terres labourées & même des prés, il faut mettre à part tout le fumier proprement dit, tel que le crotin des chevres & la fiente des oiseaux : pour toutes les autres choses qui tiennent lieu de fumier, il faut les amasser dans la fosse dont nous venons de parler, & verser habituellement de l'eau dessus, afin que les graines d'her-

bes, qui s'y trouveront mêlées avec le chaume
& les autres ordures, puissent y pourrir. Ensuite
il faudra remuer dans les mois d'Eté tout le tas
avec des rateaux, comme si l'on retournoit la
terre au *pastinum* (1), afin qu'il pourrisse plus
aisément & qu'il devienne propre à être employé aux champs. Je crois que les Agriculteurs
sont négligens, lorsqu'ils ne tirent point en un
mois du petit bétail qu'ils ont chez eux, un *vehis*
de fumier par tête & dix du gros bétail ainsi
que des hommes, qui peuvent mettre en tas pour
les amasser, non-seulement leurs propres excrémens, mais encore toutes les ordures journalieres
de la cour & du bâtiment. J'ai aussi à faire observer que tout fumier que l'on n'a laissé reposer
qu'un an, après l'avoir mis à part dans le temps
convenable, est très-utile pour les terres labourables, parce qu'il a encore toute sa vertu & qu'il
n'engendre point d'herbes; au lieu que plus il est
vieux, moins il est bon & moins il a de vertu. C'est à cause de ce que nous disons, qu'il
faut jetter le plus nouveau sur les prés, parce que
c'est celui qui engendre le plus d'herbes. On fera

---

(1) Cet instrument de culture, dont il sera souvent parlé dans la culture des vignes, étoit un instrument à deux
dents fort rapprochées l'une de l'autre, qui servoit non-seulement à retourner la terre, mais à saisir les mailletons
pour les y enfoncer. Voyez le Chapitre XVIII. du
Liv. III.

cette opération au mois de Février lorſque la Lune croîtra, & cette attention augmentera encore un peu le revenu du foin. Au ſurplus nous apprendrons comment on doit faire uſage du fumier par rapport à chaque choſe, à meſure que nous les détaillerons toutes.

CHAPITRE XVI.

EN attendant, quiconque voudra préparer ſes terres à recevoir du bled, aura ſoin, pendant que la Lune ſera dans ſon déclin, d'y diſtribuer des petits tas de fumier au mois de Septembre, s'il doit faire les ſemailles pendant l'Automne, ou en tel temps de l'Hiver qu'il voudra, s'il doit les faire au Printemps, de façon qu'il y en ait douze *vehes* par *Jugerum* de terre en plaines, & vingt-quatre par *Jugerum* de terre en pays montueux; mais il n'éparpillera ce fumier, comme je l'ai dit ci-devant, qu'au moment où il ſera prêt à ſemer. Si cependant quelque raiſon a empêché de fumer la terre dans le temps convenable, il y aura un ſecond procédé à ſuivre, qui conſiſtera à jetter ſur les terres labourées, avant de les ſarcler, de la fiente d'oiſeaux réduite en pouſſiere, de la même maniere qu'un ſemeur jette ſa graine; ſi l'on n'a pas de fiente d'oiſeaux, il faudra y jetter des crottes de chevres, & les incorporer avec la terre

à l'aide des sarcloirs : ce procédé fertilise les terres. Il ne faut pas non plus que les Agriculteurs
ignorent que si une terre devient froide pour
n'être pas fumée, elle se consume aussi pour l'être
trop, & qu'il est plus avantageux à un cultivateur de fumer souvent sa terre, que de le faire avec
excès. Il n'y a point encore de doute qu'une terre
aqueuse ne demande une plus grande quantité
de fumier qu'une terre seche, parce que l'une
qui est pénétrée par le froid, à cause de l'eau
qui y séjourne continuellement, se dégélera au
moyen du fumier qui l'échauffera, & que l'autre
déja échauffée par elle-même à cause de sa sécheresse, finiroit par se consumer, si on lui en
donnoit une trop grande quantité ; raison pour
laquelle il faut qu'à la vérité elle n'en manque
pas, mais cependant qu'elle n'en ait pas trop. Si
néanmoins il arrive qu'un cultivateur ne soit
muni d'aucune espece de fumier, il lui sera très-
avantageux de faire ce que je me rappelle avoir
été souvent pratiqué par mon oncle paternel,
M. Columelle, qui étoit un homme très-instruit
& un Agriculteur très-attentif. Il mêloit de l'argille avec la terre dans les lieux sablonneux,
ou du sable dans les lieux pleins d'argille & trop
denses, & par ce moyen non - seulement il excitoit les moissons à venir avec abondance, mais
il se procuroit encore de très-belles vignes. Car
il prétendoit qu'il ne falloit point fumer les vignes, parce que cela corrompoit le goût du vin :

& il croyoit qu'il valoit mieux, pour se procurer une vendange abondante, transporter dans les vignes de la terre ramassée dans les voiries ou dans les buissons, ou enfin telle autre terre que ce fût, pourvu qu'elle fût prise ailleurs & rapportée. Pour moi, je crois que quand un cultivateur manqueroit de toutes les especes de fumier dont nous venons de parler, il auroit toujours une ressource très-facile dans les lupins, qui lui tiendroient lieu d'un excellent fumier, si après les avoir semés & couverts de terre par le labour dans un terrein maigre, vers les Ides (1) de Septembre, il les coupoit à temps avec la charrue ou le hoyau. Or le temps de couper le lupin dans les lieux sablonneux, c'est lorsqu'il aura donné la seconde fleur, & dans les terres rouges, lorsqu'il aura donné la troisieme. On le reverse en terre dans la premiere espece de terrein, pendant qu'il est encore tendre, afin qu'il pourrisse promptement & qu'il s'incorpore au sol, qui est alors trop grêle par lui-même, au lieu qu'on ne l'y reverse dans les terres de la seconde espece que lorsqu'il est plus fort, parce qu'il est alors en état de soutenir plus longtemps le poids des mottes dures sous lesquelles il se trouve caché, & qu'il leur donne le temps de se pulvériser en s'évaporant aux chaleurs de l'Eté.

---

(1) Voy. la Note 1 du Chap. XXVIII. de l'Économie rurale de Varron, LIV. I.

CHAPITRE XVII.

LE laboureur pourra exécuter tous les préceptes que nous avons donnés sur la culture, s'il a soin de se pourvoir non - seulement des especes de fourages dont nous avons parlé, mais encore d'une grande quantité de foin, afin de pouvoir entretenir aisément des bêtes de somme, sans lesquelles il lui seroit difficile de bien cultiver la terre. C'est pourquoi, il faut qu'il s'adonne aussi à la culture des prés, auxquels les anciens Romains donnoient la palme sur tous les autres objets de culture : aussi leur avoient - ils donné un nom (1) qui désignoit qu'ils étoient toujours prêts, & qu'ils n'exigeoient pas de grands soins. M. Porcius (2) les a aussi vantés, par la raison que les mauvais temps ne leur font point de tort, comme aux autres parties de la campagne, & que,

---

(1) *Pratum* que Columelle suppose venir de *paratum*, *prest*. Voy. le Chap. VII. du LIV. I. de l'Economie rurale de Varron.

(2) Tous les Auteurs attribuent, ainsi que Columelle, ce sentiment à Caton, & Plutarque dit même que ce fameux Agriculteur l'observoit dans la pratique ; cependant il est constant que Caton ne donne aux prés, dans son Economie rurale, que le cinquieme rang entre les biens de campagne. Voy. la Note 3 du Chap. II. de ce Livre.

sans exiger de frais, ils produisent toutes les années un revenu assuré, qui même est divisé en
deux branches, puisqu'il ne rend pas moins en pâturages, qu'en foin. Nous observerons donc qu'il y
en a de deux especes : les prés secs & les prés arrosés. Lorsque le terrein est fertile & gras, il n'est
pas besoin qu'il soit arrosé d'un ruisseau, & on
regarde comme meilleur le foin qui vient de lui-
même dans un terrein plein de sucs, que celui que
l'on n'obtient qu'à force d'eau, quoique cependant l'eau soit nécessaire, lorsque la maigreur de
la terre l'exige. Car on peut faire des prairies dans
une terre quelconque, soit qu'elle soit compacte,
soit qu'elle soit réduite en poussiere, & cela quoiqu'elle soit maigre, pourvu cependant qu'on ait la
faculté de l'arroser. Mais il faut que ce ne soit ni
une campagne trop enfoncée dans une vallée, ni
une colline trop roide : l'un pour éviter que l'eau qui
s'y amasse, n'y séjourne trop long-temps, l'autre
pour éviter qu'elle ne s'en écoule trop précipitamment ; on pourra néanmoins mettre en prairies une colline dont la pente sera douce, si elle
est grasse ou arrosée. Mais ce sont les plaines sur-
tout qui sont bonnes pour cet objet, lorsqu'étant
légérement pentives, elles ne permettent pas aux
pluies ou au ruisseaux qui les arrosent, d'y séjourner trop long-temps, & qu'au contraire l'eau
dont elles sont couvertes, y trouve un écoulement lent. C'est pourquoi, s'il s'y trouve en quelques parties des mares qui soient stagnantes, il

faut les détourner par des tranchées ; car l'abondance ainsi que le défaut d'eau sont également
funestes aux herbes.

CHAPITRE XVIII.

L A culture des prairies demande plus d'attention que de travail. Cette attention consiste d'a-
bord à n'y laisser ni souches, ni épines, ni herbes
qui prennent trop d'accroissement, mais à les arracher toutes, les unes avant l'Hiver & pendant l'Automne, comme les ronces, les broussailles, les
joncs, les autres pendant le Printemps, comme
la chicorée & les épines qui paroissent au Solstice ; à n'y laisser paître ni porcs, parce qu'ils
fouillent dessous la terre avec leur grouin &
qu'ils enlevent le gazon, ni grands bestiaux, si
ce n'est lorsque le sol est très-sec, parce qu'ils y
plongent la corne de leurs pieds, qu'ils foulent
l'herbe & qu'ils en coupent les racines. Ensuite
il faut aider de fumier au mois de Février, pendant que la Lune croît, les terreins maigres &
qui vont en pente. Il faut y ramasser, pour les porter plus loin, toutes les pierres & tout ce qui
pourroit nuire à la faux, & en interdire l'entrée aux
bestiaux plutôt ou plus tard, suivant la nature
des lieux. Il se trouve aussi des prairies qui, par
trop de vétusté, sont couvertes d'une mousse an-

cienne ou épaisse. Les Agriculteurs sont dans l'usage d'y remédier en y semant de nouvelles graines, qu'ils prennent dans des meules de foin, ou en y répandant du fumier, mais ni l'un ni l'autre de ces remedes ne fait autant d'effet, que si l'on y jettoit souvent de la cendre, parce que c'est le vrai moyen de détruire cette mousse. Il faut cependant convenir que tous ces remedes & même le dernier sont trop lents, & que le plus efficace est de recommencer à labourer en entier la place. Mais les soins que nous venons de détailler ne sont que pour les prairies qui étoient toutes formées, avant de venir en notre possession. Si au contraire il nous en falloit former de nouvelles, ou en renouveller d'anciennes, (car il y en a beaucoup, comme je l'ai dit, qui vieillissent & qui deviennent stériles faute de soins) il faudroit labourer le terrein, quelquefois même dans l'intention d'y semer du bled, parce que ces sortes de terreins, négligés depuis long-temps, donnent de belles moissons. Ainsi après avoir donné un premier labour, pendant l'Eté, au terrein que nous destinons à mettre en prairies, & l'avoir biné plusieurs fois pendant l'Automne, nous y sémerons des raves ou des navets, ou même des fèves, ensuite du bled l'année d'après ; la troisieme année nous le labourerons encore avec soin, & nous arracherons jusqu'aux racines toutes les herbes trop fortes, les ronces & les arbres qui s'y trouveront, à moins que nous n'ayons intérêt d'en conserver les fruits, après quoi nous y sémerons de la vesce mêlée avec de la graine de foin; ensuite nous briserons les mottes de terre avec des sarcloirs, nous unirons le sol en y faisant passer la herse, & nous éparpillerons les grumeaux de terre, que le tirage des herses accumule communément aux détours, de façon qu'il ne reste nulle part d'obstacle qui puisse offenser la faux. Il ne faudra pas couper cette vesce qu'elle ne soit très-mure, & qu'elle n'ait commencé à laisser tomber sa graine sur terre. C'est alors qu'il faut y envoyer le faucheur, & mettre en bottes l'herbe qu'il aura fauchée, pour l'enlever : ensuite il faudra arroser ce terrein, si l'on a de l'eau à sa disposition, pourvu cependant que la terre en soit compacte, car si elle est réduite en poudre, il ne sera pas bon d'y faire couler de grands ruisseaux d'eau, avant que le terrein soit bien affermi & consolidé par l'herbe, parce que l'impétuosité de l'eau délaieroit la terre, & ne laisseroit pas aux herbes, dont elle auroit découvert les racines, le temps de bien prendre. Par la même raison, il ne faut pas non plus envoyer les bestiaux dans les prairies, lorsqu'elles sont encore jeunes & que le pied y enfonce, mais il faut y faucher l'herbe à mesure qu'elle levera; car les bestiaux, comme je l'ai déja dit, enfoncent la corne de leurs pieds dans le sol, lorsqu'il est trop moû, & venant à couper les racines des herbes, ils ne leur donnent pas le temps de s'étendre & de s'épaissir.

Cependant nous permettrons la seconde année au petit bétail d'y entrer après la fenaison, pourvu que la sécheresse & la nature du lieu ne s'y opposent point. La troisieme annnée, lorsque les prés seront solides & fermes, ils pourront aussi admettre les grands bestiaux : mais il faudra surtout avoir soin de fumer les terreins maigres, & encore plus lorsqu'ils seront élevés, vers le temps où le Soleil se couche au point d'où souffle le vent *Favonius* (1), c'est-à-dire, vers les Ides (2) du mois de Février, en mêlant avec le fumier de la graine de foin. Car lorsque les terreins supérieurs reçoivent cette nourriture, ils la communiquent en même-temps aux terreins inférieurs, parce que la pluie qui survient, ou les ruisseaux qu'on y fait couler de main d'homme entraînent avec eux le suc du fumier dans les parties basses : aussi les Agriculteurs prudens fument-ils ordinairement davantage les collines que les vallées, même dans les terres labourées, parce que, comme je l'ai dit, les pluies entraînent toujours dans les basfonds tout le suc le plus gras.

---

(1) Voy. la Note 6 du Chap. VI. de l'Economie rurale de Caton.

(2) Voy. la Note 1 du Chap. XXVIII. de l'Economie rurale de Varron, Liv. I.

CHAPITRE XIX.

LE meilleur temps pour couper le foin, est avant qu'il soit desséché, parce qu'il foisonne alors davantage, & qu'il fournit une nourriture plus agréable aux bestiaux. Or il y a des bornes à garder en le faisant sécher, pour éviter de le ramasser ni trop sec, ni au contraire trop verd, l'un parce que, lorsqu'il a perdu tout son suc, il ne tient plus lieu que de litiere, l'autre, parce que s'il en a trop conservé, il pourrit sur les planchers, & que souvent, en s'y échauffant, il prend feu & occasionne des incendies. Il arrive aussi quelquefois que, lorsque le foin est coupé, la pluie vient à l'opprimer, auquel cas, s'il est absolument trempé, il sera inutile de l'emporter tant qu'il sera humide, & l'on fera mieux pour lors d'en laisser sécher la superficie au Soleil, après quoi on le retournera, & lorsqu'il sera sec des deux côtés, on l'amassera par rangées pour le lier ensuite en bottes. On ne tardera pas sur-tout à entasser le foin dans la Métairie & à l'y mettre à l'abri, ou si l'on n'est pas à même de l'y porter ou de le mettre en bottes, au moins faudra-t-il arranger en meules tout ce qui en aura été séché convenablement, & faire ensorte que les combles de ces meules soient très-finement

aiguisés en pointe : c'est le moyen de bien préserver le foin des accidens de la pluie ; & quand
il n'en surviendroit point, il ne seroit cependant
pas moins à propos de faire ces meules, afin que
s'il reste quelque humidité dans l'herbe, elle se
ressuie & se purifie au tas. C'est pour cela que,
lorsque le foin a été mis en tas au hazard & sans
précaution, les cultivateurs prudens ne l'arrangent pas, après qu'il a été porté à la maison, sans
l'avoir laissé quelques jours se digérer lui - même
& se rallentir. Mais déja le soin de la moisson
touche à la fenaison. Pour la bien faire, il faut
préalablement préparer les instrumens nécessaires
à la récolte des grains.

CHAPITRE XX.

QUANT à l'aire, si la terre doit en servir,
il faut, pour qu'on y puisse battre le grain commodément, qu'elle ait été ratissée d'abord, ensuite labourée & arrosée de lie d'huile sans sel,
dans laquelle on aura mêlé de la paille, parce
que cette préparation garantira le bled contre
les ravages des rats & des fourmis; ensuite on
l'applanira à la hie, ou bien on l'affermira avec
une meule, puis on y remettra de la paille &
on la battra de nouveau, pour la laisser ensuite
sécher au Soleil. Il y en a cependant qui aiment

mieux,

mieux, pour former une aire, choisir une portion
de terrein plantée en fèves, sur laquelle ils bat-
tent ces fèves ; & après les avoir ramassées, ils
polissent la place en continuant d'y battre les sa-
varts, parce que les animaux, en les foulant
aux pieds, brisent en même temps toutes les herbes avec la corne de leurs pieds, moyennant quoi
l'aire étant dégarnie d'herbes, devient assez unie
pour qu'on y puisse battre le grain.

CHAPITRE XXI.

POUR ce qui concerne la moisson, dès qu'elle
sera mûre, il faudra la faire promptement &
avant qu'elle soit brûlée par les chaleurs du Soleil d'Eté, qui sont extrêmes au lever de la Canicule : car le moindre retard est préjudiciable, d'a-
bord parce qu'il donne lieu au pillage des oiseaux
& des autres animaux; en second lieu, parce que
les tiges & les tuyaux venant à se dessécher, les
grains & les épis même ne tardent pas à tomber,
ou que s'il survient des mauvais temps ou des
tourbillons de vent, les bleds sont versés pour
la plus grande partie. C'est pourquoi il ne faut
pas remettre au lendemain à moissonner, mais il
faut le faire dès que les bleds sont uniformément jaunis, & avant que les grains en soient
absolument durs, mais dès qu'ils commencent à

tirer sur le rouge, afin qu'ils grossissent dans l'aire & au tas plutôt que sur terre (1). Car il est constant que lorsqu'ils sont récoltés à temps, ils prennent de l'accroissement par la suite. Or il y a plusieurs façons de moissonner : bien des personnes coupent la tige par le milieu avec des faux armées d'un très-long manche, dont les unes ont le tranchant d'un seul fil & recourbé, les autres l'ont dentelé : d'autres enlevent l'épi même, soit avec des fourches, soit avec des rateaux, ce qui est très-aisé à pratiquer dans une moisson peu abondante, mais très-difficile dans une moisson bien fournie. Si l'on a moissonné avec des faux, & que l'on ait par conséquent coupé une partie des tiges, il faut sur le champ mettre la moisson en tas, ou la porter dans le lieu où les batteurs transportent le bled lorsqu'ils sont surpris de la pluie, ensuite la battre après qu'elle aura été convenablement essorée par la chaleur; au lieu que si l'on n'a coupé que les épis, on peut les mettre en réserve dans un grenier en attendant l'Hiver, pour les battre ensuite à coups de bâton ou les

____

(1) Pline 18, 30 & d'autres Auteurs anciens paroissent adhérer à cette opinion que les grains grossissent dans l'aire, & effectivement elle n'est pas si absurde que quelques personnes semblent se l'être imaginé : il est en effet possible que des grains que la sécheresse avoit comme resserrés, trouvant dans l'aire un air plus frais & plus humide qui vient à les pénétrer, s'enflent jusqu'à un certain point, & deviennent par conséquent plus gros.

faire fouler aux pieds des beftiaux. Mais fi le cas
écheoit que l'on batte dans l'aire le bled muni
de fa tige, il n'y a point de doute que les chevaux ne foient préférables pour cette opération
aux bœufs, & fi l'on n'a pas un nombre fuffifant
d'attelage, on pourra y joindre des rouleaux ou
des traîneaux : car, avec ces deux efpeces de ma-
chines, on vient très-aifément à bout de brifer
les tiges. Si au contraire les épis font feuls, on
fait mieux de les battre à coups de bârons & de
les vanner. Mais lorfque le grain eft pêle mêle
avec la paille, on vient à bout de les féparer l'un de
l'autre par le fecours du vent. Le vent *Favonius*
(1) paffe pour le meilleur en cette occafion, parce
qu'il fouffe doucement & uniformément dans les
mois d'Eté. Il n'y a cependant qu'un Agriculteur
négligent qui puiffe fe réfoudre à l'attendre, parce que tandis que nous l'attendons, la rigueur de
l'Hiver peut nous furprendre. C'eft pourquoi,
lorfque les bleds ont été battus dans l'aire, il
faut les y mettre en tas, de façon qu'ils puiffent
être nettoyés par toutes fortes de vents; & s'il
arrive même que le vent ne fouffe d'aucun côté
pendant plufieurs jours, il faudra les vanner, de
peur qu'à la fuite d'un trop long calme, il ne
furvienne de fortes tempêtes qui faffent perdre le
travail de toute l'année. Quand le grain aura été

____

(1) Voy. la Note 6 du Chap. VI. de l'Economie rurale de
Caton.

bien nettoyé, il faudra encore le nettoyer une
seconde fois avant de le serrer, si l'on est dans
l'intention de le garder plusieurs années, car plus
il est nettoyé, moins il est sujet à être rongé par
le charenson : mais si on le destine à être consommé sur le champ, il ne sera pas nécessaire de le
purger de nouveau, & il suffira de le faire rafraîchir à l'ombre, & de le porter ensuite au grenier.
On ne s'y prend pas autrement pour les légumes
que pour les autres grains, parce que, de même
qu'eux, ou on les consomme sur le champ, ou on
les serre pour les garder. Voilà le profit auquel
aboutit enfin le travail du laboureur, & qui consiste à recueillir les semences qu'il avoit confiées
à la terre.

CHAPITRE XXII.

MAIS comme nos ancêtres (1) ont pensé qu'on
devoit autant rendre compte de son loisir que de
ses occupations, nous croyons aussi devoir prévenir les cultivateurs de ce qu'ils ont droit de
faire les jours de Fêtes, & de ce qui leur est in-
terdit ces jours-là. Car il y a des choses, com-

---

(1) Cicéron, dans l'Oraison pour Plancius, cite cet adage
avec éloge, en l'attribuant à Caton, qui l'avoit adopté au
commencement de son Livre *des Origines.*

me dit le Poëte (1) , *qu'il est licite de faire les jours de Fêtes : il n'y a point de Religion qui ait défendu de donner un libre écoulement aux ruisseaux, de planter une haye devant une terre ensemencée, de tendre des pieges aux oiseaux , de mettre le feu aux buissons , ou de plonger dans un fleuve un troupeau de brebis pour lui procurer la santé* , quoique les Pontifes prétendent qu'on ne doit point fermer de hayes une terre ensemencée les jours de Fêtes , comme ils défendent aussi de baigner les brebis pour embellir leur laine , & ne permettent de le faire que pour leur procurer la santé. Aussi Virgile (2), pour montrer comment il étoit permis de baigner un troupeau dans une riviere les jours de Fêtes, a-t-il ajouté, *de le plonger dans un fleuve pour lui procurer la santé* , parce qu'en effet il y a des maladies pour lesquelles il est bon de baigner les bestiaux. Voici encore des travaux que les Rits de nos ancêtres permettent de faire les jours de Fêtes : broyer le bled (3), couper du bois à brûler, faire des chandelles de suif , cultiver une vigne affermée , nettoyer & curer les réservoirs , les mares, les anciens fos-

---

(2) Virgile , Liv. I. des Géorg. Voy. la Note 25 de la Préface.

(3) Voy. la Note 6 du Chap. II. de l'Economie rurale de Caten.

M iij

fés (4), repasser les prés, éparpiller le fumier sur
les terres, arranger le foin sur les planchers, récolter les fruits des plans d'oliviers qu'on a pris
à ferme, étendre les pommes, les poires, les
figues, faire du fromage, porter sur son dos ou
charger sur un mulet de bât des arbres pour les
planter ; mais il n'est pas permis de se servir pour
les porter d'un mulet attelé à une voiture, ni
de planter ceux qui auroient été portés ainsi, ni
de labourer la terre, ni d'élaguer les arbres, pas
même de s'occuper des semailles, à moins que
l'on n'ait préalablement immolé un petit chien,
ni de couper le foin, le lier ou le porter : il n'est
pas même permis, suivant les observances pres-
crites par les Pontifes, de faire la vendange les
Jours de Fêtes, ni de tondre les brebis, à moins
que l'on n'ait préalablement immolé un petit
chien. Il est aussi permis de faire du vin cuit, &
d'en mêler dans le vin : il est permis de cueillir
le raisin, ainsi que les olives que l'on destine à
confire. Il n'est pas permis de couvrir de peaux
les brebis. Tout travail relatif aux légumes, qui
font dans un jardin, est permis. Il n'est pas permis d'ensevelir un mort les jours de Fêtes pu-

---

(4) C'est ce que Virgile entend ci-dessus, par *donner un
libre écoulement aux ruisseaux*. Voy. la Note 5 du Chap. II.
de l'Economie rurale de Caton.

bliques. M. Porcius Caton a dit (5) qu'il n'y
avoit point de Fêtes pour les mulets, pour les
chevaux ni pour les ânes. Il permet auſſi d'atteler les bœufs pour apporter du bois & du bled
chez ſoi. Nous avons lû dans les Ouvrages des
Pontifes que ce n'eſt qu'aux Fêtes *Denicales* (6)
qu'il n'eſt pas permis d'atteler les mulets, mais
qu'on peut le faire les autres Fêtes. Je ſuis ſûr
que quelques perſonnes, voyant que je viens d'entrer dans le détail de ce qui concerne la ſolem-
nité des Fêtes, déſireront que je leur enſeigne
auſſi les Rits uſités par les anciens dans les Sa-
crifices d'expiation, & dans tous les autres Sa-
crifices que l'on fait pour les biens de la terre
(7); auſſi je ne refuſe pas de prendre cette peine, mais je remets à le faire dans un Livre à part que j'ai deſſein de compoſer, lorſque
j'aurai donné tous les préceptes de l'Agricul-

---

(5) Chap. CXXXVIII. de l'Economie rurale.

(6) Ces Fêtes étoient particulieres aux familles dans leſquelles il étoit mort quelqu'un. On croit que leur nom venoit *a denis diebus*, des dix jours qu'elles duroient. Ne
pourroit-on pas attribuer à un reſte de leur obſervance
la défenſe que Juſtinien fait dans la Nov. 115 Chap. V.
d'inquiéter des héritiers pendant les neuf premiers jours de
leur deuil.

(7) Effectivement c'eſt un objet qui ſemble appartenir à
l'Economie rurale, puiſque Caton a cru ne devoir pas
l'omettre dans la ſienne. Voy. le Chap. CXLI. de ſon Economie rurale.

ture (8). En attendant, je terminerai ici ce traité, me réservant à donner dans le suivant ce que je tiens des anciens Auteurs sur les vignobles, & sur les plans d'arbres mariés à des vignes, comme ce que j'ai découvert moi-même depuis eux.

---

(8) Si Columelle a fait ce Livre, il ne nous est pas parvenu.

Fin du second Livre.

L'ÉCONOMIE RURALE

DE L. JUNIUS MODERATUS COLUMELLE.

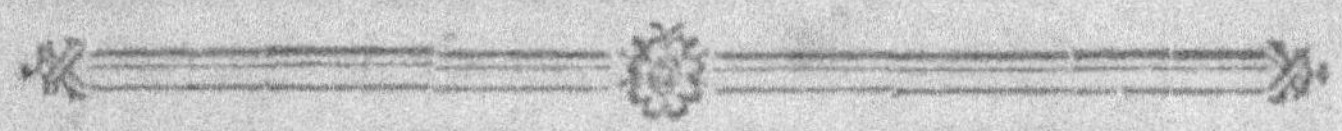

LIVRE TROISIEME.

CHAPITRE PREMIER.

J'ai donné *jusqu'ici la culture des guérets*, comme dit le premier des Poëtes (1). Car, puisque j'ai à traiter les mêmes objets que lui, rien ne m'empêche, P. Silvinus, d'entrer en matiere par les premieres paroles de son Poëme célebre. Nous voici

____

(1) Virgile, Liv. II. des Géorgiques.

donc à présent venus au soin des arbres, & c'est même la partie la plus étendue de l'Agriculture. Il y a des arbres de différentes especes, qui tous se montrent sous des formes variées : il y en a de bien des especes qui, comme dit le même Poëte, *viennent d'eux-mêmes & sans y être forcés par aucun homme*, comme il y en a beaucoup qui ne viennent qu'après avoir été plantés de main d'homme. Mais ceux qui ne viennent pas par le secours des hommes, tels que ceux des forêts & les sauvageons, portent chacun des fruits ou des semences d'un caractere qui leur est propre, au lieu que ceux qui ont été cultivés, sont les plus propres à rapporter des fruits pour notre usage. Il faut donc parler d'abord de l'espece d'arbres qui nous fournit des alimens. On la divise en trois parties : car un rejetton quelconque produit ou un arbre tel que l'olivier, ou un arbrisseau tel que le palmier des champs (2), ou un troisieme genre de production, que je ne voudrois (3) appeller proprement ni arbre ni ar-

---

(2) Qu'est-ce que ce *Palma campestris* ? Il est vrai qu'il y a des palmiers qui sont bas, & qui, comme dit Pline 13, 4, n'excedent pas la hauteur d'un arbrisseau, mais il ne les appelle pas *campestres*. Columelle, dans la premiere édition de son Ouvrage, Chap. I. du Livre *De Arbor.* avoit donné pour exemple d'un arbrisseau, *le roseau*. Ne seroit-ce pas le même exemple qu'il veut donner ici, & ne doit-on pas lire par conséquent *Canna*, au lieu de *Palma campestris* ?

(3) Pline 14, 1, dit que les anciens mettoient la vigne

brisseau , tel qu'est la vigne. Nous la préférons justement aux autres plantes , non - seulement à cause de la douceur de son fruit , mais encore à cause de la facilité avec laquelle elle répond aux soins de l'homme , presque dans toutes les contrées & sous tous les climats du monde , si l'on en excepte les climats glacials ou brûlans, & parce qu'elle vient aussi heureusement dans les plaines que sur les collines , dans les terres épaisses que dans celles qui sont en poussiere , souvent même dans les terres maigres que dans les grasses , & dans les seches que dans celles qui sont humides. Elle est sur-tout la seule plante qui se fasse aux deux intempéries extrêmes de l'air, soit qu'elle soit sous un pôle froid , soit qu'elle soit sous un pôle chaud ou sujet aux tempêtes. Il est cependant intéressant de distinguer quelles especes de vignes on cultivera, & quel genre de culture on leur donnera suivant les différentes positions des pays : car la culture de la vigne n'est pas la même pour tous les climats ni pour tous les terroirs, & non-

---

dans la classe des arbres , attendu la grandeur immense de cette plante, & cet Auteur rapporte , pour confirmer leur opinion , l'exemple de différens ouvrages considérables faits avec du bois de vigne. Ulpien dit la même chose, liv. 3. *in ppio. ff. Arborum furtim cæsarum.* La distribution des plantes par classes a encore bien changé depuis Columelle, & nous avions besoin de M. Buffon, pour nous dégoûter tout-à-fait de ces distributions par classes, auxquelles la nature refuse constamment de se prêter.

seulement cette plante n'est pas d'une seule espece, mais il n'est pas aisé de prononcer quelle est la meilleure espece de toutes, parce qu'il n'y a que l'expérience qui puisse apprendre quelle est celle en particulier qui sera plus ou moins propre à tel ou tel pays. Cependant un cultivateur éclairé regardera comme certain que le genre de vignes qui supportera, sans en être incommodé, les neiges & les frimats, sera propre aux plaines, que celui qui supportera la sécheresse & les vents, sera propre aux collines : il départira à un champ gras & fertile une vigne maigre, & qui ne soit pas naturellement trop féconde ; à un terrein maigre une vigne féconde ; à un terrein épais une vigne forte & qui ait beaucoup de bois ; à un terrein réduit en poussiere & fertile, une vigne qui ait peu de bois. Il sçaura qu'il ne faut pas planter des lieux humides en vignes dont le raisin ait un grain tendre & gros, mais en vignes dont le raisin aura le grain dur, petit & fourni de beaucoup de pepins, & qu'il faut d'un autre côté mettre dans un terrein sec des vignes d'une nature différente. Mais, outre cela, le Propriétaire du terrein sçaura encore que les différentes températures de l'air influent plus que le terrein même sur les vignes, comme le froid ou le chaud, la sécheresse ou l'humidité, la grêle & le vent ou le calme, le temps serein ou le temps nébuleux : ainsi il mettra sous un climat froid ou nébuleux deux especes de vignes, ou

les hatives dont les fruits préviendront l'Hiver
par leur maturité, ou celles dont le grain sera
ferme & dur, parce qu'elles défleuriront au milieu des brouillards, & que leur fruit mûrira
ensuite aux gelées & aux frimats, comme les autres mûrissent aux chaleurs. Il mettra également
avec hardiesse les vignes fermes & dont le grain
sera dur, sous un climat sujet aux vents & aux
orages ; d'un autre côté, il mettra dans un climat
chaud les vignes les plus tendres, & celles dont
le raisin sera le plus serré (4) : il destinera à un
terrein sec celles que des pluies & des rosées continuelles pourriroient ; à un terrein humide celles qui souffriroient de la sécheresse ; à un terrein
sujet à la grêle, celles dont les feuilles seront
dures & larges, afin que leur fruit soit plus à
couvert ; car pour les contrées où le temps est calme & serein, il n'y a pas de vignes qui ne leur
conviennent, quoique les meilleures seront celles
dont les grains & les grappes tomberont le plus
aisément. Mais s'il faut choisir à souhait un terrein & un climat pour les vignes, le meilleur
terrein (d'après l'opinion de Celsus (5) qui est
très-conforme à la vérité) sera celui qui, sans être
trop épais ni réduit en poussiere, approchera le

- - - - - - - - - - - - - - - - - - - -

(4) Ces vignes ne peuvent réussir que là, parce que leurs
grains se touchant mutuellement pourriroient dans un terrein
humide, & ne mûriroient point dans un terrein froid.

(5) Voy. la Note 32 du Chap. I. du Liv. I.

plus de cette derniere qualité, celui qui, sans être maigre ni fertile, approchera cependant le plus de la fertilité; celui qui, sans être en plaines ni escarpé, tiendra cependant d'une plaine élevée; celui qui, sans être sec ni humide, sera cependant modérément arrosé; celui qui, sans avoir beaucoup de sources d'eau sur sa surface ni dans ses entrailles, fournira néanmoins aux racines de la vigne une humidité suffisante, qu'il tirera des lieux circonvoisins, humidité qui ne devra être ni amere ni salée, pour qu'elle ne corrompe point le goût du vin, & qu'elle n'arrête point l'accroissement des plantes par l'espece de rouille dont elle les couvriroit, s'il en faut croire Virgile qui s'exprime ainsi (6) : *mais les terres salées & celles qui passent pour ameres, sont nuisibles aux fruits ; les labours ne les adoucissent pas, & elles ne conservent ni la qualité du vin ni la réputation des fruits.* La vigne, comme je l'ai dit ci-dessus, ne veut ni une température glaciale, ni une température brûlante, elle se plaît cependant plus dans les climats chauds que dans les climats froids; la pluie lui fait plus de tort que le beau temps, & elle aime mieux une contrée seche qu'une contrée trop pluvieuse, comme elle aime un vent modéré & doux, au lieu que les tempêtes lui sont pernicieuses. Telles sont les qualités du climat & du sol qui sont le plus à rechercher.

---

(6) Voy. la Note 25 de la Préf. Liv. II. des Géorg.

CHAPITRE II.

ON plante des vignes soit pour en manger le raisin, soit pour en faire du vin. Il n'y a pas de profit à faire un vignoble pour en deſtiner le raisin à être mangé, à moins que le terrein où on le formera ne soit si voisin des Villes, que l'on puiſſe trouver son compte à vendre le raisin aux marchands, sans avoir la peine de le garder, comme on vend tous les autres fruits. Lorsque l'on sera dans ce cas, il faudra sur-tout avoir des vignes hâtives & du Maroquin (1), en un mot du raisin pourpré, de celui à gros grains, de celui à longs grains, de celui de Rhodes, de celui de Lybie & de celui des Monts Cérauniens : il faut planter alors non-ſeulement les vignes qui sont recommandables par le goût agréable de leur fruit, mais auſſi celles qui le sont par leur belle apparence, comme celles dont les grappes ont la forme d'une couronne, celles dont les grappes ont trois pieds, celles dont le grain peſe une *uncia*, celles qui reſſemblent aux coings, de même que celles dont on serre le raisin dans des vaſes, pour le garder pendant l'Hiver, comme les

---

(1) Voy. la Note 1 du Chap. VII. de l'Economie rurale de Caton.

Venucule (1) & celles de Numidie qu'on a reconnues depuis peu être bonnes pour cet objet.
Mais lorsqu'on a le vin pour but, on choisit la
vigne qui est forte en fruit & en bois, parce que
l'un contribue beaucoup aux revenus du cultivateur & l'autre à la longue durée de la plante;
mais pour lors il faut préférer celle qui ne se
couvrant pas trop tôt de feuilles & quittant sa
fleur de bonne-heure, sans mûrir trop tard, se
défend en même-temps aisément contre les gelées, le brouillard & la brûlure, sans que la pluie
la pourrisse ou que les sécheresses la réduisent à
rien. Voilà comme il faut la choisir, ne fût-elle
que médiocrement féconde, pourvu que l'on ait
un terroir où elle puisse rendre un vin d'un goût
distingué & précieux. Car si le terroir donne au
vin un goût décidément mauvais ou commun,
il vaudra mieux planter la vigne qui sera la plus
abondante, afin d'augmenter son revenu par la
multiplicité du produit. Il arrive presque toujours, dans tel terroir que ce soit, que les vignobles des plaines donnent du vin en plus grande
quantité que ceux des collines, & que ceux-ci
le donnent plus agréable, quoique entre ces derniers même, quand le climat en est modéré, ceux
qui sont exposés aux aquilons en donnent plus
abondamment, & que ceux qui le sont au vent
du midi, le donnent plus excellent. Car il n'y a

---

(1) Voy. la Note 4 du Chap. VI. Liv. II.

point

point de doute que certaines vignes ne foient
de nature à être tantôt supérieures, tantôt inférieures à elles-mêmes par la qualité de leur vin,
fuivant la pofition des lieux. Il n'y a que les
vignes Amminées qui paffent pour furpaffer toutes les autres par le goût du leur, fous tel climat qu'elles fe trouvent placées, pourvu qu'il
ne foit pas trop froid, & cela quand même elles
feroient dégénérées, quoique, fi on les compare
entre elles, elles donnent un vin tantôt meilleur,
tantôt moins bon. Ces vignes, quoique portant
toutes le même nom, ne font pas cependant ref-
ferrées dans les bornes d'une feule efpece. Nous
avons connu les deux efpeces de Vraies Amminées, dont la plus petite défleurit plutôt & mieux
que la plus grande : auffi eft-elle propre à être
mariée aux arbres, ainfi qu'à être attachée au
joug, fi ce n'eft que dans le premier cas, il lui
faut une terre graffe, au lieu que dans le fecond
cas, une terre médiocre lui fuffit; elle eft auffi
bien meilleure que la plus grande efpece, parce
qu'elle a plus de force pour fupporter les pluies
& les vents, au lieu que cette derniere fe corrompt promptement lorfqu'elle eft en fleur, inconvénient qui arrive encore plutôt quand elle eft
attachée au joug, que quand elle eft matiée aux
arbres : ce qui fait qu'elle n'eft pas propre à former des vignobles; à peine même l'eft-elle à garnir des plans d'arbres, fi ce n'eft dans une terre
très-graffe & humide, car pour une terre médio-

<table>
<tr><td>Tome III.</td><td>N</td></tr>
</table>

cre, elle n'y vaut absolument rien, encore vaut-
elle moins dans une maigre : on la reconnoît à la
multitude de ses longs sarmens, à la grandeur de
ses feuilles & à la grosseur de ses grains : elle a
aussi moins de nœuds que la petite espece, &
produit des fruits en moindre quantité; mais elle
ne lui cede pas pour le goût. Ces deux especes
de vignes sont toutes deux Amminées, mais il y
en a encore deux autres especes, qui sont les Amminées Doubles : on les appelle *Gemellæ* (3), parce qu'elles produisent des grappes doubles; le vin
en est plus dur, mais il se garde aussi long-temps
que celui des deux premieres. Tout le monde
connoît très-bien la plus petite de ces deux especes, parce que les collines renommées du Vésu-
vium dans la Campanie, & celles du Surrentum
en sont couvertes. Elle aime le souffle du vent *Favonius* (4) en Eté, & celui du Midi la tourmente :
aussi dans les autres contrées de l'Italie est-elle
moins propre à faire des vignobles, qu'à garnir
des plans d'arbres, au lieu que dans les pays que
nous venons de nommer, les jougs soutiennent
commodément son bois & son fruit. Sa grappe
ne differe pas beaucoup de celle de la petite Amminée Vraie, si ce n'est qu'elle est double ; de
même que la grappe de la grande Double ressem-

____

(3) Jumelles.
(4) Voy. la Note 6 du Chap. VI. de l'Economie rurale de
Caton.

ble affez à celle de la grande Amminée Vraie,
avec cette différence, qu'elle vaut mieux que la petite Double, en ce qu'elle eft plus féconde même
dans un terrein médiocre, au lieu que nous avons
déja dit que la grande Amminée Vraie ne réuf-
fiffoit bien que dans un terrein très-gras. Il y a
quelques perfonnes qui font auffi un grand cas
de l'Amminée *Lanata* (5), que l'on appelle ainfi,
non pas qu'elle foit la feule de toutes les vignes
Amminées, dont les feuilles foient blanchies de
duvet, mais parce que c'eft celle dont les feuilles
font le plus dans ce cas. Cette Amminée donne
à la vérité de bon vin, mais il eft plus léger que
celui des précédentes. Elle jette auffi beaucoup
de bois, c'eft ce qui fait fouvent qu'elle ne défleurit pas comme il faut, à caufe de la multitude de
fes pampres, & que, lorfque fon fruit eft mûr, il
pourrit promptement. Outre toutes les Amminées que nous venons de détailler, il y a encore
une Amminée particuliere, qui, au premier coup
d'œil, reffemble affez à la grande Double par
l'extérieur de fes pampres & de fon fep, mais
qui lui eft un peu inférieure par le goût de fon
vin, quoiqu'il foit de très-bonne qualité : elle eft
cependant préférable à cette derniere par ces pro-
priétés-ci, fçavoir : d'être plus fertile, de quitter
mieux fa fleur, d'avoir les grappes bien fournies

---

(5) Couverte de duvet.

& blanchâtres & le grain très-gros, & de ne point dégénérer dans un terrein médiocre ; aussi la met-on dans la classe des vignes les plus fécondes. Les vignes de Nomentum ne tiennent que le second rang après les Amminées par la qualité de leur vin, mais elles vont même avant elles par leur fécondité, parce que souvent elles ont autant de fruit qu'elles en peuvent porter, & qu'elles le deffendent très-bien. Mais la plus petite de ces vignes est la plus fertile, sa feuille est moins découpée & son bois moins rouge que dans les Amminées : c'est cette couleur qui leur a fait donner le nom de *Rubelliana* (6); on les appelle encore *Fæcinia* (7), parce que leur vin rend plus de lie que d'autre. Mais elles dédommagent de cet inconvénient par la multitude de leurs grappes, qu'elles produisent également sur le joug comme sur l'arbre, quoique mieux encore sur l'arbre. Elles supportent bravement les vents & les pluies, elles quittent promptement leur fleur, & en conséquence mûrissent plutôt & résistent à toutes les incommodités, si ce n'est à la chaleur : car, comme elles ont des grappes dont le grain est déja menu & la peau dure, la chaleur le rend encore plus coriace : elles se plaisent sur-tout dans un terrein gras, qui soit en état de procurer quelque fécondité à leurs grappes, qui sont naturellement

----

(6) Diminutif de *ruber, rouge.*
(7) De *fæx, lie.*

grêles & petites. Les *Eugenia* (8) s'accommodent très-bien d'un sol ainsi que d'un climat froid & couvert de rosée, tant qu'elles sont sur la colline d'Albe, car dès qu'elles changent de climat, elles répondent à peine à leur réputation, de même que le raisin des Allobroges, qui donne un vin bien inférieur, lorsqu'on l'a changé de pays. Il y a de trois especes de raisin Muscat, qui sont aussi recommandables par leurs grandes qualités : toutes les trois especes sont fertiles, & s'accommodent assez-bien du joug & des arbres : il y en a cependant une meilleure que les deux autres, & dont les feuilles ne sont point couvertes de duvet ; pour les deux especes dont les feuilles en sont couvertes, quoiqu'elles soient semblables entre elles par les feuilles & par les branches à fruit, elles montrent cependant une différence sensible dans la qualité de leur vin, puisque le vin de l'une des deux acquiert plus tard que l'autre le goût fait, que la vétusté donne en général au vin. Elles sont très-fertiles dans un terrein gras, & ne laissent pas de l'être dans un terrein médiocre : leur fruit est hâtif, ce qui fait qu'elles conviennent très-fort aux lieux froids : leur vin est doux, mais il est pernicieux à la tête, aux nerfs & aux autres vaisseaux du corps. Si on ne le cueille pas promptement, les pluies & les vents le dévastent, ainsi que les abeilles ; ce qui leur a fait don-

---

(8) Excellentes, d'εὐγενῆς.

ner le nom de ces animaux (9). Elles sont très-célebres par la bonté de leur goût. Il y a cependant des vignes, même de la seconde classe, qui peuvent être recommandables par leur produit & par leur fécondité, telles que la *Biturica* & la *Basilica* (10) qui se divise en deux especes, à la plus petite desquelles les Espagnols donnent le nom de *Cocolubis*. Ces deux vignes sont celles qui approchent le plus des premieres dont nous avons parlé, & elles laissent toutes les autres à une grande distance après elles, car leur vin se garde long-temps sans se gâter, & acquiert même un certain degré de bonté après quelques années. Elles surpassent même par leur fécondité toutes celles que j'ai nommées d'abord, ainsi que par leur force : car elles supportent très-bravement les tempêtes & les pluies, elles rendent beaucoup de vin, & ne dégenerent point dans un terrein maigre; elles souffrent plutôt le froid que

***

(9) Elles s'appelloient *Apianæ ab apibus*, des abeilles, comme nous disons *Muscat*, *a muscis*, des mouches.

(10) Royale. Ce nom chez les Romains ne pouvoit convenir qu'à des productions étrangeres, auxquelles des peuples, soumis à des Rois, l'avoient donné communément par honneur. Pline fait mention dans différens endroits de son Histoire naturelle de lauriers, de poiriers, d'oliviers, &c. qui portoient ce nom : & il dit positivement 15 , 22, que les noms de *Persicon* & de *Basilicon*, que portoient certains noyers, prouvoient qu'ils avoient été transportés de Perse par les Rois.

l'eau, & l'eau que la sécheresse, sans cependant que les chaleurs les incommodent. Après celles-ci viennent la *Visula* & la petite vigne d'Argos, qui se plaisent toutes deux dans une terre médiocre : car, lorsqu'elles sont dans une terre grasse, elles prennent trop de force, & dans une maigre au contraire elles sont de petite venue, & n'ont pas de fruit : elles aiment mieux le joug que les arbres, mais cependant celle d'Argos est également fertile lorsqu'elle est grimpée haut, & elle y produit de grands bois & de grosses grappes. Pour la *Visula* à qui les planchers les plus bas conviennent davantage, elle donne des sarmens courts & des feuilles larges, qui servent dès-lors à très-bien garantir ses fruits de la grêle : si cependant on ne les cueille pas au premier moment qu'ils sont mûrs, ils tombent à terre, & l'humidité les pourrit même avant qu'ils soient tombés. On cite encore les vignes *Helvolæ* que quelques personnes appellent *Variæ* (11) : le raisin n'en est ni pourpré, ni noir, & c'est sa couleur entre rouge & blanc qui leur a fait donner, si je ne me trompe, le nom d'*Helvolæ* (12). Le plus noir est le meilleur, eu égard à la quantité de vin qu'il rend, mais le plus blanc est le plus recherché pour le goût du sien, & ni l'un ni l'autre ne conserve également sa couleur : ces deux vi-

____

(11) Mélangées.

(12) Cette couleur s'appelloit *helvus* en Latin.

N iv

gnes produisent l'une comme l'autre du vin blanc, dont la quantité est alternativement plus & moins grande de deux années l'une. Elles couvrent mieux les arbres, mais elles ne laissent pas que de bien couvrir le joug : elles sont fertiles même dans un terrein médiocre, de même que la grande & la petite *Pretia*, mais ces dernieres sont plus recommandables par la qualité de leur vin : elles ont beaucoup de bois & de feuilles, & mûrissent promptement. L'*Albuelis* vaut mieux, comme dit Celsus (13), sur les collines que dans les plaines, sur les arbres que sur les jougs, au haut des arbres qu'au bas, & elle est abondante tant en bois qu'en fruits. Quant aux petites vignes qui viennent de la Grece, telles que celles de Maréotides, celles de Tharse, celles de Psithia & les *Sophortiæ*, elles sont à la vérité d'un goût agréable, mais elles rendent peu de vin dans nos pays, vû la petite quantité de grappes qu'elles portent & la petitesse de leur grains. Cependant l'*Inerticula* (14) noire, que quelques Grecs appellent *Amethyston* (15), peut être rangée presque dans la seconde classe, parce qu'elle produit de bon vin, & qu'il n'incommode point ; c'est même ce qui a fait donner ces noms à cette vigne, parce

---

(13) Voy. la Note 32 du Chap. I. Liv. I.

(14) Sans force.

(15) D'*à* privatif & de μέθω, qui veut dire, *être yvre*, parce qu'elle n'enyvre point.

que ce vin n'a pas la force d'attaquer les nerfs, quoiqu'il ne laisse pas de piquer le goût. Celsus (15) fait une troisieme classe des vignes qui ne sont recommandables que par leur fertilité, telles que les trois *Helvenacæ*, dont les deux plus grandes sont regardées comme pareilles entre elles, parce que leur vin n'est ni de moindre qualité, ni moins abondant dans l'une que dans l'autre. L'une des deux, que les habitans des Gaules appellent *Emarcum*, ne rend qu'un vin médiocre, & l'autre qu'ils appellent Longue ou Avare, donne du gros vin, & non pas aussi abondamment que semble le promettre le nombre de ses grappes, lorsqu'elles commencent à paroître. La plus petite, qui est en même-temps la meilleure de ces trois vignes, se distingue très bien à sa feuille, qui est plus ronde que celle des deux autres : elle a son mérite, tant parce qu'elle supporte très-bien la sécheresse, ainsi que le froid, pourvu qu'il ne soit pas accompagné de pluie, que parce que son vin se conserve en quelques pays, même jusqu'à la vétusté, & principalement parce qu'elle est la seule qui fasse honneur au terroir même le plus maigre par sa fertilité. Mais la *Spionia* (16) est plutôt magnifique par l'abondance du vin qu'elle rend, & par la grosseur de ses grappes, qu'elle n'est fertile par leur quantité; il en est de même de l'*Olea-*

---

(16) Pline 14, 2, dit que quelques personnes l'appellent *Spinea*, apparemment de *spina*, épine.

ginia (17), de la Murgantine qui est la même que la Pompéenne, de la Numidienne, de la *Venucula* (2) qui est la même que la *Scirpula* (18) & la *Sticula* (19), de la noire de Fregelle, de la *Merica*, de celle de Rhetie & de la grande *Arcelaca*, qui est la plus abondante de toutes celles que nous ayons connues, & que beaucoup de personnes ont confondue à tort avec celle d'Argos. Car je ne dirois pas aisément avec assurance dans quelle classe on doit mettre les suivantes, qui ne sont venues à ma connoissance que depuis peu de temps ; je veux dire la *Pergulana* (20), l'*Irtiola*

---

(17) Pline 14, 3, dit qu'elle est ainsi appellée à cause de la ressemblance de ses grains avec les olives, d'*olea*, *olive*.

(18) Ce mot qui se lit de mille façons différentes dans les Manuscrits, tant de Pline que de Columelle, pourroit bien désigner les lignes qui seroient tracées sur le raisin, comme s'il y avoit *Scriptula*, ce qui seroit très-analogue à la signification de *Venucula* & à celle de *Sticula* qui suit.

(19) Pline 14, 9, la joint pour les propriétés avec une autre, à laquelle il dit que les Grecs donnent le nom de *Sticha*. Il paroît donc certain que l'une & l'autre tirent leur nom de στίχος, qui veut dire, *ordre*, non pas, comme le dit le P. Hardoin dans ses Notes, à cause de l'ordre dans lequel sont rangés ses grains, mais à cause de celui des veines & des lignes dont ils sont marqués. Voy. la Note précédente. Au surplus, il est difficile de prononcer sur tous ces noms, la plupart corrompus, & presque tous usités dans certains cantons mais inconnus ailleurs : aussi n'avons-nous cherché à donner les étymologies que des plus connus.

(20) De *pergula*, *treille*, vigne propre à faire des treilles.

& la *Ferreola*, parce que, quoique je les connoiffe pour être affez fécondes, je n'ai pas cependant encore été à même de juger de la bonté de leur vin. Nous avons encore fait la découverte d'une vigne hâtive, que nous n'avions pas connue auparavant, qui s'appelle *Dracontion* d'une terminaifon Grecque, & qui peut être comparée par fa fécondité & par la douceur de fon goût à l'*Arcelaca*, à la *Bafilica* (10) & à la *Biturica*, & par la qualité de fon vin à l'*Amminée*. Il y a encore bien d'autres efpeces de vignes, dont nous ne pouvons ni fixer le nombre, ni dire les noms avec quelque certitude : car, comme dit le Poëte (21), *il n'eft pas important d'en détailler le nombre ; & vouloir les connoître toutes, c'eft vouloir fçavoir combien le Zéphire agite de grains de fable dans la mer de Lybie.* En effet chaque contrée, & prefque chaque partie des différentes contrées ont des efpeces de vignes qui leur font particulieres, & auxquelles elles donnent chacune un nom à fa guife : il fe trouve même telles vignes qui ont changé de nom en changeant de terroir ; d'autres qui, en changeant de terroir, ont auffi changé de qualité, comme nous l'avons dit ci-deffus, de façon à ne pouvoir plus être reconnues. Auffi dans notre Italie même, fans parler de toute l'étendue du Globe, des peuples, quoique voifins les uns des autres, ne s'accordent-ils pas fur les noms

---

(21) Virgile, Liv. II. des Géorgiques.

qu'ils donnent aux vignes, & souvent il arrive qu'ils leur en donnent chacun de différens. C'est pourquoi un Maître prudent ne doit pas retarder ses disciples par la recherche de cette Nomenclature, à laquelle il ne pourra jamais les faire parvenir, mais il leur doit donner en général ce précepte qu'ont donné Celsus (13) & Caton avant lui (22) : sçavoir, qu'il ne faut pas planter d'autres especes de vignes, que celles qui ont une réputation établie, ni en garder long-temps d'autres, que celles dont l'expérience aura confirmé la bonté : &, comme dit Julius Græcinus (23), lorsque nous trouverons dans un pays beaucoup de facilités, qui nous engageront à y planter des vignes de renom, il faudra choisir les meilleures, au lieu que, s'il n'y a rien ou peu de chose qui nous y excite, nous donnerons plutôt dans les vignes les plus fertiles, parce que le mérite de celles-ci ne sera jamais inférieur à celui des premieres, dans la même proportion que leur abondance sera supérieure à la leur. Mais je dirai par la suite en son lieu ce que je pense au fond de cet avis, quoique je l'aie déja approuvé moi-même plus haut (24). Car mon but est de mon-

---

(22) Voy. ce que nous avons dit dans notre Préface de ce passage attribué à Caton.

(23) Voy. la Note 33 du Chap. I. Liv. I.

(24) Apparemment en parlant des vignes de Nomentum, & en disant qu'elles dédommageoient par leur fertilité de ce que leur vin donnoit plus de lie que d'autre.

tter comment on peut former des vignes qui
foient abondantes , & dont le vin foit précieux
en même-temps.

CHAPITRE III.

MAINTENANT, avant de differter fur la plantation des vignes, je crois qu'il ne fera pas hors
de propos d'examiner , & de nous affurer fi la
culture des vignes eft dans le cas d'enrichir un
Chef de famille. En effet, cet examen doit fervir comme de fondement à notre Differtation ,
puifqu'il feroit prefque inutile de donner des
préceptes fur la façon de planter les vignes, tant
que l'on ne feroit point d'accord avec nous fur
la queftion préalable, s'il en faut avoir; d'autant
que le doute fur cette queftion eft fi général ,
qu'il y a même plufieurs particuliers, qui évitent
& qui redoutent une terre difpofée en vignobles, eftimant qu'il faut plutôt defirer d'avoir en
fa poffeffion des prés, des pâturages ou des bois
taillis. Car, pour les vignes mariées à des plans
d'arbres, il y a de grands débats à leur fujet même parmi les Auteurs, Saferna (1) défaprouvant
cette efpece de culture, & Trémellius (2) l'ap-

____

(1) Voy. la Note 29 du Chap. II. de l'Economie rurale de
Varron , LIV. I.
(2) Voy. la Note 50 de la Préf.

prouvant au contraire très-fort. Mais nous péserons aussi ces différentes opinions en leur lieu. En attendant, il faut commencer par montrer à ceux qui veulent s'adonner à l'Agriculture, que le revenu des vignes est très-considérable. Je pourrois citer à cette occasion cette ancienne fertilité des terres, qui, comme l'avoit auparavant dit M. Caton, & comme l'a répété ensuite Térentius Varron, rapportoient par *Jugerum* planté en vignobles six cent *urnæ* de vin ; car Varron assure positivement ce fait dans le premier Livre de son Economie rurale, où il dit même que ce revenu étoit commun non pas dans une contrée seulement, mais encore dans le canton de Faventia & dans les terres Gauloises, qui sont aujourd'hui incorporées au Picenum : ainsi on ne peut pas douter de la vérité de ce fait pour ces temps-là. Mais, sans parler de cette ancienne fertilité, la contrée de Nomentum n'est-elle pas encore aujourd'hui célebre par la plus haute réputation en ce genre, sur-tout dans la partie qui en appartient à Seneque (3), puisqu'il est de fait que les terreins en vignobles, qu'y possede cet homme d'un génie & d'une érudition rares, lui rapportent ordinaire-

---

(3) M. Annæus Seneca, Chevalier Romain, natif de Cordoue, étoit un homme très-sçavant : il eut entre autres enfans L. Annæus Sencea le Philosophe, qui fut Instituteur de Néron, & dont nous avons plusieurs Ouvrages. Il paroit que c'est de ce dernier que parle Columelle.

ment huit *cullei* de vin par *Jugerum* ? Car on a
regardé comme un prodige ce qui est arrivé à nos
terres dans la Ceretania, sçavoir, qu'un sep ait
porté chez vous (4) plus de deux mil grappes,
que quatre-vingt seps aient rapporté chez moi la
seconde année depuis leur greffe, sept *cullei* de
vin, & que de nouvelles vignes en aient rapporté pour la premiere fois cent *Amphoræ* par
Jugerum. Quand on compare à ce produit celui
des prés, des pâturages & des bois, qui passent
pour être d'un grand profit à leur maître, lorsqu'ils lui rapportent cent *Sestertii* par *Jugerum*,
(car je ne parle pas du bled, puisqu'à peine pou-
vons-nous nous rappeller un temps, où il ait produit quatorze pour un dans la plus grande partie
de l'Italie) on se demanderoit volontiers pourquoi les vignes sont si décriées ? Ce n'est pas non
plus, dit Græcinus (5), par rapport à quelque vice
qui leur soit inhérent, mais bien par celui des
cultivateurs. Ce vice consiste premiérement en ce
que personne n'apporte d'attention dans le choix
du plant, d'où il arrive que presque tout le monde forme des vignobles, où il ne se trouve que
des seps de la pire espece; en second lieu, en ce
qu'on ne donne pas au plant une éducation convenable, pour lui faire prendre des forces & lui

---

(4) Il apostrophe P. Silvinus, à qui sont adressés tous
ses Livres.

(5) Voy. la Note 33 du Chap. I. Liv. I.

faire jetter des tiges avant qu'il soit desséché; & enfin en ce que, si par hazard le plant parvient à sa grandeur, on le cultive négligemment. D'abord on ne croit pas qu'il soit important, dès le principe, de choisir le lieu qu'on veut planter en vignes : on choisit au contraire pour cet objet la plus mauvaise partie de ses terres, comme si les terreins, qui ne peuvent servir à autre chose, étoient ceux dont la vigne dût le mieux s'accommoder : on ne remarque pas même quelle est la vraie façon de la planter, ou, quand on l'a remarquée, on ne s'y conforme point : ensuite il est rare qu'on assigne une dot à ses vignes, c'est-à-dire, qu'on tienne prêt tout ce qui est nécessaire pour les cultiver, quoique l'omission de ce seul point occasionne toujours un nombre de journées employées à faux, & épuise d'autant le coffre fort du Propriétaire. La plupart visent aussi a avoir dans le moment présent le plus de fruit qu'ils peuvent, sans s'embarrasser de l'avenir, & comme s'ils ne vivoient qu'au jour la journée, ils font la loi à leurs vignes, & les chargent de beaucoup de branches à fruit, sans avoir égard à leur postérité. Lorsqu'ils se sont ensuite rendus coupables de tous ces mauvais procédés, ou du moins de la plus grande partie d'entre eux, il n'y a rien qu'ils n'aimassent mieux au monde, que d'avouer leur faute, & ils se plaignent que leurs vignobles ne réussissent pas, quand c'est eux-mêmes qui les ont perdus par leur avarice, par

leur

leur ignorance ou par leur négligence. Mais s'il
est certain au contraire que ceux qui joignent
l'attention aux connoissances, retirent de chaque
Jugerum de vignes, je ne dis pas quarante ou au
moins trente *Amphoræ* de vin, quoique je le pense, mais vingt, suivant le calcul de Græcinus
(5) qui va néanmoins au rabais, n'est-il pas vrai
qu'ils viendront aisément à bout d'accroître leur
patrimoine, plus que tous ceux qui sont si attachés à leur foin & à leurs légumes? Cet Auteur
au reste est bien loin de se tromper, puisqu'il
voit au contraire clairement & en bon calcula-
teur que, de compte fait, cette espece de culture
est celle qui est la plus avantageuse pour augmenter sa fortune. Car quoique les vignes exigent de
très-grandes dépenses, il ne faut cependant pas
avoir pour sept *Jugera* plus d'un vigneron : encore le vulgaire croit-il bien faire en l'acquérant
à bas prix, ou en le choisissant parmi les esclaves criminels que l'on vend à l'encan ; au lieu
que je pense, contre l'avis du plus grand nombre,
qu'un vigneron de prix est un article très-essentiel. Quoiqu'il en soit, quand on l'auroit acheté
huit mil *Sestertii* , quand le fond lui-même de
sept *Jugera* en auroit coûté sept mil, & qu'il en
coûteroit encore deux mil pour les seps de chaque *Jugerum* avec leur dot, c'est-à-dire, avec leurs
appuis & leurs liens, il se trouveroit donc qu'on
n'auroit dépensé au total que vingt-neuf mil
Sestertii : ajoutez à cela trois mil quatre cent qua-

Tome III.   O

tre-vingt *Nummi* pour l'intérêt à six pour cent par an des deux premieres années, où ces vignes ne rapportent pas encore de fruits, parce qu'elles font, pour ainsi dire, dans leur enfance; cela fera au total, le principal & les intérêts compris, la somme de trente-deux mil quatre cent quatre-vingt *Nummi*. Or si un Propriétaire vouloit placer cette somme sur des vignes, de même que ceux qui prêtent à usure placent leur argent sur leurs débiteurs, à condition que le vigneron seroit tenu de lui en payer en rente perpétuelle l'intérêt à six pour cent dont nous venons de parler, il ne recevroit par an que mille neuf cent cinquante *Sestertii* (6). Mais d'après ce calcul même, le revenu des sept *Jugera* de vignes l'emportéra encore, suivant l'opinion de Græcinus (5), sur l'intérêt de ces trente-deux mil quatre cent quatre-vingt *Nummi*. Car, si mauvaises que soient ces vignes, pour peu cependant qu'elles soient cultivées, elles rapporteront, sans contredit, un *Culleus* de vin par *Jugerum*, & quand on ne vendroit les quarante *Urnæ* que trois cent *Nummi*, qui est le moindre prix du marché, les sept *Cullei* ne laisseroient pas de faire une somme de deux mil *Sestertii* & cent *Nummi*, somme qui seroit au-dessus de l'intérêt à six pour cent. Mais le calcul que nous faisons n'est que d'après la

---

(6) Dans l'exacte vérité il n'en recevroit que 1948 $\frac{4}{7}$, mais Columelle a voulu arrondir le compte.

suppofition de Græcinus (5) : car , pour nous,
nous croyons qu'il faut arracher les vignes quand
elles rapportent moins de trois *Cullei* de vin par *Jugerum*. Encore fuppofons-nous dans notre calcul
qu'il n'y aura point de profit à faire fur les marcottes du champ que l'on cultivera au *Paftinum*
(7), quoique cet objet foit feul capable d'acquit-
ter tout le prix qu'aura coûté le terrein , pourvu
que ce foit un terrein d'Italie & non de Province. C'eft un point fur lequel il ne peut refter
aucun doute à quiconque examinera avec attention ma méthode & celle d'Atticus : en effet,
je plante vingt mil marcottes par *Jugerum* de vignes, dans les rangées des feps. Atticus en plante, à la vérité, quatre mil de moins que moi,
mais quand fa méthode feroit préférable à la
mienne, il n'y auroit pas de terrein, fi méchant
qu'il fût, qui ne rendît plus qu'il n'auroit coûté. Car , mettons qu'il périffe fix mil de ces
marcottes par la négligence du cultivateur, un
acheteur payera néanmoins volontiers trois mil
Nummi les dix mil qui refteront, & trouvera
encore fon profit à ce marché ; or cette fomme
n'eft-elle pas d'un tiers plus forte que les deux
mil *Seftertii*, que nous avons dit ci-deffus être le
prix de ces vignes par *Jugerum*? mais il y a plus,
puifque, par mes foins, j'en fuis venu au point
que les Payfans me paient, fans difficulté, fix

____

(7) Voy. la Note 1 du Chap. XV. Liv. II.

cent *Nummi* le millier de marcottes. Il est vrai que tout autre auroit de la peine à faire un commerce aussi lucratif : car il est très-difficile de s'imaginer combien mes champs, tout petits qu'ils sont, rapportent de vin, ainsi que vous l'avez vû, Silvinus, par vos propres yeux, & l'on m'en croiroit à peine sur ma parole (8). Je n'ai donc supposé à la marcotte qu'un prix médiocre & commun, afin de pouvoir amener plus promptement à mon sentiment, & sans m'exposer à aucune contradiction, ceux qui, par ignorance, redoutent cette espece de culture. Concluons donc que soit le produit des marcottes venues dans le terrein labouré au *Pastinum* (7), soit l'espérance des vendanges futures, tout nous doit engager à planter des vignes. Après avoir montré qu'il est raisonnable de le faire, nous allons donner les préceptes relatifs à leur éducation.

______

(8) Il y a encore une seconde raison qui doit empêcher tout autre de suivre la méthode de notre Auteur : c'est que le commerce dont il parle ici, est de la nature de ceux qui ne sont avantageux qu'aux premiers inventeurs, & à peu de personnes après eux, & qui tombent, dés que l'invention sur laquelle ils sont fondés, a été divulguée. En effet, quand tout le voisinage aura une fois des vignes plantées, qui est-ce qui achétera pour lors des marcottes ? & même quand on en auroit besoin, qui est-ce qui trouvera à en vendre, si chacun suit le précepte que Columelle donne lui même dans le Chapitre suivant, de ne point achéter des marcottes, mais de les tirer de son propre fond ?

CHAPITRE IV.

CELUI dont le projet est de former des vignobles, doit sur-tout prendre garde de s'en rapporter aux soins des autres plutôt qu'aux siens propres, relativement aux marcottes, en les achetant : il doit au contraire planter chez lui l'espece de vignes qu'il aura le plus éprouvée, & faire une pépiniere dont il puisse tirer ce qui lui en sera nécessaire pour garnir sa terre de seps. Car du plant étranger qui se trouve transplanté chez nous d'une contrée différente, s'habitue moins bien à notre sol que celui qui en est natif, & dès-là il appréhende, comme tout homme étranger dans un pays, le changement de climat & de terrein. On ne peut même jamais être assuré de sa bonté, parce qu'il est toujours incertain si celui qui l'a planté en a examiné avec soin l'espece, & s'il l'a bien éprouvé auparavant. C'est pourquoi il ne faut pas croire que ce soit trop d'attendre deux ans, pour juger si du plant est dans le cas d'être transplanté, parce qu'il sera toujours très-intéressant, ainsi que je l'ai dit, d'avoir planté des especes recherchées. Ensuite on se souviendra de choisir avec attention le terrein, que l'on se proposera de planter en vignes. Quand on aura jugé qu'il est tel qu'il doit être, il faudra le travailler au

Pastinum (1) avec le plus grand soin ; lorsque cette opération sera faite, il ne faudra pas moins d'attention pour planter la vigne, & quand elle sera plantée, on s'attachera à la cultiver avec la plus grande assiduité : car ce n'est que d'après tous ces procédés, qu'on pourra estimer si un Chef de famille à bien ou mal fait de confier son argent à sa terre, plutôt que de le faire valoir dans l'oisiveté. Je vais donc traiter à présent de chacun des devoirs que je viens de prescrire.

CHAPITRE V.

IL ne faut point faire de pépiniere de vignes dans une terre maigre, ni dans une terre humide : comme il faut cependant que cette terre ne soit pas totalement dépourvue de sucs, on la choisira plutôt médiocre que grasse. Quoique presque tous les Auteurs aient désigné pour cet objet le terrein le plus gras, je ne crois pas que leur systême soit avantageux au cultivateur; car quoique les plantes déposées dans un terrein robuste, y prennent avec facilité & y poussent promptement, si cependant, lorsqu'elles seront devenues des marcottes formées, on vient à les transplanter dans un terrein plus mauvais, elles

______

(1) Voy. la Note 1 du Chap. XV. Liv. II.

se dessécheront, & ne pourront plus y croître. Or un cultivateur prudent doit plutôt transplanter d'une mauvaise terre dans une meilleure, que d'une bonne dans une plus mauvaise. C'est pourquoi la médiocrité est la qualité que j'approuve le plus dans le choix du terrein, parce que c'est celle qui participe le plus du bon & du mauvais à la fois : car, soit que par la suite on soit obligé, lorsque le plant sera venu, de le transférer dans un terrein maigre, il s'appercevra à peine de la différence de sa position, en ne quittant qu'une terre qui étoit médiocre, pour une qui sera maigre ; soit que le terrein où on le plantera soit plus gras, il y viendra bien plutôt & y sera plus fertile. D'un autre côté, il n'est pas raisonnable de former une pépiniere dans un terrein très-maigre, parce que la plus grande partie des marcottes y dépérit, & que celles que l'on peut sauver, n'arrivent que très-tard au point nécessaire pour être transplantées. Ainsi un terrein médiocre & légérement sec est le plus propre à former une pépiniere. Il faudra commencer par le retourner à la houe, après quoi on laissera entre les rangées sur lesquelles sera alligné le plant, des espaces de trois pieds que l'on cultivera, & l'on mettra six cent mailletons dans chacune des rangées, qui auront deux cent quarante pieds de longueur. Ce nombre demandera pour un *Jugerum* entier vingt-quatre mil mailletons. Mais, avant d'en venir là, il faut examiner & choisir les mailletons, car, comme

O iv

je l'ai souvent dit, le point que l'on doit regarder comme la base de cette opération, c'est de
ne planter que les especes dont on sera le plus sûr.

CHAPITRE VI.

IL y a deux choses à observer dans le choix du
plant, car il ne suffit pas d'examiner en général
si la mere dont on le tire est féconde, mais il
faut encore examiner plus particuliérement s'il a
été tiré des parties du tronc, qui ont la vertu pro-
ductrice & qui sont les plus fertiles. Or, on ne
doit pas juger de la fécondité d'une vigne, dont
on cherche a avoir de la race, d'après le seul motif qu'elle porte beaucoup de grappes, d'autant
que cette multiplicité de grappes peut provenir
de la grandeur du sep & de la multitude de ses
branches à fruit, & que, quoiqu'une vigne soit
chargée de beaucoup de grappes, on ne pourra
pas dire néanmoins qu'elle soit fertile, si elle
n'en a qu'une seule sur chaque branche : mais
s'il y a un grand nombre de grappes sur chaque
pampre de cette vigne, si elle jette beaucoup de
branches à fruits de chacun de ses boutons, si enfin les branches qui sortent de son bois dur (1),

______

(1) Effectivement ces branches sont ordinairement stériles & ne rapportent que des feuilles, d'où on leur donnoit
le nom de *pampinarii*. Voy. le Chap. VI. du Liv. V.

ou les rejettons des pampres eux-mêmes produisent quelques raisins, une telle vigne étant sans
difficulté féconde, c'est sur elle que l'on doit
choisir des mailletons. Or un mailleton est une
jeune branche à fruit née sur un fouet de l'année
précédente : ce nom lui vient de sa ressemblance
avec un petit maillet, fondée sur ce qu'il déborde
de droite & de gauche dans la partie par laquelle on l'a séparé de l'ancien sarment. Nous
pensons qu'il faut choisir les mailletons sur les
seps les plus féconds, dans tous les temps indifféremment où l'on taille la vigne, & les mettre
en terre avec attention dans un lieu médiocrement humide, mais non marécageux, en leur laissant trois ou quatre boutons hors de terre, pourvu cependant que l'on regarde comme un point
très-essentiel, d'examiner si la vigne, dont on les
a tirés, n'est point sujette à perdre sa fleur, si son
raisin n'a point de difficulté à grossir, & s'il ne
mûrit pas trop tôt ni trop tard, parce que dans
le premier cas, il est molesté par les oiseaux, comme il l'est dans le second par les mauvais temps
de l'Hiver. Mais une seule vendange ne suffit pas
pour nous mettre à même de reconnoître si une
vigne jouit de ces avantages, puisqu'il peut arriver soit par la fertilité de l'année, soit par d'autres raisons, qu'une vigne, quoique naturellement
stérile, produise une fois par hazard avec abondance. Mais lorsqu'on sera assuré de la bonté d'un
sep après plusieurs années de service, pour m'ex-

primer ainſi, on ne doit point douter de ſa fécondité. Cependant il n'eſt pas néceſſaire de pouſſer ſes recherches ſur ce point au-delà de quatre ans, car c'eſt ordinairement là le temps requis pour mettre en évidence la bonté des plantes, parce que c'eſt celui qu'il faut au Soleil, en ſuivant l'ordre des Signes depuis le commencement de ſa courſe, pour revenir au point du Zodiaque dont il étoit parti. Ceux qui s'occupent de l'Aſtronomie donnent à cette Période, qui comprend mil quatre cent ſoixante & un jours entiers, le nom d'ἀποκατάϛαϛις (2).

CHAPITRE VII.

MAIS je ſuis certain, P. Silvinus, qu'il y a longtemps que vous demandez tous bas, de quelle eſpece doit être cette vigne féconde, que nous décrivons avec tant de ſoin, & ſi nous entendons parler de quelqu'une de celles, qui ne paſſent pas communément pour être les plus fécondes. Car le plus grand nombre vante la *Biturica*, beaucoup

---

(2) C'eſt à-dire, *rétabliſſement*. Cette Période eſt formée ſur l'année Julienne, qui eſt de 365 jours & ſix heures, leſquelles heures donnent au bout de quatre ans un jour entier, pour compléter les 1461 jours marqués ici : mais quelle relation peut-il y avoir entre cette Période & la bonté des plantes ?

la *Spionia* (1), quelques-uns la *Basilica* (2) &
d'autres l'*Arcelaca* : & nous ne refusons pas effectivement nos éloges à ces especes de vignes, puisqu'elles rendent beaucoup de vin.
Mais la regle que nous nous proposons de donner, est de planter des vignes d'une telle espece,
qu'en ne rapportant pas de fruits moins abondans que les précédentes, elles soient en outre
d'un goût distingué, tel que celui des Amminées,
ou tout au moins d'un goût approchant. Je sçais
que presque tous les Agriculteurs sont en cela
d'un avis différent du mien, & qu'ils tiennent à
l'opinion ancienne, qui a prévalu sur le compte
des vignes Amminées, par laquelle on croit depuis longtemps, qu'elles sont affectées d'une stérilité naturelle dans ces pays-ci. Ceci nous force
donc à reprendre les choses de plus haut, & à confirmer par une multitude d'exemples notre méthode, qui se trouve condamnée par la négligence,
autant que par l'imprudence des cultivateurs,
afin de la tirer des ténebres de l'ignorance, qui
l'ont obscurcie, & de répandre sur elle le jour
pur de la vérité. C'est pourquoi il ne sera pas
hors de propos de nous occuper avant tout, de ce
qui paroît pouvoir faire revenir de cette erreur
devenue publique.

---

(1) Voy. la Note 16 du Chap. II.
(2) Voy. la Note 10. *Ibid.*

CHAPITRE VIII.

SI nous voulons donc, P. Silvinus, pénétrer par les yeux perçans de l'esprit jusqu'à la Nature des choses, nous trouverons qu'elle n'a établi, relativement à la fécondité, qu'une loi unique & égale pour les plantes, comme pour les hommes & les autres animaux, & qu'elle n'a point partagé ses faveurs particulieres à certaines Nations ni à certaines contrées, comme si elle eût voulu en priver totalement les autres. Il y a des Nations à qui elle a donné à la vérité la faculté d'engendrer une postérité nombreuse, comme, par exemple, les Egyptiens & les Africains (1), chez qui l'on voit très-fréquemment & presque habituellement les femmes accoucher de deux enfans à la fois; mais elle a voulu en même-temps qu'il se trouvât aussi en Italie des exemples d'une fécondité singuliere, témoins ces deux femmes d'Albe, de la famille des Curiaces (2), meres chacune

____

(1) Les anciens, & Pline entre autres, 7, 3, attribuoient cette fécondité aux eaux du Nil, dont l'effet, selon eux, se faisoit sentir non-seulement sur les terres, mais encore sur les femmes.

(2) Columelle nous apprend ici, & encore plus au commencement du Chapitre suivant, ce que les Historiens

de trois enfans à la fois. Elle a donné de l'éclat à la Germanie par ses armées composées d'hommes très-grands ; mais elle n'a pas absolument privé les autres Nations d'hommes qui eussent une stature éminente, puisque M. Tullius Cicéron (3) assure qu'il s'est trouvé un Citoyen Romain, nommé Nœvius Pollion, qui avoit un pied au-dessus des plus grands hommes (4), & que nous avons été nous-mêmes tout récemment à portée de voir dans la pompe des jeux du Cirque (5) un Juif de Nation, qui étoit d'une taille plus haute que celle du Germain le plus grand.

---

nous ont laissé ignorer, en nous racontant l'histoire des Horaces & des Curiaces, c'est que leurs meres respectives étoient sœurs, toutes deux filles d'un Citoyen d'Albe de la famille des Curiaces : l'une avoit par conséquent épousé un Curiace à Albe, & l'autre un Horace à Rome. Ainsi les Horaces & les Curiaces étoient cousins-germains par leur mere, qui étoit de la famille de ces derniers. On peut voir dans Tite-Live, Liv. I. la description du combat singulier de ces parens les uns contre les autres, dont l'avantage restant à un des Horaces, assura la domination à Rome sur Albe.

(3) Voy. la Note 12 de la Préf. Nous ne trouvons pas ce fait dans les ouvrages qui nous restent de cet Orateur, il est apparemment tiré d'un Livre qu'il avoit composé sur les choses merveilleuses, Livre que Pline cite 31, 2.

(4) Pline 7, 16, dit que l'on ne sçait point au juste de quelle grandeur il étoit, mais qu'on le regardoit comme un prodige, & qu'il pensa être étouffé par le concours du peuple, que la curiosité avoit attiré pour le voir.

(5) Voy. la Note 14 de la Préf.

Je passe aux bestiaux. La ville de Mevania est célebre par la grande corporence de ses bêtes de somme, comme la Ligurie l'est par la petitesse des siennes : cependant on voit à Mevania de petits bœufs, comme on voit quelquefois dans la Ligurie des taureaux d'une corporence remarquable. L'Inde passe pour surprenante par la grosseur de ses bêtes féroces : qui est-ce qui contestera cependant qu'il y en ait ici d'aussi grosses, puisque nous voyons des éléphans nés dans l'enceinte même de notre Ville ? Je reviens aux productions de la terre. On prétend que la Mysie & la Lybie sont fertiles en bled, sans cependant que les campagnes de l'Apulia & de la Campania manquent de récoltes riches : que le Tmole & le Coryce sont fameux par leurs fleurs de Safran, comme la Judée & l'Arabie le sont par l'excellence de leurs plantes odoriférantes, quoique notre Ville elle-même ne manque pas de ces sortes de plantes, puisque nous voyons déja venir en feuilles dans plusieurs de ses quartiers, la canelle (6) & l'arbrisseau qui produit l'encens, ainsi que nous y voyons des jardins fleuris de Mirrhe & de Safran. Ces exemples nous prouvent donc que l'Italie répond très-bien aux soins de ses habitans, puis-

---

(6) Si la canelle venoit à Rome même du temps de Columelle, comment Pline a-t-il pû l'ignorer & dire 16, 32, qu'elle ne venoit que dans les contrées Septentrionales de l'Italie ?

qu'elle s'eft habituée, moyennant l'application des cultivateurs, à porter les productions de prefque tout l'Univers, de façon qu'il doit nous refter encore moins de doute à cet égard, par rapport à un fruit qui eft comme natif de ce pays, & que l'on peut regarder comme étant propre à notre fol, & comme y ayant pris naiffance. Car il eft conftant que les vignes des cantons de Cecube, de Maffique, de Surrentum & d'Albe font, par l'excellence de leur vin, les premieres de toutes celles qui font fur la terre.

CHAPITRE IX.

PEUT-ÊTRE nos vignes n'ont-elles pas toute la fécondité qu'on pourroit leur defirer, mais l'induftrie d'un cultivateur peut les aider à l'acquérir. Car fi la nature, cette mere fi bienfaifante de toutes les productions en tout genre, a enrichi, comme je viens de le dire (1), chaque Nation & chaque contrée des dons particuliers qu'elle leur a faits, fans cependant en avoir privé abfolument les autres, pourquoi douterions-nous qu'elle eût fuivi auffi la même regle par rapport aux vignes? Pourquoi (en voulant que certaines efpeces d'entre elles, comme la *Biturica* ou la *Bafilica* (2)

(1) Dans le Chap. précédent.
(2) Voy. la Note 10 du Chap. II.

fuſſent plus particuliérement fécondes que d'autres) auroit-elle rendu les Amminées ſtériles, au
point que ſur pluſieurs milliers de ſeps, il ne
s'en pût pas trouver, même en très-petit nombre, qui fuſſent fécondes, comme il s'eſt trouvé
parmi les habitans de l'Italie des femmes fécondes, telles que ces ſœurs d'Albe dont nous
avons parlé (3)? Non-ſeulement le contraire eſt
vraiſemblable, mais même l'expérience nous en
a démontré la vérité, puiſque nous avons eu
en notre poſſeſſion des vignes Amminées, qui
avoient ce caractere de fécondité, tant dans le
canton d'Ardée, qui nous a appartenu jadis pendant un long eſpace de temps, que dans celui
de Carſeole & dans celui d'Albe : nous en comp-
tions à la vérité un très-petit nombre qui fuſſent
dans ce cas, mais auſſi leur fertilité étoit telle,
que chaque ſep rapportoit trois *Urna* de vin quand
il étoit attaché au joug, & dix *Amphora* (4) quand
il étoit en treilles. Au ſurplus, cette fécondité
que nous attribuons aux vignes Amminées, ne

---

(3) Voy. la Note 2 du Chap. précédent.

(4) L'*Amphora* étant de deux *Urna*, comment un ſep qui
ne produiſoit que trois *Urna* ſur le joug, pouvoit-il en produire vingt en treilles? J'avoue que la treille peut donner
plus que le joug aux branches d'un même ſep la facilité de
ſe développer, mais la proportion de vingt à trois me paroît
exceſſive. Nous avons déja ſouvent remarqué que les nombres
étoient très-fautifs dans nos Auteurs. Cet exemple prouve
qu'on ne peut les corriger ſans avoir le don de deviner.

doit

doit pas paroître incroyable : car comment Terentius Varron , & avant lui M. Caton (5) auroient-ils pû affurer que les anciens cultivateurs
retiroient de chaque *Jugerum* de vignes fix cent
Urnæ de vin, fi les Amminées, qui étoient prefque les feules que l'on connût alors , n'euffent
pas été fécondes? à moins que nous ne penfions
qu'ils aient cultivé des *Bituricæ* ou des *Bafilicæ*
(2) , quoique nous ne connoiffions que depuis
très-peu de temps ces dernieres, que nous avons
même tirées inconteftablement des provinces
éloignées , & quoiqu'il foit avoué comme un fait
certain même aujourd'hui, que les vignes Amminées font les plus anciennes de toutes. Si quelqu'un donc , après avoir éprouvé par plufieurs
vendanges des vignes Amminées, en trouvoit de
telles que les miennes , dont je parlois tout-à-
l'heure, & qu'il les diftinguât des autres pour en
tirer des mailletons qui feroient très-féconds , il
pourroit parvenir par ce moyen à faire des vignobles auffi bons que fertiles : car il n'eft point douteux que la nature elle-même n'ait voulu que les
enfans reffemblaffent à leur mere , ce qui a fait
dire à ce berger dans les Bucoliques (6) : *de mê-*
me que je fçavois que les petits chiens & les che-
vreaux reffembloient à leurs meres. C'eft pour cela

---

(5) Voy. le Chap. II. de l'Economie rurale de Varron ,
Liv. I.

(6) Tityre. Eglogue I. des Bucoliques de Virgile.

que ceux qui s'adonnent aux combats Sacrés (7)
conservent avec le plus grand scrupule la race des
chevaux d'attelage les plus légers, parce qu'ils se
flattent de l'espérance de remporter des victoires,
en multipliant la progéniture des plus excellens
animaux. Ainsi fondons l'espérance d'une vendange abondante sur le choix du plant tiré des vignes
Amminées les plus fertiles, de même que l'on
fonde l'espérance de la victoire sur le choix des
races issues de jumens qui ont été victorieuses
dans les jeux Olympiques (8); & ne nous dé-
sistons pas de ce projet sous le prétexte que son
exécution demandera un temps considérable,
puisqu'elle ne souffrira pas d'autre retard, que
celui qu'entraînera nécessairement l'épreuve d'un
sep, & que dès qu'on se sera assuré de sa fécondité, on l'aura bientôt multiplié par la voie de la
greffe : c'est un fait certain, & dont vous pouvez
rendre témoignage, vous, sur-tout, P. Silvinus,
qui devez vous rappeller très-bien que j'ai peuplé
deux *Jugera* entiers de vignes en deux ans, avec
les greffes que m'avoit fournies une seule vigne

---

(7) On comptoit quatre de ces combats Sacrés chez les Grecs :
ceux de Nemée institués en l'honneur d'Archemorus, les Py-
thiens en l'honneur d'Apollon, les Istmiques en l'honneur de
Palæmon ou de Melicerte, & les Olympiques en l'honneur de
Jupiter, ou, selon d'autres Auteurs, institués par Hercule
en l'honneur de Pelops un de ses ancêtres maternels.

(8) Ces jeux se célébroient tous les cinq ans à Pise en
Grece.

hâtive que vous possédiez dans la Ceretania ;
combien en effet vous imaginez-vous que l'on auroit pû enter de vignes dans le même espace de
temps, avec les mailletons qu'auroient pû fournir
ces deux *Jugera*, puisqu'ils n'étoient eux-mêmes
que le résultat d'un seul sep? Si donc, ainsi que
je l'ai dit, nous voulons y apporter du soin, &
ne point ménager notre peine, nous formerons
aisément, par la voie que je viens de prescrire,
des vignes Amminées aussi fertiles que le peuvent
être les *Bituricæ* ou les *Basilicæ* (2) : il suffira pour
cela d'avoir l'attention, en transférant le plant, de
ne le point mettre sous un climat différent de celui où il étoit auparavant, ni dans un terrein d'une
autre nature, & de le maintenir dans l'habitude à
laquelle il étoit fait, parce qu'ordinairement un
sep dégénere, lorsque la situation du terrein ou la
température de l'air lui sont contraires, de même
que si on le tire d'auprès d'un arbre pour l'attacher au joug. C'est pourquoi nous le transfé-
rerons d'un lieu froid dans un lieu froid, d'un
lieu chaud dans un qui le soit pareillement, &
d'un plant de vigne dans un autre de la même
nature. Cependant les seps de raisin Amminée
sont plus en état de supporter un climat chaud
au sortir d'un froid, que d'en soutenir un froid
au sortir d'un chaud, parce que toutes les especes de vignes, & sur-tout celle-là, aiment naturellement mieux la chaleur que le froid. Mais la
qualité du sol est aussi très-intéressante, & il faut

toujours transférer le plant d'un sol maigre ou médiocre dans un meilleur. Car une plante accoutumée à un terrein gras, ne peut absolument se faire à la maigreur d'un autre, à moins qu'on ne le fume fréquemment. Voilà les préceptes généraux, que nous avions à donner relativement à l'attention avec laquelle on doit choisir les mailletons. Maintenant voici un précepte particulier, pour les choisir non-seulement sur une vigne très-féconde, mais encore sur la partie la plus féconde de cette vigne.

CHAPITRE X.

LE plant le plus fertile n'est pas, comme les anciens Auteurs l'ont dit, l'extrémité de ce qu'on appelle la tête de la vigne, c'est-à-dire, ses derniers fouets & les plus allongés : car c'est encore un point sur lequel les Agriculteurs se trompent. La premiere cause de leur erreur est la beauté & la multitude des grappes, que l'ont voit ordinairement sur les sarmens les plus allongés d'une vigne, quoiqu'on ne doive pas s'y laisser tromper, puisque cela ne provient point d'une fertilité qui soit naturellement inhérente à cette branche, mais de l'avantage de sa position, parce que tout le suc & toute la nourriture ne font que glisser légérement sur les autres parties du tronc,

jusqu'à ce qu'ils soient parvenus à son extrémité.
En effet tous les alimens des plantes sont attirés
comme une espece d'ame végétante vers leurs
parties supérieures, par l'effet d'une transpiration
naturelle qui se fait à travers la moëlle du tronc,
comme à travers un de ces siphons que les Ma-
chinistes appellent *Diabetes* (1), & lorsqu'ils y
sont parvenus, ils s'y arrêtent & s'y consument.
C'est pour cela que les sarmens les plus forts d'un
sep sont ceux qui sortent ou de sa tête, ou de
la partie de son pied la plus voisine de ses racines. Aussi ces derniers sarmens qui sortent du
bois dur, ont-ils trouvé des approbateurs dans
ceux qui cherchent des mailletons, & cela par deux
raisons, parce qu'ils n'ont point de fruit (2), &
parce qu'ils sont nourris du suc le plus voisin de
la terre, & par conséquent le plus entier & le plus
pur. On approuve aussi ceux de l'extrémité supérieure, comme étant fertiles & robustes, par
la raison qu'ils sortent d'une partie tendre de la
vigne, & qu'ainsi que je le disois à l'instant,
toute la nourriture qui est parvenue jusqu'à eux,
ne se distribue plus ailleurs (3), au lieu qu'on

____

(1) De διαβαίνω, qui veut dire, *passer à travers*.

(2) Et que par conséquent celui qui prend des mailletons
sur une vigne, ne croit point devoir les épargner, comme il
croit devoir épargner ceux qui ont des boutons.

(3) Columelle pense donc qu'une fois que le suc de la
plante est parvenu à son extrémité, il s'y arrête & ne se
partage plus : systême contraire à celui de la circulation.

regarde comme les plus maigres, ceux qui se trouvent entre les uns & les autres, parce que le suc ne fait que les effleurer, étant intercepté en partie par les sarmens de dessous, & attiré en partie par ceux de dessus. Il ne faut donc pas regarder comme intrinsequement féconds, les fouets des extrémités soit supérieures, soit inférieures, quand même ils rapporteroient beaucoup de fruits, puisqu'ils ne le feroient que parce qu'ils y seroient forcés par leur position; & les sarmens qui doivent passer pour tels, sont bien plutôt ceux qui étant au milieu de la vigne, ne sont point néanmoins stériles, quoique dans une mauvaise position, & qui font preuve de leur bonté par l'abondance de leurs fruits. Le plant pris de cette partie dégénere rarement après qu'il est transféré, parce qu'il trouve infailliblement alors une meilleure position au sortir d'une mauvaise. En effet, ou on le dépose dans une terre labourée au *Pastinum* (4), ou on le greffe sur un tronc de vignes, & dans tous les deux cas il trouve toujours une nourriture plus abondante que celle qu'il avoit par le passé, puisqu'il en manquoit absolument. Ainsi nous observerons de prendre le plant dans les parties que nous venons de désigner, auxquelles les Paysans donnent le nom d'*humerosi* (5), pourvu cependant que nous ayons

---

(4) Voy. la Note 1 du Chap. XV. Liv. II.

(5) D'*humerus*, *épaule*. Ressemblance tirée du corps de l'homme auquel notre Auteur compare souvent la vigne.

vû précédemment ces parties porter du fruit.
Car, s'il arrivoit qu'elles n'en eussent point porté, quoiqu'elles soient à la vérité celles que l'on
doive rechercher dans la vigne, nous ne croyons
pas néanmoins que ce fût une raison suffisante
pour assurer la fertilité du mailleton qu'on y
prendroit. C'est pourquoi rien n'est plus faux que
l'opinion de ces Agriculteurs, qui pensent qu'il
n'est pas important d'examiner combien de grappes a porté un sarment, pourvu qu'il soit pris
sur une vigne fertile, & qu'il ne soit point de
ceux qui sortent du bois dur, & que l'on appelle
des sarmens *pampinaria* (6). Cette opinion qui
provient de l'ignorance dans le choix du plant,
est cause que les vignes commencent par être peu
fécondes, & qu'elles finissent par devenir absolument stériles. Qui est-ce en effet qui, depuis
la longue suite d'années qui se sont écoulées jusqu'à nous, s'est avisé de donner à un Agriculteur
un ordre conforme à ce que nous venons de dire,
en l'envoyant choisir des mailletons ? Il y a plus;
qui est-ce qui ne commet pas ce soin précisément
aux gens les plus ignorans, & à ceux qui sont
incapables de faire toute autre besogne ? Aussi
cet usage est-il cause que cette opération, qui est
cependant une des plus importantes, est toujours

---

(6) C'est-à-dire, qui ne rapportent que des pampres sans
fruit, ou autrement des drageons qui sortent du tronc.

faite par les plus imprudens & les plus nonchalens de tous les hommes, parce qu'ainsi que je le disois tout-à-l'heure, on députe à cette fonction l'homme le plus inutile que l'on puisse trouver, & celui qui est incapable de supporter tout autre travail ; d'où il arrive que, quand un tel homme auroit quelques connoissances sur le choix des mailletons, il les déguise ou ne les met point en usage par nonchalance, qu'il ne se pique d'aucune attention ni d'aucun scrupule, pourvu qu'il vienne à bout de completter la quantité de mailletons, que le Métayer lui aura ordonné de choisir, & qu'enfin il n'a en vue que de remplir la tâche qui lui est imposée, ce à quoi il parvient d'autant plus aisément, que, quand il s'est agi de l'instruire, ses maîtres, pour lui donner la facilité de suivre leurs préceptes, se sont bornés à lui prescrire de ne point arracher les sarmens sortis du bois dur (6), mais de prendre le plant dans tout le reste du sep. Pour nous, nous suivons un usage que la raison nous avoit dicté, & que l'expérience a confirmé depuis, c'est-à-dire, que nous ne choisissons pas d'autre plant, & que nous ne pensons pas même qu'il y en ait d'autre fructifiant, que celui qui, placé dans la partie de la vigne destinée à sa reproduction, y a porté du fruit. Car celui qui, placé dans une partie stérile, s'est montré ou fertile ou robuste quoique sans fruits, n'a qu'une apparence trompeuse de fécondi-

té, fans avoir réellement la faculté de fe reproduire. La raifon nous démontre la vérité inconteftable
de cette propofition, fi nous admettons une fois
que toutes les parties des plantes qui produifent
des fruits, ont chacune des fonctions qui leur
font fpécialement affectées, de la même maniere
que chaque membre de notre corps a fes fonctions particulieres. Nous voyons en effet que
l'ame a été foufflée dans l'homme, comme pour
conduire & diriger fes membres ; que fes fens
lui ont été départis pour difcerner les objets de
recherche du tact, de l'odorat, de l'ouie & de la
vue ; que les pieds ont été mis à la place qu'ils
occupent pour marcher, comme les bras à la leur
pour embraffer ; que, fans m'étendre ici plus
que de raifon dans les détails des fonctions de
tous nos membres, les oreilles ne peuvent rien
faire de ce qui eft du diftrict des yeux, comme
ceux-ci ne peuvent rien faire de ce qui eft du
diftrict des oreilles ; que de même la faculté d'engendrer n'a pas été donnée aux mains ni aux
pieds, mais que le Pere de l'univers, voulant que
cette faculté fût hors de la portée des hommes,
l'a cachée dans l'intérieur du ventre, afin que ce
fût comme en fecret & à couvert, que cet Eter-
nel Créateur des Etres, doué d'une raifon Divi-
ne, pût s'occuper, pour ainfi dire, à mêlanger
dans certains lieux cachés du corps, les élémens
facrés de l'efprit qui nous anime, avec les principes terreftres de notre conftitution, pour former

par-là cette machine animée. Il a suivi la même
loi pour la formation des bestiaux & des plantes,
comme pour celle des différentes especes de vignes : en effet la Nature, qui est la mere de toutes ces différentes especes de vignes, a commencé par jetter en terre leurs racines, pour servir,
pour ainsi dire, de fondemens sur lesquels elles se
tiendroient comme sur des pieds, ensuite elle a
posé leur tronc par-dessus, comme pour leur former une certaine stature de corps & une certaine
contenance, après quoi elle a étendu leurs branches de côté & d'autre comme autant de bras,
dont elle a fait sortir en guise de mains des tiges
& des pampres, en donnant aux uns la vertu de
porter des fruits, & en se contentant de couvrir
les autres de feuilles, qui servissent à protéger &
à défendre ces fruits. Si donc parmi tous ces membres nous ne choisissons pas, ainsi que nous l'a-
vons dit ci-dessus, ceux qui étant destinés à la
génération (7), sont chargés de fruits & de semence, mais que nous nous en tenions à ceux qui
ne servent, pour ainsi dire, qu'à les couvrir & à les
ombrager, & qui sont sans fruit, nous ne travail-
lerons qu'à nous procurer de l'ombrage, & non
pas à parvenir à la vendange. En ce cas-là, on me
demandera pourquoi, si ma comparaison est juste,

---

(7) Notre Auteur, par une suite de cette comparaison, les
avoit appellés les reins de la vigne dans sa premiere édition.
Voy. le Chap. III. *de arbor.*

je condamne un pampre, quoiqu'il ne sorte pas
du bois dur mais d'une branche tendre, par la
raison qu'il n'a pas de fruit, comme s'il n'en devoit jamais avoir même par la suite ? puisqu'on
peut conclure du raisonnement que je faisois
tout-à-l'heure, que de même que chaque partie
du corps à une fonction particuliere qui ne convient point aux autres, un mailleton né dans
une partie favorable de la vigne, doit de même
avoir la faculté d'engendrer, quoique quelquefois il ne montre point de fruits. Je ne désavoue
pas que tout mon raisonnement n'ait été fondé
sur cette comparaison. Mais malgré cet aveu, je
déclare hautement que lorsqu'une branche ne
rapporte point de fruits, quoiqu'elle soit née
dans une partie de la vigne destinée à en rapporter, elle n'a pas même la puissance de se reproduire : & cela ne contredit pas ma comparaison. Car il est évident qu'il se trouve également
des hommes, qui n'ont pas la puissance d'engendrer, quoiqu'il ne leur manque aucun membre,
de sorte qu'il est très-croyable qu'une branche
qui n'a pas de fruits n'en produira jamais, quoiqu'elle soit sortie d'une partie de la vigne destinée à sa reproduction. C'est pour cela que les
Agriculteurs, pour en revenir à leur usage, donnent à ces branches qui n'ont rien produit, le
nom de *Spadones* (8), ce qu'ils ne feroient pas,

---

(8) *Eunuques* ou *impuissans*, différens néanmoins de ceux

s'ils ne les foupçonnoient pas d'être incapables d'en produire. C'eft même cette dénomination qui m'a fuggéré la méthode de ne pas choifir des mailletons qui n'auroient pas produit de fruits, quoiqu'ils fuffent fortis d'une partie louable de la vigne, quoique je fçuffe auffi-bien qu'un autre que de pareils mailletons ne font pas abfolument ftériles; puifque j'avoue que les pampres même, qui font fortis du bois dur, acquierent la fécondité la feconde année, & que c'eft pour cela qu'on les taille en courfons, afin qu'ils puiffent reproduire. Mais auffi j'ai remarqué que les fruits qu'ils donnent, ne font pas tant leur ouvrage que celui de leur mere : car comme ils tiennent à une branche, qui eft naturellement fertile, ils ne s'habituent peu-à-peu à porter du fruit, qu'en partageant les alimens & la femence féconde de leur mere, & en tenant, pour ainfi dire, au fein qui les nourrit : au lieu qu'une branche qui aura été arrachée avant d'être à fon point & avant d'avoir atteint, pour m'exprimer ainfi, l'âge de puberté fixé par la nature, n'eft pas propre, vû qu'elle eft comme en enfance, je ne dis pas à la conception, mais même au coït, foit qu'on l'infere fur un tronc ou dans une autre branche fendue à cet effet, foit qu'on la mette en terre, & dès-là elle perd totalement la faculté d'en

---

æuxquels on a retranché les parties de la génération. Voy. le §. 9. du Titre XI. des Inftit. de Juftinien.

gendrer, ou du moins cette faculté s'altere chez elle. C'est pourquoi je suis fort d'avis que l'on s'attache en choisissant le plant, à prendre sur une partie féconde de la vigne des branches, qui répondent d'avance de leur fécondité future par les pleins fruits qu'elles auront eus. Ne nous contentons pas cependant de celles qui auront rapporté chacune leur grappe, mais préférons surtout celles qui se seront fait distinguer par la plus grande abondance de fruits. Ne louerions - nous pas un Berger qui s'attacheroit à avoir de la race des bêtes, qui auroient mis bas deux petits à la fois, comme un Pasteur qui donneroit à ses chevres des boucs nés de meres qui se seroient rendues recommandables, pour avoir mis bas trois petits à la fois ; or nos éloges ne pourroient être fondés que sur ce que les petits sont présumés devoir toujours répondre à la fécondité de leurs parens. Suivons donc aussi cette méthode dans les vignes, d'autant plus que nous sommes assurés par l'expérience, que les semences éprouvées avec le plus grand soin, ont néanmoins quelquefois de la disposition à dégénérer par une malignité qui leur est comme naturelle : c'est ce que le Poëte (9) cherche à nous inculquer, comme si nous étions sourds à la vérité, lorsqu'il dit : *J'ai vû que des semences choisies depuis long-temps, & éprouvées avec le plus grand soin, finis-*

______

(9) Virgile, Liv. I. des Géorg.

soient par dégénérer, à moins que la prudence humaine ne fît un choix toutes les années des plus fortes d'entre elles, tant il est écrit dans le destin que tout empire & décline en rétrogradant : car on doit supposer qu'il n'a pas entendu parler seulement des graines des légumes, mais des semences de toutes les autres parties de l'Agriculture. Si des observations, suivies pendant un long espace de temps, nous ont fait découvrir, comme cela est certain, que des mailletons qui avoient été chargés de quatre grappes de raisin, lorsqu'ils tenoient à leur mere, avoient dégénéré de cette fécondité, après en avoir été séparés pour être déposés en terre, au point d'en rapporter quelquefois une & souvent deux de moins; combien, à plus forte raison, devons-nous croire que ceux qui n'auront porté que deux grappes ou peut-être une seule, lorsqu'ils étoient attachés à leur mere, seront dans le cas de dégénérer, puisque les plus fertiles redoutent souvent eux-mêmes cette séparation? Aussi avouerai-je franchement que je suis plutôt le démonstrateur de la méthode que je propose ici, que je n'en suis l'inventeur, afin que personne ne s'imagine que je veuille dérober à nos ancêtres les éloges qui leur sont dûs. Car il est constant qu'ils ont été dans les mêmes sentimens que moi sur cet objet, quoiqu'on n'en trouve aucun vestige dans d'autres écrits, si ce n'est dans les vers de Virgile (9) que nous venons de citer, & qu'encore ce Poëte ne semble les appliquer qu'aux graines des légumes. En effet, comment auroient-ils rejetté la branche sortie du bois dur, ou même la fleche d'un mailleton fécond, quoiqu'ils euffent approuvé le mailleton lui-même, s'ils euffent crû que la partie de la vigne, dans laquelle on devoit choisir le plant, étoit une chose indifférente. Mais le vrai de la chose est, qu'ils n'ont condamné très-prudemment les branches sorties du bois dur, ainsi que les fleches des mailletons, comme inutiles à la plantation, que parce qu'ils étoient convaincus que la faculté de se reproduire étoit inhérente à certains membres, pour ainsi dire, de la vigne. Si cela est ainsi, il n'y a point de doute qu'ils n'aient encore beaucoup plus défapprouvé les branches qui, quoique nées dans une partie fructifiante de la vigne, n'avoient point de fruit. En effet, s'ils croyoient ne devoir faire aucun cas de la fleche, c'est-à-dire, de l'extrémité supérieure du mailleton, quoiqu'elle fît elle-même partie d'une branche fructifiante, à combien plus forte raison devons-nous conclure par une suite de raisonnement, qu'ils défapprouvoient un fouet, fût-il pris sur la meilleure partie de la vigne, lorsqu'il étoit stérile? à moins cependant qu'ils ne se fuffent imaginé (ce qui feroit abfurde) qu'un fouet, qui n'auroit rien valu dans le temps qu'il tenoit à sa mere, devenoit fertile, quand il en étoit féparé pour être transporté ailleurs, & qu'il se trouvoit privé de la nourriture de sa mere.

Nous avons traité cet article peut-être en plus de
paroles, que n'en exigeoit la nécessité de défendre la cause de la vérité, mais cependant nous
en avons encore moins dit qu'il n'en falloit, pour
détruire l'opinion fausse & invétérée des Paysans
sur cette matiere.

CHAPITRE XI.

MAINTENANT, pour suivre l'ordre que j'ai annoncé, je passe aux autres articles de ce traité.
Après l'attention que je viens de prescrire dans
le choix des mailletons, vient l'opération qui
consiste à retourner la terre au *Pastinum* (1), pourvu cependant que préalablement on se soit assuré
de sa qualité : car il est certain que la qualité de
la terre contribue beaucoup elle-même à la bonté, ainsi qu'à l'abondance des fruits. Ainsi, avant
d'examiner ce genre de culture, nous croyons
qu'il est très-important de choisir, si on est à même de le faire, une terre en friche, préférablement à celle qui auroit déja porté des moissons,
ou nourri des arbres mariés à des vignes. Car
quant aux vignobles qui sont détruits par le laps
de temps, tous les Auteurs conviennent que si on

---

(1) Voy. la Note 1 du Chap. XV. du Liv. précédent.

recommençoit

recommençoit à les planter en vignes, ils ne réuſ-
ſiroient jamais, parce que l'intérieur de leur ſol
ſe trouve comme empêtré dans des filets formés
par la multitude de racines qui l'embarraſſent,
outre qu'il eſt impregné de ce venin & de cette
moiſiſſure qu'imprime la vieilleſſe, dont l'eſpece de poiſon émouſſe la terre & l'engourdit.
C'eſt pour cela qu'il faut plutôt choiſir un terrein ſauvage; & quand même il ſeroit embarraſſé
par des broſſailles ou par des arbres, il ſeroit toujours aiſé de l'en débarraſſer, parce que toute
production qui vient de ſoi-même, ne jette pas
de racines bien profondes, mais qu'elle les éparpille ſur la ſuperficie de la terre, de ſorte que,
pour peu qu'on les coupe avec le fer ou qu'on les
arrache à la main, il ſera aiſé de retourner avec
le hoyau le peu qui en ſera reſté dans l'intérieur
du ſol, & de l'amaſſer en tas pour ſervir à faire
fermenter la terre. Si cependant l'on n'a point de
terrein en friche, le meilleur dont on pourra ſe
ſervir enſuite, ſera un terrein dégarni d'arbres :
au défaut de ce dernier on deſtinera aux vignes
un verger où les arbres ſoient rares, & un plan
d'oliviers auxquels il n'y ait point eu de vignes
mariées (2). Le plus mauvais, comme je l'ai dit,

---

(2) Quoique l'olivier ne ſoit pas compris entre les arbres
que cite Columelle par la ſuite, auxquels on peut marier
la vigne, on voit cependant par Pline 17, 23, que les anciens la marioient à cet arbre, pourvu qu'il ne donnât pas
trop d'ombrage.

Q

est celui qui étoit habitué précédemment à porter des vignes. Si néanmoins l'on est contraint par la nécessité d'en employer un de cette nature, il faut auparavant en extirper tous les seps sans en laisser un seul, puis le fumer en entier avec du fumier sec, ou, si l'on n'en a point, avec toute autre espece de fumier, pourvu qu'il soit le plus nouveau que faire se pourra, & ensuite le retourner & amasser sur la superficie de ce terrein toutes les racines que l'on aura arrachées avec soin, pour les y brûler : enfin le recouvrir avec profusion après l'avoir labouré au *Pastinum* (1), soit de vieux fumier, parce qu'il n'engendre point d'herbes, soit de terre rapportée prise dans des buissons. Mais lorsqu'on a des terres en friche dégarnies d'arbres, il faut examiner, avant de les labourer au *Pastinum* (1), si elles sont propres à produire des arbrisseaux ou non : c'est ce qu'on reconnoîtra très-aisément à la seule inspection des plantes qui y seront venues d'elles-mêmes, puisqu'il n'y a point de sol, si dégarni de plantes qu'on le suppose depuis long-temps, qui ne produise quelques arbrisseaux, tels que des poiriers sauvages, des pruniers ou au moins des ronces : car, quoique ces plantes soient des especes d'épines, elles sont cependant ordinairement fortes, d'une belle venue & couvertes de fruits. C'est pourquoi, si l'on s'apperçoit que ces plantes ne soient point desséchées ni galeuses, mais qu'elles soient au contraire lisses, propres & hautes, on jugera que la

terre qui les porte sera propre à nourrir des arbrisseaux. Au surplus ces observations sont générales
& s'appliquent à toute espece d'arbrisseau, au lieu
que voici ce qu'il faut examiner, comme je l'ai dit
ci-dessus, pour juger si un terrein est bon spécia-
lement pour les vignes ; c'est si la terre en est
molle & médiocrement friable, telle que celle
que nous avons dit que l'on appelloit *Pulla* (3),
non pas que cette terre soit absolument la seule
qui soit propre aux vignobles, mais parce que
c'est celle qui l'est le plus. Quel est en effet l'A-
griculteur, fût-il des plus minces, qui ignore que
le tuf (4) le plus dur & le charbon (5), pour peu
qu'ils aient été broyés & entassés sur la superfi-

---

(3) *Noirâtre.* Voy. le Chap. X. du Liv. II. Ce mot de
pulla employé par Caton, Chap. CLI. de son Economie
rurale, & par d'autres Auteurs, peut à la vérité s'appliquer à
une terre *noirâtre* : mais aussi il pourroit très-bien ne s'entendre que d'une terre douce & molle, sans aucun égard à sa
couleur. En effet, Pline 17, 5, oppose la terre qu'il appelle
vieille, anus, eu égard à ses vices, à la terre tendre qu'il
appelle *pulla* : par conséquent il y a lieu de croire que le
nom de *pulla* ne lui vient pas tant de sa couleur, que de
sa mollesse & de sa *tendreté, teneritudo,* pour me servir
de l'expression de Varron, Chap. XXXVI. de l'Economie
rurale, Liv. I. qualités qui lui donnent l'apparence de la
jeunesse, & qui la distinguent de celle que Pline appelle
anus.

(4) C'est une espece de pierre molle & friable.

(5) Voy. dans le Chap. IX. de l'Economie rurale de Varron, Liv. I. ce que c'est que ce charbon.

cie du fol, s'amolliffent & fe réduifent en pouffiere par les mauvais temps & les gelées, ainfi que
par les chaleurs de l'Eté, & qu'ils raffraîchiffent
très-bien les racines de la vigne pendant l'Eté, en
même-temps qu'ils ne laiffent point évaporer le fuc
de la terre; deux points très-effentiels pour nourrir
les arbriffeaux. Par la même raifon on approuve
auffi le gravier bien menu & les champs pleins de
gros fable & de pierres mouvantes, pourvu cependant qu'il s'y trouve de la terre graffe mêlée
parmi, autrement on les rejette abfolument. Le
caillou même (fuivant mon opinion) n'eft pas
moins ami de la vigne, pourvu qu'il foit un peu
recouvert de terre, parce qu'étant frais & confer-
vant bien l'humidité, il n'en laiffe pas deffécher
les racines au lever de la Canicule. Hyginus (6)
affure auffi d'après Trémellius (7), & je n'en dif-
conviens point moi-même, que le pied des montagnes couvert de la terre qui s'eft écroulée du
haut, de même que les vallées exhauffées par les
terres que les fleuves & les inondations y ont
apportées, font des terreins particuliérement bons
pour les vignes. La terre remplie d'argille paffe
pour être bonne à la vigne : car pour l'argille pure
dont fe fervent les Potiers, & que quelques perfonnes appellent *Argilla* , elle leur eft très-con-
traire, ainfi que le fable qui n'eft mêlé d'aucune

---

(6) Voy. laNote 31 du Chap. I. Liv. I.
(7) Voy. la Note 50 de la Préf.

bonne terre, & en général, comme dit Julius Atticus, tout ce qui est capable de dessécher les arbrisseaux, c'est-à-dire, les terreins très-humides, salés, amers, secs & brûlés. Cependant les anciens ont approuvé le sable noir ou rouge, qui sont mêlés d'une terre humide ; mais pour les terres où il se trouve du charbon (6), ils ont déclaré qu'elles maigrissoient la vigne, à moins qu'on ne les aidât avec du fumier. La terre rouge, comme dit le même Atticus, est épaisse & peu propre à laisser un passage libre aux racines ; mais une fois qu'elle leur a livré passage, elle nourrit très-bien la vigne : il est vrai qu'elle est plus difficile à cultiver qu'une autre, puisqu'on ne peut la labourer ni quand elle est humide, parce qu'elle est alors trop gluante, ni quand elle est trop seche, parce qu'elle est alors excessivement dure.

CHAPITRE XII.

MAIS, pour ne pas nous jetter ici dans le détail de toutes les sortes de terreins dont le nombre est infini, il ne sera pas hors de propos de rapporter une espece de formule qu'a donnée Julius Græcinus (1), & d'après laquelle se trouvent

(1) Voy. la Note 33 du Chap. I. Liv. I.

fixées les limites entre lesquelles sont comprises les terres qui sont bonnes pour les vignes. Car voici ce que dit cet Auteur : qu'il y a des terres chaudes ou froides, humides ou seches, dilatées ou épaisses, légeres ou pesantes, grasses ou maigres ; mais qu'un terrein trop chaud ne peut pas souffrir de vignes, parce qu'il les brûle, non plus qu'un terrein très-froid, parce qu'il ne laisse point aux racines qui sont gelées & comme engourdies par le trop grand froid, la faculté de s'etendre, ni un terrein humide, parce que, dès que les vignes viennent à pousser, la moindre chaleur leur fait tirer de terre plus d'humidité qu'il ne leur en faut, & que cette humidité les pourrit. Il dit encore que d'un autre côté la trop grande sécheresse laisse manquer les plantes de leur nourriture naturelle, ou qu'elle les fait absolument périr, ou enfin qu'elle les rend galleuses & desséchées ; que la terre trop épaisse ne boit pas la pluie & ne reçoit pas facilement les influences de l'air, qu'elle se fend très-aisément & donne lieu par là à des crevasses, à travers lesquelles le Soleil pénetre jusqu'aux racines des plantes, qu'enfin elle comprime & étrangle, par la même raison, les plantes qui y sont comme en prison & resserrées ; que celle qui est dilatée outre mesure laisse passer les pluies comme à travers un entonnoir, outre que le Soleil & le vent la tarissent & la dessechent entiérement; que la terre épaisse ne cede presque à aucune culture, & que la légere ne peut

être affermie presque par aucune ; que celle qui
est très grasse & très-abondante péche par son
trop de fertilité, comme la maigre & la mince
par son peu de suc. Il faut, ajoute-t-il, qu'il se
trouve un grand tempéramment entre toutes ces
especes de terres, variées comme elles le sont, &
que ce tempéramment soit tel que celui qui n'est
pas moins à desirer pour nos corps, dont la bonne
santé ne se soutient que par une mesure compassée,
pour ainsi dire, de chaud & de froid, d'humide
& de sec, d'épais & de dilaté. Il convient cependant que ce tempéramment ne doit pas être au
même point d'équilibre dans la terre destinée
aux vignes, qu'elle doit l'être dans nos corps ;
mais il veut que la balance panche plus d'un côté
que de l'autre, comme, par exemple, que cette
terre soit plus chaude que froide, plus seche
qu'humide, plus dilatée qu'épaisse, & ainsi des
autres qualités semblables, vers lesquelles celui
qui forme des vignobles doit diriger son attention : toutes qualités qui, selon mon avis, seront
plus profitables encore, si elles sont aidées de la
température du climat. Il s'est élevé à cette occasion une dispute parmi les anciens sur le côté du
ciel, vers lequel doivent être tournées les vignes : Saserna (2) approuve en premier lieu le côté
du Lever du Soleil, ensuite le Midi, puis le Cou-

---

(2) Voy. la Note 29 du Chap. II. de l'Economie rurale de
Varron, Liv. I.

chant. Trémellius Scrofa (3) prétend que la position du Midi est la meilleure. Virgile (4) rejette positivement celle du Couchant en ces termes : *que vos vignobles ne soient point exposés au Soleil couchant.* Démocrite (5) & Magon approuvent le Septentrion, parce qu'ils pensent que les vignes qui sont tournées de ce côté du ciel, sont les plus fertiles, quoique à la vérité leur vin ne soit pas le meilleur. Pour nous, il nous a semblé qu'il seroit mieux de prescrire en général que les vignobles fussent exposés au Midi dans les lieux froids, & à l'Orient dans les lieux chauds, pourvu cependant que ces lieux ne fussent pas infestés par les vents du Midi ou par ceux du Sud-Est, comme le sont les côtes maritimes de la Bétique : car, dans le cas où le pays seroit sujet à ces vents, il vaudroit mieux les tourner au point du Ciel d'où souffle le vent Aquilon ou le vent *Favonius* (6). Quant aux provinces brûlantes, telles que l'Egypte & la Numidie, on ne peut y exposer les vignes qu'au Septentrion. Lorsque ces points auront été tous bien examinés, nous en viendrons enfin à labourer la terre au *Pastinum* (7).

---

(3) Voy. la Note 50 de la Préf.

(4) Voy. la Note 25 *ibid.* Liv. II. des Géorg.

(5) Voy. la Note 23 du Chap. I. de l'Economie rurale de Varron, Liv. I.

(6) Voy. la Note 6 du Chap. VI. de l'Economie rurale de Caton.

(7) Voy. la Note 1 du Chap. XV. Liv. II.

CHAPITRE XIII.

IL faut donner la méthode de cette culture, tant aux Agriculteurs qui se proposent de cultiver la vigne à la mode d'Italie, qu'à ceux qui se proposent de la cultiver à la mode des Provinces; car pour ce qui est des contrées éloignées, on n'y connoît pas cette façon de retourner le terrein en le labourant, mais on y plante communément les vignes dans des fosses ou dans des tranchées. Voici comme on les plante dans des fosses. Ceux qui sont dans l'usage de planter leurs vignes dans des fosses, commencent par fouiller le terrein à deux pieds de profondeur, sur une longueur d'environ trois pieds, & sur la largeur déterminée par celle de l'instrument dont ils se servent; après quoi ils étendent de côté & d'autre des mailletons, de façon que les racines en soient vers le milieu de la fosse, & que les extrémités, après avoir fait un coude, se relevent à ses deux bouts, ensuite ils recouvrent le tout de terre, à l'exception de deux yeux qu'ils laissent hors de terre, & enfin ils applanissent le terrein. Ils recommencent la même opération, en laissant entre la seconde fosse & la premiere un intervalle de la même longueur que la fosse même, sans le labourer (1),

---

(1) De cette façon les seps sont à trois pieds de distance

& continuent toujours fur la même ligne, jufqu'à ce qu'ils aient fini une rangée. Enfuite ils laiffent, entre cette rangée & celle d'à côté, un intervalle tel que le requiert l'ufage où chacun eft de cultiver les vignes, foit à la charrue, foit au hoyau, & recommencent une feconde rangée qu'ils achevent de la même façon. Si l'ufage eft de bêcher fimplement la terre, le moindre intervalle qu'il faut laiffer entre chaque rangée, doit être de cinq pieds, & le plus grand de fept; mais fi l'on fe fert de bœufs & de charrues, le moindre fera de fept pieds, & il fera fuffifamment grand à dix. Il y en a cependant qui difposent le plan en quinconce de dix pieds d'intervalle en tout fens, afin de pouvoir labourer la terre, comme on laboure les novales, tant en ligne droite qu'en travers. Cette derniere façon de difposer un vignoble ne fait pas le profit du cultivateur, fi ce n'eft dans les pays où, le fol étant très-fertile, la vigne prend beaucoup d'accroiffement en tout fens. Mais ceux qui redoutent les frais de la culture au *Paftinum* (2), & qui veulent cependant s'en rapprocher en quelque partie, forment des tranchées de fix pieds de largeur, en laiffant entre cha-

---

les uns des autres, puifqu'il fe trouve trois pieds d'intervalle entre le bout d'une foffe & celui de la fuivante, comme entre les deux bouts de la même foffe, & qu'ils font relevés aux deux bouts des foffes.

(2) Voy. la Note 1 du Chap. XV. Liv. II.

cune des espaces de même largeur sans les labourer, & après les avoir fouillées à trois pieds de
profondeur, ils en relevent la terre sur les bords
à la même hauteur, & arrangent leurs seps ou
leurs mailletons à dos de ces tranchées. Il y en
a qui vont au ménage par rapport aux dimen-
sions de ces tranchées, en ne leur donnant que
deux pieds neuf pouces de profondeur & cinq
pieds de largeur. Quand la premiere rangée est
finie, ils laissent un espace trois fois plus grand
que la largeur de la tranchée sans le cultiver, &
fouillent ensuite la tranchée de la rangée suivante, & quand ils ont achevé cette opération dans
tout le terrein qu'ils destinent à leur vignoble,
ils relevent à dos des tranchées les marcottes ou
les jeunes branches qu'ils ont coupées tout nouvellement, & plantent une multitude de mailletons entre le plant qui est rangé par ordre ; &
lorsque ces mailletons se sont fortifiés par la suite, ils les propagent dans des fosses qu'ils font en
sens contraire des premieres, sur le terrein qu'ils
avoient laissé sans le labourer, & arrangent ainsi
leurs vignobles par intervalles égaux. Au reste
ces façons de planter la vigne que nous venons
de rapporter, sont dans le cas d'être tantôt adoptées, tantôt rejettées, selon la nature ou la bonté
de chaque contrée. A présent je me propose de
donner la méthode de labourer un terrein au *Paf-
finum* (2). D'abord, soit que le terrein que nous au-

rons destiné à des vignes soit garni d'arbres mariés à des vignes, soit que ce soit un terrein sauvage, il faut en arracher toutes les broſſailles & tous les arbres qui s'y trouveront, & les mettre de côté, de peur que celui qui le labourera au *Paſtinum* (2), ne ſoit retardé dans ſon travail, ou qu'après que le terrein aura été labouré, il ne ſoit affaiſſé par le poids des arbres qui y ſeront étendus, & expoſé à être foulé aux pieds par ceux qui iront enlever les branches & les troncs d'arbres qu'on y aura laiſſés. Car il n'eſt pas peu important que la terre que l'on aura labourée au *Paſtinum* (2) ſoit très-gonflée, & qu'on n'y voie, ſi faire ſe peut, aucune trace de pieds ſur la ſuperficie, afin qu'étant remuée également dans toutes ſes parties, elle cede avec flexibilité aux racines du jeune plant, de quelque côté que ces racines veuillent y pénétrer, & qu'elle ne repouſſe point leur tendance à croître par ſa dureté, mais que leur ſervant, pour ainſi dire, de nourrice, elle les reçoive dans ſon tendre ſein, qu'elle ſe laiſſe imbiber des eaux du Ciel pour les diſtribuer au plant qu'elle aura à nourrir, & qu'elle concoure dans toutes ſes parties à élever ſa nouvelle progéniture. Il faut fouiller les plaines à la profondeur de deux pieds & demi, les terreins en pente à celle de trois pieds, & les collines plus eſcarpées juſqu'à celle de quatre, parce que, ſi l'on n'y faiſoit point un lit de terre labourée au *Paſtinum* (2) beaucoup plus profond que celui que l'on fait dans une plaine (3), la terre venant à s'ébouler de haut en bas, il resteroit à peine la quantité suffisante de terre gonflée par le labour au *Pastinum* (2). D'un autre côté, il ne faut pas mettre la vigne à moins de deux pieds de profondeur, même dans le bas des vallées, car il vaut mieux n'en pas planter, que de la laisser comme suspendue sur la superficie de la terre, à moins cependant que la rencontre d'une source d'eau marécageuse, telle qu'il s'en trouve dans le canton de Ravenne (4), n'empêche de creuser au-delà d'un pied & demi de profondeur. Il ne faut pas

---

(3) Il est aisé de voir pourquoi les montagnes ont besoin d'un labour plus profond que les plaines, pour peu qu'on les considere comme des triangles rectangles : car puisque c'est sur l'hypotenuse de ces triangles que la plante doit se tenir non pas à angle droit avec l'hypotenuse, mais perpendiculairement à la base, le pied de la plante ne peut être assuré qu'autant qu'elle sera enfoncée plus profondément.

(4) Ce sont ces eaux marécageuses qui occasionnoient les brouillards fréquens, que Pline 14, 2, attribue à ce canton, & qui empêchoient la plupart des vignes d'y venir : ce que Martial exprime assez heureusement dans une de ses Epigrammes, en disant : qu'il aimeroit mieux avoir à Ravenne une citerne qu'une vigne, parce que l'eau s'en vendroit bien plus cher que le vin. Quoiqu'il en soit, on prétend que le vin n'y est pas mauvais aujourd'hui, soit qu'on ait desséché ces marais, soit que les habitans se soient singuliérement appliqués à la culture de leurs vignes.

commencer cette opération, comme font la plupart des cultivateurs de nos jours, par fouiller
peu-à-peu une tranchée, pour ne parvenir ainsi
que par deux ou trois degrés successifs à la profondeur, que l'on veut donner à son labour au
Pastinum (2), mais il faut la fouiller sans inter-
ruption jusqu'à la profondeur entiere qu'elle doit
avoir, en se réglant sur un cordeau, pour que les
côtés en soient droits, & en arrangeant par derriere soi (5) la terre au fur & à mesure qu'on la
fouillera, jusqu'à ce qu'on soit parvenu à la profondeur ordonnée : on promenera ensuite le cordeau, en le tenant bien droit, dans toute la profondeur de la fouille, & on fera ensorte que la
largeur du fond soit la répétition de celle d'en
haut, par laquelle on aura commencé. Il faut
qu'il y ait un Inspecteur adroit & vigilant, qui
fasse dresser les bords de la tranchée à angles droits
(6), qui en fasse bien remuer la terre en-dedans,

---

(5) On voit par-là que le *Pastinum* étoit un instrument
qu'on jettoit devant soi pour fouiller la terre. Car ceux
qui fouillent avec une bêche, sur laquelle ils appuient le
pied, poussent devant eux la terre à mesure qu'ils la remuent, & ne la jettent point derriere eux, puisqu'ils vont
eux-mêmes à reculons.

(6) Afin qu'elle soit aussi large par en bas que par en
haut, autrement, si l'on suppose que les bords de deux
fosses voisines l'une de l'autre ne sont pas droits, mais qu'ils
aillent en talus, il se trouvera entre-eux une partie de terre non remuée, qui aura la forme d'un prisme triangulaire,

& qui veille à ce que la terre qui tient à la tranchée, & qui n'est point encore labourée, soit confondue avec celle de la tranchée lorsqu'on viendra à la labourer par la suite, conformément à ce que j'ai prescrit dans le Livre précédent (7), en donnant la maniere de labourer les guérets, lorsque j'ai averti de prendre garde qu'on n'y laissât en aucun endroit des bosses de terre qui ne seroient pas remuées, & qu'on ne cachât des parties de terreins dures sous des mottes de terre. Nos ancêtres avoient imaginé une espece de machine, dont ils se servoient pour se faire rendre compte de cet ouvrage; c'étoit une regle faite exprès, au milieu de laquelle étoit une petite verge, dont la longueur étoit modelée sur la profondeur que devoit avoir le fossé, & dont le point de contingence sur la regle se trouvoit vis-à-vis le haut de ses bords. Les Paysans donnent à cette espece de mesure le nom de *Ciconia*, mais elle est sujette elle-même à erreur, parce qu'elle donne des résultats différens, selon qu'elle est perpendiculaire ou inclinée (8). Nous avons donc ajouté quelques

---

difficile à appercevoir, parce que l'angle aigu de ce prisme se trouvera au haut du fossé, & que la base en sera au fond.

(7) Voy. le Chap. IV.

(8) En effet, si, lorsqu'elle est placée, elle penche d'un côté ou d'un autre, elle mesure une moindre profondeur que si elle étoit perpendiculairement.

parties à cette machine pour terminer les contestations & les disputes, que l'on peut avoir avec
les ouvriers. Car nous avons croisé deux regles
l'une sur l'autre dans la forme de la lettre Grecque X, de façon que les deux extrémités de ces
regles sont écartées l'une de l'autre à la distance
de la largeur, que le laboureur au *Pastinum* (1)
doit donner à sa tranchée, après quoi nous avons
attaché cette ancienne *Ciconia* au milieu de l'X,
qui est le point de contingence de ces deux regles, de façon qu'elle se trouve fixée comme
sur une base sur laquelle elle est dressée perpendiculairement, ensuite nous avons mis au - dessus
de la petite verge, qui est au milieu de la regle
transversale, un niveau d'artisan. Lorsqu'on enfonce dans la tranchée cet instrument ainsi dis-
posé, il termine de part & d'autres toutes les
contestations qui pourroient survenir entre le Propriétaire & l'Entrepreneur, sans porter préjudice
ni à l'un ni à l'autre. Car les rayons de l'étoile,
que nous avons dit ressembler à la lettre Grecque, mesurent & nivellent avec exactitude le
fond du fossé, puisque l'on s'apperçoit par la position même de la machine, si elle est inclinée en-
devant ou en arriere, attendu que le niveau qui
est au-dessus de la petite verge, dont nous avons
parlé, donne la preuve de l'une ou de l'autre position, & met l'Inspecteur de l'ouvrage à l'abri
d'être trompé. L'ouvrage mesuré & nivellé de
cette maniere va toujours en avant, comme un

guéret

guéret que l'on laboure, & à mesure que l'on fait marcher le cordeau, on lui fait comprendre autant d'espace de terrein que la fouille de la tranchée doit avoir de longueur & de largeur. Voilà la maniere la plus approuvée de préparer le terrein.

CHAPITRE XIV.

VIENT après cela la plantation de la vigne, qu'il est temps de faire ou au Printemps ou dans l'Automne : au Printemps préférablement, si le climat est pluvieux ou foid, si le terrein est gras ou que ce soit une campagne plate & humide ; dans l'Automne au contraire si le climat est sec ou chaud, si c'est une campagne de petite qualité & aride, ou que ce soit une colline maigre ou escarpée. La plantation du Printemps se fait pendant quarante jours à peu près, depuis les Ides (1) de Février jusqu'à l'Equinoxe, & celle d'Automne depuis les Ides (1) d'Octobre jusqu'aux Calendes (1) de Décembre. Il y a deux façons de planter la vigne, toutes deux également usitées par les cultivateurs ; sçavoir, par mailletons ou par marcottes. Les mailletons sont plus d'usage dans les Provinces, parce qu'on ne s'y attache pas à avoir

______

(1) Voy. la Note 1 du Chap. XXVIII. de l'Economie rurale de Varron, LIV. I.

des pépinieres, & qu'on n'y est pas dans l'usage de faire venir des marcottes ; au lieu que la plupart des cultivateurs d'Italie ont désapprouvé avec raison cette méthode de planter par mailletons, parce que la marcotte à bien des avantages sur le mailleton : en effet elle est moins sujette à périr que le mailleton, vû qu'elle a plus de force pour soutenir le chaud, le froid & les autres mauvais temps ; de plus elle croît plus promptement, d'où il résulte qu'elle est plutôt en état de donner des fruits, & d'ailleurs il n'y a aucun danger à courir en la transplantant souvent. On peut néanmoins planter très-bien des mailletons en guise de marcottes dans des terres poudreuses & faciles, au lieu que des terres épaisses & dures exigent absolument de la vigne toute faite.

CHAPITRE XV.

ON plante donc la vigne dans une terre labourée au *Pastinum* (1), préalablement nettoyée, herfée & applanie, en laissant cinq pieds d'intervalle entre chaque rangée si le terrein est maigre, & six s'il est médiocre : mais il en faut laisser sept dans une terre grasse, afin que le bois de la vigne qui sera infailliblement diffus & haut dans

---

(1) Voy. la Note 1 du Chap. XV. Liv. II.

une pareille terre, trouve un espace suffisant où il puisse s'étendre. Il sera aisé de faire de la sorte un plan de vignes en quinconce. Il faudra pour cet effet coudre sur un cordeau des morceaux de pourpre ou de tout autre drap d'une couleur éclatante, d'espaces en espaces mesurés chacun par un nombre de pieds égal à la mesure de l'intervalle d'entre les rangées, & lorsque ce cordeau sera ainsi marqué, on le tendra à travers le terrein labouré au *Paſtinum* (1), & l'on fichera en terre des roseaux vis-à-vis chacun des endroits où se rencontreront ces morceaux de pourpre, moyennant quoi on fera ses rangées également espacées. Quand cela sera fait, celui qui doit faire les fosses se mettra à l'ouvrage, & sautant alternativement un des espaces marqués sur la rangée, il fouillera depuis un roseau jusqu'à celui qui le suit, une fosse qui n'ait pas moins de deux pieds & demi de profondeur dans les terreins plats, de deux pieds neuf pouces dans ceux qui vont en pente, & même de trois pieds dans ceux qui sont escarpés (2) : ces fosses étant fouillées à cette profondeur, on y déposera les marcottes, de façon qu'elles soient couchées à l'opposite l'une de l'autre depuis le milieu de la fosse, & relevées à ses deux côtés opposés près des roseaux. La fonction de celui qui plantera consistera d'abord à enlever de terre les mar-

____

(1) Voy. la raison de cette différence de profondeur dans la Note 3 du Chap. XIII.

R ij

cottes avec foin & fans les gâter, à les tranfporter des pépinieres le moins de temps poffible
après les avoir enlevées de terre, & même, fi faire
fe peut, à l'inftant précis où il voudra les planter, enfuite à les rogner en entier comme de vieilles vignes, en les réduifant à un feul bois très-fort
& en uniffant les nœuds & les cicatrices qui s'y
trouveront, à en couper même les racines, s'il s'en
trouve d'endommagées (accident auquel il faut
bien prendre garde lorfqu'on les enleve de terre),
enfin à les arranger, en les courbant de façon que
les racines des deux marcottes, qui font dans la
même foffe, ne s'entrelaffent pas mutuellement,
ce qu'il fera facile d'empêcher, en difpofant au
fond des foffes, tranfverfalement & par le milieu, quelques pierres dont chacune n'excede
pas le poids de cinq livres. Ces pierres paroiffent
fervir (ainfi que Magon l'a écrit) à écarter l'eau
des racines pendant l'Hiver, & à les préferver
du chaud pendant l'Eté. Virgile (3), d'après cet
Auteur, preferit de protéger & de fortifier le
plant en ces termes : *Mettez au fond de la foffe
des pierres qui puiffent boire l'eau, ou des coquilla-
ges inutiles ; & peu après il ajoute : Il s'eft trouvé des gens qui chargeoient les racines du poids
d'une groffe pierre ou de celui d'une grande brique,
pour leur fervir de rempart contre les pluies & contre l'ardeur de la Canicule, lorfque cette Conftella-*

---

(3) Voy. la Note 25 de la Préf. Liv. II. des Géorg.

tion vient à faire gerser les campagnes altérées.
L'Auteur Carthaginois que nous venons de citer,
prouve que le marc de raisin mêlé avec du fumier donne de la vigueur au plant qui est déposé dans des fosses, parce que le marc le provoque & l'excite à jetter de nouvelles racines, &
que le fumier est bon tant pour entretenir la
chaleur dans les fosses pendant les Hivers froids
& humides, que pour donner de la nourriture
& de l'humidité aux plantes pendant l'Eté. Mais
si le terrein dans lequel on plante la vigne, paroît
de petite qualité, il croit qu'il faut aller chercher
au loin de la terre grasse pour la mettre dans
les fosses : au reste c'est la cherté des vivres dans
un pays, & le prix des journées qui nous appren-
dront si cette opération sera avantageuse ou non.

CHAPITRE XVI.

UNE terre labourée au *Pastinum* (1) & médiocrement humide, sera bonne pour recevoir
le plant ; il vaudra cependant mieux le mettre
dans un terrein sec, que dans un terrein bourbeux, & lorsque la partie du plant qui excede
la fosse en-dehors, se trouvera avoir un trop
grand nombre de nœuds, on coupera ce qu'il y

---

(1) Voy. la Note 1 du Chap. XV. Liv. II.

en aura de trop par en haut, en ne laissant que deux boutons hors terre, & on comblera la fosse de terre ; ensuite, lorsqu'on aura applani tout le terrein labouré au *Pastinum* (1), on plantera des mailletons entre les marcottes qui sont dans les rangées : il suffira d'en mettre dans l'espace vacant entre les vignes & sur la même ligne. En suivant cette méthode les mailletons croîtront mieux eux-mêmes, & il restera suffisamment de terrein libre, pour pouvoir cultiver le plant qui est dans les rangées : c'est encore pour servir de ressource qu'on placera ces mailletons sur la même ligne que les marcottes, parce qu'on pourra en prendre dans le nombre pour remplacer les marcottes qui viendront à périr. Il faudra mettre cinq mailletons dans l'espace d'un pied : mais on laissera un pied de vuide sur l'intervalle qui est entre les marcottes, de façon que les mailletons les plus voisins des marcottes en soient à une distance égale de part & d'autre (2). Julius

____

(1) Pour comprendre cet arrangement, nous allons en appliquer le calcul à la méthode de Columelle lui-même. Il a dit Ch. III. qu'il plantoit entre les marcottes 20000 mailletons dans un *Jugerum* de terre, qui est de 150 pieds de long sur 120 de large. Supposons à présent que l'espace entre les rangées ou entre les marcottes (ce qui est la même chose, puisqu'il s'agit d'un quinconce), soit de six pieds, comme il l'a dit dans le Chap. XV, on aura d'un côté quarante intervalles de 6 pieds, & de l'autre 20, qui multipliés l'un par l'autre donneront 800 intervalles en tout. Si à présent on lais-

Atticus croit que seize mil mailletons sont suf-
fisans pour une plantation de cette nature, cependant nous en plantons quatre mil de plus
que lui, parce qu'il en périt toujours une grande partie par la négligence des cultivateurs, &
que plus on met de plant dans un terrein, plus
les autres herbes inutiles deviennent clair-se-
mées.

CHAPITRE XVII.

IL y a eu une dispute assez considérable entre
les Auteurs sur la façon de planter le mailleton.
Quelques uns ont crû que le fouet étoit bon à être
planté en entier & tel qu'on l'avoit détaché de sa
mere, de façon qu'ils le partageoient en plusieurs
morceaux de cinq boutons ou même de six, & qu'un
fouet donnoit à lui seul une multitude de boutures qu'ils mettoient toutes en terre. Mais je n'ap-

---

se sur chaque intervalle un pied de vuide, de façon que
les mailletons les plus voisins des marcottes en soient également éloignés, c'est-à-dire, d'un demi pied chacun, il
restera pour chaque intervalle 5 pieds, dont chacun recevra
5 mailletons, & par conséquent il y aura dans chaque intervalle 25 mailletons. Or 25 multipliés par les 800 intervalles, donneront précisément les 20000 mailletons, nombre
supposé par Columelle, Ch. III.

prouve pas cette méthode, & je suis plutôt de l'avis des Auteurs qui on nié que l'extrémité supérieure du bois fût propre à porter du fruit, & qui n'en ont admis que le côté par lequel il tenoit au vieux sarment, en rejettant d'ailleurs toutes les fleches. Les Paysans donnent le nom de fleche à l'extrémité supérieure du mailleton, soit parce que cette partie est la plus éloignée de la mere, & qu'elle semble élancée loin d'elle, soit parce qu'étant affilée par le haut, elle a quelque ressemblance avec l'espece de dard qui porte ce nom. Les Agriculteurs les plus avisés ont donc déclaré qu'il ne falloit point planter cette fleche, sans nous donner à la vérité la raison de leur sentiment, sans doute parce qu'étant très-versés dans l'Agriculture, cette raison leur paroissoit évidente, & qu'elle sautoit aux yeux de tout le monde. En effet comme tout pampre, pour peu qu'il soit fécond, produit beaucoup de fruit jusqu'au cinquieme ou jusqu'au sixieme bouton, & que passé cette distance, tel long qu'il soit, il n'en produit plus ou ne produit tout au plus que de très-petit raisin ; les anciens ont eû raison d'imputer la stérilité à l'extrémité supérieure du mailleton. Ils laissoient aussi au nouveau sarment une partie du vieux lorsqu'ils plantoient le mailleton : mais l'expérience a condamné cette méthode, parce que tout ce qui restoit de l'ancien bois pourrissoit bientôt par l'humidité, dès qu'il

étoit en terre , & que sa corruption entraînoit
la perte des racines tendres qui l'avoisinoient,
au moment qu'elles commençoient à sortir ,
après quoi la partie supérieure du mailleton se
desséchoit aussi. Mais, dans la suite, Julius Atticus & Cornélius Celsus (1), les plus célebres Auteurs de notre siecle, se conformant en cela aux
Sasernas (2) pere & fils, couperent tout ce qui
étoit resté de l'ancienne branche à travers le nœud
même dont étoit sorti le nouveau bois, & ne mi-
rent ainsi en terre que le mailleton uniquement,
avec sa partie qui déborde par en bas.

CHAPITRE XVIII.

MArs Julius Atticus n'enfonçoit en terre ces
mailletons qu'après en avoir plié & recourbé la
tête, afin qu'ils n'échapassent pas au *Pastinum.*
C'est le nom que les Agriculteurs donnent à l'instrument de fer à deux cornes, avec lequel ils enfoncent en terre le plant, & c'est de ce mot qu'est
venu celui de *repastinatæ* appliqué aux anciennes
vignes qu'on avoit arrachées pour les replanter : car

____

(1) Voy. la Note 32 du Chap. I. Liv. I.
(2) Voy. la Note 29 du Chap. II. de l'Economie rurale
de Varron , Liv. II.

c'étoit le terme propre dont on se servoit pour désigner un vignoble ancien, qu'on avoit remis de nouveau en vignoble, au lieu qu'aujourd'hui, par un usage qui prouve l'ignorance où l'on est de l'Antiquité, on appelle *repastinatum* tout terrein que l'on prépare par le labour à recevoir des vignes. Mais revenons à notre but. La façon de planter de Julius Atticus est vicieuse à mon avis, en ce qu'elle admet un mailleton dont la tête est tortillée, & il y a plusieurs raisons qui doivent déterminer à l'éviter. Premiérement toute plante qui a été tourmentée & brisée, avant d'être déposée en terre, ne vient pas si bien que si elle y eût été déposée entiere, & sans avoir souffert aucune altération ; en second lieu, une plante que l'on a recourbée & relevée vers le haut de la terre en l'y déposant, s'oppose, comme pourroit faire un croc, aux efforts du fossoyeur, lorsque le temps est venu de l'enlever, & il semble que ce soit un crochet fiché en terre, qui se casse plutôt que de se laisser arracher : en effet le bois est facile à se rompre du côté par lequel on l'a tordu & recourbé en le mettant en terre, attendu que c'est le côté par lequel il a souffert, c'est aussi ce qui fait qu'il perd la plus grande partie de ses racines qui se brisent. Mais quand je passerois sous silence ces inconvéniens, en voici au moins un que je ne puis dissimuler, & qui s'oppose le plus à cette méthode : en parlant tout-à-l'heure (1) de l'extrémité supérieure du sarment, que je disois qu'on appelloit la fleche, j'avois tiré cette conséquence-ci, sçavoir, que le fruit ne paroissoit gueres qu'entre les cinq ou six boutons les plus voisins du vieux sarment. Or, en reployant le mailleton, on en perd précisément cette partie, qui est cependant la partie féconde, parce que le côté qui est reployé emporte à lui seul trois ou quatre boutons, & que les deux ou trois autres yeux qui peuvent encore rapporter du fruit, sont entièrement enfoncés sous terre, où restant ensevelis ils ne donnent point de bois, mais seulement des racines : par où il arrive qu'en plantant des mailletons, nous tombons dans un inconvénient que nous chercherions à éviter, quand il ne s'agiroit que de planter de simples saules (2), puisque nous nous trouvons dès-lors forcés de les faire plus longs, si nous voulons les ployer en les plantant : or il est certain qu'en les faisant plus longs, on y laisse les boutons les plus voisins de l'extrémité supérieure, tout stériles qu'ils sont, moyennant quoi il n'en provient que de ces pampres stériles ou au moins peu fertiles, que les Paysans appellent

---

(1) Dans le Chap. précédent.

(2) Exemple pris au hazard de plantes bien moins importantes que la vigne.

racemarii (3). Que vous dirai-je encore? qu'il eſt
très-intéreſſant que le mailleton que l'on met en
terre, prenne racine à l'endroit même par lequel
il tenoit à ſa mere, & qu'il ſe cicatriſe promptement? En effet, s'il ne ſe cicatriſe pas promptement, il attire trop d'eau à travers la moëlle qui
ſe trouve à jour, comme à travers un tuyau, enſuite de quoi cette eau creuſe le tronc, & forme par ces creux des retraites aux ſourmis &
aux autres animaux, qui font pourrir le pied
des vignes : or c'eſt préciſément ce qui arrive
au plant qu'on a ployé en le mettant en terre;
car, comme on l'a entiérement briſé dans ſa
partie inférieure, lorſqu'on l'a arraché de la mere, il a la moëlle à jour au moment qu'on le
met en terre, & les eaux venant à s'y inſinuer,
ainſi que les animaux dont je viens de parler, il
vieillit promptement. Ainſi la meilleure façon
de planter un mailleton eſt de le planter droit :
auſſi-bien dès que ſa tête eſt inſérée entre les
cornes du *Paſtinum*, il eſt aiſé de la retenir dans
la gorge étroite de cet inſtrument & de l'enfoncer en terre, & ce ſarment ainſi planté prend
bien plutôt racine, attendu que cette manœuvre
ne l'empêche pas d'en jetter par ſa tête, qui eſt
le côté par lequel il a été coupé, & que, lorſ-

---

(3) C'eſt-à-dire, qui ne donnent que des grapillons.

que ces racines sont crues, elles aident à cicatriser la plaie; d'ailleurs cette plaie même, qui se trouve tournée vers le bas de la terre, ne reçoit pas tant d'eau, que si elle étoit recourbée & relevée en haut, & qu'elle laissât filtrer à travers la moëlle du mailleton, comme à travers un entonnoir, toute l'eau de pluie qui viendroit à tomber sur elle.

CHAPITRE XIX.

LA longueur qu'il faut donner à un mailleton n'est point fixe, parce qu'il doit être plus court quand il a beaucoup de boutons, & plus long quand il en a moins. Cependant il ne doit pas avoir plus d'un pied de longueur, ni moins de neuf pouces; plus petit, il ne seroit qu'à fleur de terre, & par conséquent souffriroit de la soif pendant l'Eté, plus long, il seroit trop profondément en terre, & dès-lors on auroit trop de difficulté à l'enlever par la suite, lorsqu'il auroit pris sa croissance; encore cette méthode est-elle pour les plats pays, car l'on peut en planter d'un pied & une palme de longueur dans les terreins montueux, où la terre est sujette à s'ébouler. Nous en plantons au contraire dans les vallées & dans les plaines humides, qui n'ont que trois bourgeons, c'est-à-dire, un peu moins de neuf pouces, mais cependant plus d'un demi pied. On les appelle *trigemmes* (1), non pas qu'ils n'aient strictement que trois bourgeons, puisqu'ils en fourmillent ordinairement aux environs de l'incision qu'on leur a faite pour les séparer de leur mere, mais parce qu'il ne leur reste que trois jointures & autant de bourgeons, en ne comptant point ceux qui foisonnent sur leur tête. J'ajouterai à tous ces préceptes qu'il faut que tout homme qui plante des mailletons ou des marcottes, évite le trop grand vent, comme le Soleil, s'il ne veut pas que ces plantes se desséchent. On pourra les préserver avec quelque succès de ce double danger, en mettant au-devant un morceau d'étoffe ou toute autre genre de couverture assez épaisse pour les en garantir, mais il vaut encore mieux choisir, pour faire ces plantations, un jour qui soit sans aucun hâle de vent, ou du moins où le vent soit léger : car, pour le Soleil, il est aisé de les en garantir en leur procurant de l'ombre. Voici encore quelques objets dont nous n'avons pas encore parlé, & sur lesquels il est à propos de dire un mot avant de terminer ce traité : ces objets consistent à sçavoir s'il y a de l'utilité à avoir de plusieurs especes de vignes, & s'il faut, dans le cas où l'on en aura plusieurs, les séparer & les distinguer l'une de l'autre, ou les confondre & les mêler ensemble. Nous allons commencer par résoudre la premiere de ces questions.

____

(1) De *tres*, trois & *gemme*, *boutons*.

CHAPITRE XX.

POUR répondre à cette question, un Agriculteur avisé doit planter la vigne qu'il croira la
meilleure, sans la mêlanger d'aucune autre espece, & en augmenter toujours la quantité le plus
qu'il pourra, mais un Agriculteur prévoyant doit
en planter de différentes especes, parce qu'il n'y
a jamais d'année assez douce ni assez tempérée,
pour qu'il ne se trouve aucune espece de vignes
qui soit dans le cas de souffrir : car si l'année est
seche, la vigne qui a besoin d'humidité souffre;
si elle est pluvieuse, c'est celle à qui il faut de la
sécheresse qui souffre; si elle est froide & sujette
aux brouillards, c'est celle qui ne peut supporter
les vents brûlans; & si elle est chaude, c'est celle à qui la chaleur ne vaut rien. Mais sans entrer ici dans le détail des dommages, que peuvent causer aux vignes tous les temps différens
qui sont à l'infini, on peut dire en général qu'il
y a toujours quelque chose qui leur nuit : d'où il
arrive que, si nous n'en avons planté que d'une
seule espece, & que le temps qui est funeste à
cette espece se fasse sentir, nous serons absolument privés de vendange, puisque, faute d'a-
voir différentes especes de seps, nous n'en aurons

point qui nous servent de reſſource, au lieu que,
ſi nous avons formé des vignobles de différentes
eſpeces de vignes, il s'en trouvera infailible-
ment quelques-unes dans le nombre, qui, n'ayant
point ſouffert, porteront du fruit. Cependant ce
motif ne doit point nous porter à multiplier à
l'infini les différentes eſpeces de vignes, & il
ſuffira que nous en ayons le plus que nous pourrons de celles que nous aurons jugées les meilleures, enſuite de celles qui en approcheront le
plus, & enfin d'une troiſieme ou même d'une
quatrieme eſpece : de façon que nous nous en tenions à une bande, pour m'exprimer ainſi, de
quatre vignes de choix, parce qu'il ſuffit de tenter la fortune par la voie de quatre ſortes de
vendanges, ou de cinq tout au plus. Quant à la
ſeconde queſtion que j'ai propoſée, je ne doute
point qu'il ne faille diſtribuer les vignes par claſſes,
& en arranger chaque eſpece dans des quarrés particuliers, ſéparés les uns des autres ainſi que les
différentes claſſes, par des ſentiers & des chemins plus ou moins larges. Si je ſuis convaincu
de la néceſſité de cette méthode, ce n'eſt pas que
j'aie pû gagner ſur mes gens de s'y conformer,
ni qu'avant moi elle ait jamais été ſuivie par
aucun de ceux qui l'ont le plus approuvée. Car
il faut convenir que c'eſt la plus difficile de toutes les opérations ruſtiques, parce qu'elle demande une très - grande attention dans le choix du
plant,

plant, & quelque connoiffance dans le difcernement des efpeces, deux chofes qui fuppofent ordinairement un très-grand bonheur & une prudence confommée. Néanmoins, quoiqu'il arrive
quelquefois (comme dit le divin Platon (1)) que
nous nous laiffions féduire par la beauté d'une
chofe qui nous a frappés, & que nous nous dé-
cidions à courir après elle, fans que l'infirmité
de la nature humaine nous permette de l'atrein-
dre, nous pourrons parvenir à ce que nous pro-
pofons ici, fans de grandes difficultés, pour peu
que nous vivions affez long-temps, & que nous
réuniffions la fcience & les facultés avec la bonne volonté. Il faut, à la vérité, perfévérer dans
le même projet pendant une portion affez confidérable de notre vie, fi nous voulons parvenir
à difcerner au bout de quelques années un grand
nombre de vignes, d'autant que tous les temps
ne font point favorables pour s'occuper de ce
difcernement. Car il y a des vignes que l'on nè
peut diftinguer ni à leur couleur, ni à leur tronc,
ni à leurs fouets, parce qu'il ne s'y trouve aucune différence, au lieu qu'on les diftingue très-
bien à leur fruit quand il eft mûr, & à leurs
feuilles. Je n'oferois cependant pas affurer que
tout autre que le Chef de famille lui-même
puiffe apporter toute l'attention néceffaire pour

---

(1) Voy. la Note 32 de la Préf.

cela : en effet, il n'y a qu'un homme négligent qui puisse s'en rapporter à son Métayer, ou même à son vigneron, d'autant qu'il y a encore aujourd'hui très-peu d'Agriculteurs qui sçachent faire le discernement des seps de raisin noir, quoique ce discernement dépende sans contredit de la plus simple des opérations, puisque l'homme le moins attentif peut aisément distinguer la couleur des grappes.

CHAPITRE XXI.

J'AI cependant un moyen à donner pour parvenir en très-peu de temps à ce que je viens de proposer, au cas que l'on ait déja d'anciens vignobles : il consiste à planter dans des quarrés séparés des mailletons de toutes les différentes especes de vignes, dont ils auront été tirés; moyennant quoi je ne doute point qu'on ne retire en peu d'années plusieurs milliers de mailletons de ces pépinieres, & que l'on ne soit à même par-là de faire des plants de vignes différentes & distribuées par cantons. Il y a plusieurs motifs d'utilité qui peuvent nous déterminer à prendre ce parti : le premier, pour commencer par les plus légers, consiste en ce que dans toutes les opérations de la vie, je ne dis pas seulement par rapport à l'Agriculture, mais encore par rapport à tout autre Art, les choses qui sont distinguées par leurs especes particulieres charment bien plus un connoisseur, que celles qui sont comme jettées au hazard çà & là, & confondues, pour ainsi dire, en tas : le second consiste en ce qu'un homme, venant à jetter les yeux sur une terre plantée comme il faut, ne pourra s'empêcher, si peu versé qu'il soit dans la vie rustique, d'admirer avec un plaisir extrême la bonté de la nature, lorsqu'il verra d'un côté des vignes *Biturica* (1) chargées de fruits, de l'autre des *Helvola* (2) qui ne leur céderont en rien, ici des *Arcella*, là des *Spionia* (3) ou des *Basilica* (4) qui feront leur pendant ; & que la terre qui portera toutes les années ces fertiles productions, semblable à une mere perpétuellement grosse, présentera aux mortels son sein rempli de moût pour les nourrir. Au milieu de ce spectacle, il verra briller l'Automne chargée de tous côtés de fruits de toutes les couleurs, & secondée par Bacchus (5) portant ses pampres courbés sous le raisin blanc, jaune, rouge & brillant par son éclat pour-

---

(1) Voy. la Note 9 du Chap. II.

(2) Celles dont la couleur est entre rouge & blanc.

(3) Voy. la Note 16 du Chap. II.

(4) Voy. la Note 10. *Ibid.*

(5) Voy. la Note 11 du Chap. II. de l'Economie rurale de Varron, Liv. I.

pré. Mais tel plaisir que ces objets soient capables de causer, l'utilité l'emportera encore sur l'agrément. En effet, le Chef de famille trouvera d'autant plus de plaisir à venir à sa terre, pour assister au spectacle que lui présentera son propre bien, que ce spectacle sera plus riche, & ce que le Poëte (6) dit de Bacchus (5), que *tout devient beau par-tout où il porte ses regards*, pourra s'appliquer à lui-même, puisque les fruits foisonnent toujours en plus grande quantité quand le maître est présent, & dans tous les lieux où ses regards se portent souvent. Mais je ne m'en tiens pas à cet avantage, qui peut avoir également lieu à l'occasion des vignes même qui ne sont pas séparées par especes; & je passe à d'autres avantages plus essentiels, qui résulteront de leur distribution par classes. Toutes les différentes especes de vignes ne défleurissent pas également, & ne parviennent pas dans le même temps à leur maturité. C'est pourquoi, il devient absolument nécessaire que ceux dont les vignobles ne sont pas distribués par différentes especes, essuient de deux inconvéniens l'un, ou qu'ils recueillent le fruit tardif avec le fruit hâtif, ce qui fera tourner leur vin à l'aigre, ou que s'ils attendent que le raisin tardif soit mûr, ils perdent la vendange du raisin hâtif, qui étant

---

(6) Virgile, Liv. II. des Géorgiques.

exposé aux ravages occasionnés par les oiseaux, par les pluies & par les vents, finira communément par être dévasté. S'ils veulent au contraire recueillir le fruit de chaque espece de vignes à part, & chacun dans leur temps, il faut d'abord qu'ils s'exposent aux hazard d'être trompés par les vendangeurs, parce qu'ils ne pourront pas leur donner à chacun un Chef pour les observer & pour leur ordonner de ne pas cueillir le raisin vert avec le mûr. Il arrivera en outre que le raisin quoiqu'à son point de maturité, se trouvant mêlangé de différentes especes, ne pourra jamais se conserver long-temps, parce que le goût du meilleur sera corrompu par celui du plus mauvais, & que le goût de plusieurs se trouvera réuni en un seul. Dès lors, l'Agriculteur sera contraint par la nécessité de presser la vente de son vin, au lieu qu'il gagneroit beaucoup plus s'il pouvoit la différer jusqu'à l'année expirée, ou du moins jusqu'à l'Eté. Cette séparation des vignes par classes a encore d'autres commodités considérables, qui consistent en ce que le vigneron fera plus aisément la taille de chacune, quand il sçaura de quelle espece de vignes sera couvert le quarré qu'il aura à tailler, au lieu que cette opération est d'une exécution très-difficile dans les vignobles de différens plans, parce que la taille se fait le plus souvent dans un temps où les vignes n'ont pas même de feuilles sensibles, auxquelles on puisse les reconnoître. Il importe encore beaucoup que le vigneron laisse plus ou moins de bois aux vignes, suivant la nature de chaque espece différente, & qu'il les excite en leur laissant de longs fouets, ou qu'il les réprime en les taillant de court. Bien plus, le côté du Ciel vers lequel sera tournée chaque espece de vignes, n'est pas un point moins important : car toutes les vignes ne se plaisent point dans une position chaude, non plus que dans une position froide, & chaque sep a, au contraire, sa vertu particuliere, qui fait que les uns se fortifient au Midi, parce que le froid les fatigue, que les autres cherchent le côté du Septentrion, parce qu'ils souffrent du chaud, & que quelques-uns se plaisent dans la température modérée soit de l'Orient, soit du Couchant. Or, quiconque met à part les différentes especes de vignes dans des quarrés différens, observe toutes ces variétés d'après la situation & l'assiette des lieux. Il en retire encore un autre avantage qui n'est pas peu considérable, & qui consiste en ce qu'il a moins de peine à vendanger, & qu'il lui en coûte moins de frais. En effet on cueille à temps, dans ce cas-là, le raisin qui mûrit le premier, & on differe, sans aucun inconvénient, de cueillir celui qui n'est pas encore mûr; de sorte que le raisin qui est mûr depuis long-temps ne se joint pas avec celui qui n'est qu'à son point, pour faire précipiter la vendange, & pour forcer de

louer un grand nombre de journaliers à tel prix
que ce soit. Voici encore un avantage considérable qui en résulte , c'est que l'on peut serrer &
mettre à part le vin de chaque goût différent ,
sans le mêlanger & dans toute sa pureté , soit
qu'il soit fait avec du raisin *Bituricus* (1) , soit
qu'il soit fait avec du *Basilicus* (4) ou du *Spio-
nicus* (3) , & que ces différens vins étant ainsi serrés, comme il ne s'y trouve point de qualités disparates qui les empêchent de se conserver ,
ils acquierent du renom en vieillissant , leur goût
cessant d'avoir rien d'ignoble après quinze ans ou
un peu plus, puisque c'est le temps après lequel
presque tous les vins sont au point de ne plus
acquérir que de la bonté , à mesure qu'ils vieillissent. Il est donc très-utile , comme nous nous
sommes proposés de le prouver , de séparer les
unes des autres les différentes especes de vignes.
Si on ne peut pas cependant y parvenir , il y a
un second procédé à suivre , qui consiste à ne
planter ensemble de différentes especes de vignes ,
que celles qui produiront du raisin d'un même
goût , & qui mûrira dans le même-temps. On
peut aussi , si l'on a du goût pour les fruits , planter des têtes de figuiers , de pommiers & de
poiriers à l'extrémité des rangées , pourvu qu'on
n'en mette que sur les lisieres du vignoble qui
sont exposées au Septentrion, de peur que quand
ces arbres seront venus, ils n'ombragent trop les

vignes : on les greffera, lorsqu'ils auront deux ans, ou bien on les transportera quand ils seront déja forts, pourvu qu'ils soient de bonne qualité. Voilà pour ce qui concerne la plantation des vignes. Reste la partie la plus importante, je veux dire celle qui concerne leur culture : partie que nous traiterons du long dans le Volume suivant.

Fin du troisieme Livre.

L'ÉCONOMIE
RURALE
DE L. JUNIUS MODERATUS
COLUMELLE.

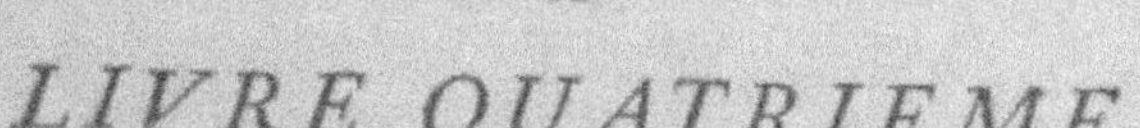

LIVRE QUATRIEME.

CHAPITRE PREMIER.

VOUS dites, P. Silvinus, que, lorsque vous eûtes fait à plusieurs Amateurs d'Agriculture la lecture du Livre que j'ai composé sur la plantation des vignes, il s'en trouva quelques-uns qui, en approuvant tous les autres préceptes que j'ai donnés, en releverent un ou deux; premiérement,

celui par lequel j'ai voulu que l'on donnât trop
de profondeur aux fosses destinées à recevoir des
plans de vignes, puisque j'ajoute neuf pouces à
la profondeur de deux pieds (1) fixée par Celsus (2) & par Atticus; secondement, celui par lequel je veux que chaque marcotte n'ait qu'un seul
appui, ce qui leur paroît peu prudent, parce
que ces deux Auteurs ont diminué les frais, en
permettant d'écarter une marcotte en deux branches, pour lui faire couvrir deux appuis sur la
même ligne d'une rangée. Au reste ces deux ob-
jections sont plutôt fondées sur une équivoque,
que sur un calcul certain. En effet, pour commencer par répondre à la premiere, pourquoi, dans
la supposition que nous devions nous contenter
d'une fosse de deux pieds, pensons - nous néanmoins qu'il faille labourer la terre au *Pastinum* (3) plus profondément, que nous ne devons
planter la vigne (4)? Quelqu'un dira que c'est
afin qu'il se trouve sous le pied de la vigne de la
terre tendre, & dont la dureté n'écarte pas &

(1) Voy. le Chap. XV. du Liv. précédent.
(2) Voy. la Note 32 du Chap. I. Liv. I.
(3) Voy. la Note 1 du Chap. XV. Liv. II.
(4) Effectivement il a dit dans le Chap. XIII. du Liv.
précédent, qu'il falloit fouiller les plaines à la profondeur
de deux pieds & demi, les terreins en pente à celle de trois
pieds, & les collines plus escarpées jusqu'à celle de quatre.
Pourquoi cette profondeur de labour, dit-il ici, puisqu'il
ne faut que deux pieds de terre pour la vigne?

ne repousse pas les racines qui chercheront à s'y
introduire : mais lorsqu'on aura fouillé le terrein
à la bêche, à l'effet d'y faire des fosses à la profondeur de deux pieds & demi, & que l'on aura
enfoncé les plantes dans cette terre ainsi remuée,
je demande s'il ne se trouvera pas encore de la
terre tendre sous leurs racines, puisque la terre
de ces fosses sera réellement gonflée à plus de
deux pieds & demi de hauteur, attendu que la
terre d'un terrein plat est infailliblement plus
gonflée lorsqu'elle est fouillée, que lorsqu'elle ne
l'est pas. D'ailleurs la plantation de telle plante
que ce soit n'exige sûrement pas, généralement parlant, qu'il se trouve sous elle un lit
de terre ameublie bien profond, & il suffit, si
ce sont des vignes, d'en étendre sous leurs racines un demi-pied, afin qu'elles y trouvent, pour
ainsi dire, l'hospitalité, & qu'elles y prennent
leur accroissement, comme des enfans dans le
sein de leur mere. Confirmons ceci par l'exemple des vignes mariées à des arbres : n'est-il pas
vrai que, lorsque nous couchons les marcottes
dans les fosses creusées pour ces sortes de vignes,
nous ne mettons que très-peu de terre pulvérisée
sous elles ? La meilleure méthode est donc de labourer la terre au *Pastinum* (3) bien profondément, parce que les vignes destinées aux jougs
s'élevent davantage, à proportion de ce qu'elles
sont plantées dans des fosses plus profondes. En
effet, les fosses de deux pieds de profondeur sont

à peine dans le cas d'être adoptées, même par les cultivateurs de Province, quoique ceux-ci arrêtent communément leurs vignes très-bas & près de terre : car, pour les vignes qui font deftinées au joug, elles doivent être affurées fur des fondemens plus profonds, parce qu'elles ont befoin de plus de fecours & de plus de terre, dès-là même qu'elles doivent monter plus haut ; & c'eft pour cela que, lorfqu'il s'agit de marier la vigne à des arbres, perfonne ne s'avife de lui faire des foffes qui aient moins de deux pieds de profondeur. Au refte les Agriculteurs tirent peu de profit des principaux avantages réfultans d'une plantation peu profonde : en effet, ces avantages confiftent en ce que le plant fe fortifie en moins de temps, parce qu'il n'eft pas fatigué par une trop grande charge de terre qu'il ait à porter, & en ce qu'il eft plus fertile, par la raifon qu'il eft plus à la fuperficie de la terre. Or ces deux raifons, fur lefquelles s'appuie Julius Atticus, font réfutées par l'exemple des vignes mariées aux arbres, puifque celles-ci donnent, fans contredit, des feps beaucoup plus forts & plus fertiles que les autres, ce qu'elles ne feroient pas, fi le plant enterré profondément étoit dans le cas de fouffrir. Que ne pourrois-je pas ajouter à ces obfervations ? que fi d'un côté une terre labourée au *Paftinum* (3) femble fe gonfler, comme fi elle étoit en fermentation, au moment qu'elle eft ameublie & dilatée, d'un autre côté, peu de temps après le labour , elle s'affaisse en se condensant , & se détache des racines de la vigne , qui dès-lors semblent nager sur la surperficie du sol : or cet accident arrive moins souvent dans notre façon de planter la vigne , puisque nous l'enfonçons davantage en terre. Car quant à ce qu'on dit que le plant souffre du froid au fond de la terre, à la vérité nous n'en disconvenons pas; mais ce ne sera pas une profondeur de deux pieds neuf pouces qui sera capable de produire cet effet, lors sur-tout , qu'ainsi que nous venons de le dire , nous voyons les vignes mariées aux arbres se garantir de cette incommodité, quoiqu'elles soient plantées plus profondément.

CHAPITRE II.

L'AUTRE opinion dans laquelle ils sont, que l'on épargne des frais en attachant les fouets d'un seul pied de plant à deux échalas différens, est fausse. En effet, ou le sep de la vigne vient à périr, auquel cas il se trouve deux échalas sans vignes, & dès lors il faut le remplacer par deux marcottes, & ce nombre excédent sera à la charge du cultivateur; où ce sep vit, auquel cas s'il ne porte que du raisin noir, ou qu'il ne soit pas fertile, comme il arrive souvent, le fruit manquera non pas sur un seul échalas, mais sur plusieurs. Les personnes même les plus avisées en Agriculture croient qu'une vigne seroit peu fertile, fût-elle de la meilleure espece, si elle étoit ainsi divisée sur deux échalas, par la raison que le suc nourricier formeroit alors une espece de claie (1). C'est pour cela qu'Atticus lui-même ordonne de propager les anciennes vignes par sautelle, plutôt que de les coucher tout-à-fait en terre, parce que les sautelles prennent aisément racine en peu de temps, de façon que chacune se trouve avoir ses racines particulieres, sur lesquelles elle est stable comme sur ses fondemens; au lieu que, lorsque la vigne a été couchée tout de son long en terre, son suc nourricier a plus de chemin à parcourir, une fois qu'elle a embarrassé & comme fermé de claies le terrein qui se trouve sous elle, outre qu'elle est tourmentée par une trop grande multitude de racines, qui sont enchevêtrées l'une avec l'autre, & sous lesquelles elle succombe, de même que si elle étoit chargée de beaucoup de branches à fruit. Ainsi je préférerois en tout point, risque pour risque, la méthode de planter deux

-----

(1) C'est-à-dire, qu'avant de monter perpendiculairement, comme il fait communément dans les plantes, il commenceroit par décrire une ligne transversale & parallele à l'horison, de sorte que ces deux directions formeroient, une espece de claie, ce qui arrive aussi dans les vignes couchées par terre.

marcottes à celle de n'en planter qu'une seule,
& j'aimerois mieux ne pas regarder comme un
avantage qu'on doive préférer à tout, ce qui peut
occasionner de bien plus grands dommages dans
tous les cas. Mais l'objet que nous avons traité
dans le Livre précédent, exige que nous enta-
mions celui que nous avons promis de traiter
dans celui-ci.

CHAPITRE III.

EN tel genre de dépenses que ce soit, la plupart des hommes, comme dit Græcinus (1),
montrent plus de courage à commencer une nouvelle entreprise, qu'à la suivre quand elle est
achevée. Quelques-uns, ajoute-t-il, bâtissent
des maisons entieres à commencer par les fondemens, & lorsque la bâtisse en est achevée,
ils ne les embellissent pas. D'autres fabriquent
avec soin des vaisseaux, & lorsqu'ils sont faits,
ils négligent de même de les équiper & de les
fournir d'hommes. Ceux-ci ont la passion d'acheter des bestiaux, ceux-là celle d'acheter des esclaves, & ni les uns ni les autres ne sont sensibles
au soin de les entretenir ; de même qu'il s'en
trouve beaucoup qui détruisent par leur inconf-

---

(1) Voy. la Note 33 du Chap. I. Liv. I.

tance les bienfaits qu'ils ont versés sur leurs amis. Au reste, ne soyons pas surpris de ces exemples, Silvinus, puisqu'il y a bien des gens qui nourrissent avec lézine des enfans nés d'un légitime mariage, qui avoient fait tout l'objet de leurs vœux avant qu'ils les eussent, & qui négligent de leur donner aucune éducation soit du côté de l'esprit, soit du côté du corps. Que prétens-je conclure de là ? que communément les cultivateurs tombent aussi dans la même faute, lorsqu'ayant fait de très-belles plantations de vignes, ils les abandonnent par différens motifs avant qu'elles aient pris leur accroissement. Les uns ne veulent pas entrer dans des dépenses qui reviennent toutes les années, & se persuadent que le premier revenu, & celui qui est le plus assuré, est de ne rien dépenser, comme s'ils eussent été contraints de planter des vignes, pour les abandonner ensuite par avarice. Il y en a quelques-uns qui s'imaginent qu'il est plus beau d'avoir de grands vignobles, que d'en avoir de bien cultivés. J'en ai même connu un très-grand nombre qui étoient persuadés qu'il falloit cultiver une terre, mais qu'il importoit peu qu'on la cultivât bien ou mal. Pour moi je suis convaincu qu'il n'y a pas de bien de campagne, de telle nature qu'il soit, qui puisse jamais être profitable, à moins qu'on ne le cultive avec beaucoup de soin & de capacité, & que cela est encore plus vrai des vignes, que des autres natures de biens. Car la vigne est une plante délicate,

foible,

foible, qui ne peut souffrir rien de ce qui peut lui nuire, qui communément se consume par trop de travail & de fertilité, & que sa fécondité fait périr, si elle n'est pas moderée. Ce n'est pas que lorsqu'elle est une fois devenue forte à un certain point, & qu'elle a comme acquis la vigueur de la jeunesse, elle ne supporte alors la négligence du cultivateur. Mais si, lorsqu'elle est jeune, on ne lui fournit pas tout ce qui lui est nécessaire jusqu'à ce qu'elle ait pris sa croissance, elle maigrit excessivement & tombe dans une langueur, dont aucunes dépenses ne peuvent plus ensuite la relever. C'est pourquoi il faut d'abord poser, pour ainsi dire, ses fondemens avec le plus grand soin, & arranger ses membres dès le premier jour qu'elle est plantée, comme on arrange ceux des enfans qui viennent de naître, faute de quoi toute la dépense qu'on a faite pour elle tombe en pure perte, & quand on aura laissé passer le temps propre à chaque opération sans la faire, on ne pourra plus le retrouver. Croyez-m'en, Silvinus, d'après mon expérience : une vigne bien plantée, qui est de bonne espece & cultivée par un bon Agriculteur, récompense toujours avec le plus grand intérêt de l'argent qu'on a dépensé pour elle. C'est ce que ce même Græcinus (1) nous démontre non-seulement par la raison, mais encore par les exemples, dans le Livre qu'il a composé sur les vignes, lorsqu'il raconte qu'il a souvent entendu dire à son pere, qu'un certain Parridius de Vetera son voisin avoit pour tout bien deux filles & un terrein planté en vignes; qu'après avoir donné le tiers de ce terrein en dot à sa fille aînée en la mariant, les deux tiers qu'il s'étoit réservés ne lui produisoient pas une moindre quantité de fruit que le tout auparavant; qu'ensuite il avoit marié sa fille cadette avec la moitié de ce qui lui étoit resté de ce fond, & que ce second partage n'avoit pas encore diminué le revenu qu'il tiroit du fond entier dans le principe. Quelle conjecture cet Auteur prétend-il tirer de ce fait, si ce n'est que la derniere portion du fond qui resta en sa possession, fut mieux cultivée par la suite, que le fond entier ne l'avoit été d'abord?

CHAPITRE IV.

P. SILVINUS, plantons des vignes avec beaucoup d'ardeur, & appliquons-nous encore davantage à les cultiver. La seule façon de les planter qui soit très-avantageuse, est celle que nous avons donnée dans le premier Livre (1), & qui consiste

____

(1) C'est-à-dire, dans le LIV. précédent, Chap. XV. Il faut se rappeller ce que nous avons dit dans notre Préface, que Columelle n'avoit d'abord composé qu'en deux Livres son Economie rurale, qu'ensuite dans une seconde édition, du premier de ces deux Livres il en fit deux, & du second trois, qui sont le troisieme, le quatrieme & le cin-

à les coucher en terre dans des fosses creusées sur un terrein labouré au *Pastinum* (2), à peu près depuis le milieu de la fosse jusqu'à ses extrémités, où elles seront ensuite relevées perpendiculairement & attachées à des roseaux. Il faut sur-tout prendre garde que ces fosses n'aient la forme d'un auge, & avoir soin au contraire que leurs bords soient bien perpendiculaires, & que les angles en soient bien prononcés. Car si la vigne n'est que penchée, & comme appuyée sur les bords d'une auge, elle est en butte aux blessures qu'on peut lui faire lorsqu'on la déchaussera ; en effet pour peu que le fossoyeur, en la déchaussant, veuille fouiller profondément autour de son pied, il l'endommage infailliblement, si elle présente sous son instrument une surface inclinée, & souvent même il la coupe tout-à-fait. Souvenons-nous donc de donner au sarment une direction droite depuis le fond de la fosse jusqu'en haut, pour ensuite l'attacher à son appui : suivons après cela le reste de la méthode que nous avons prescrite dans le premier Livre (1), c'est-à-dire, applanissons la terre autour de ce sarment, en laissant sortir deux de ses bourgeons en-dehors, ensuite,

---

quieme de l'Economie rurale, telle que nous l'avons aujourd'hui. Ainsi c'est le troisieme Livre qu'il cite ici, parce qu'il est réellement le premier des trois qu'il avoit substitués au second de la premiere édition.

(1) Voy. la Note 1 du Chap. XV. Liv. II.

T ij

après avoir planté des mailletons dans les rangées des seps, ameublissons & pulvérisons bien, par de fréquens labours, le terrein qui aura déja été retourné au *Pastinum* (2). En effet, pour que les mailletons, les marcottes & les autres especes de plants que nous aurons mis en terre se fortifient, il faut que la terre soit bien attendrie & bien douce, qu'elle fournisse ses sucs nourriciers aux seps sans les communiquer à des herbes inutiles, & que sa dureté ne comprime pas, comme il arrive dans des terres plombées, les plantes encore trop nouvelles.

CHAPITRE V.

POUR dire le vrai, on ne doit point fixer le nombre de fois qu'il faudra retourner le sol au hoyau, parce qu'il est constant que plus on répétera cette opération, plus les plantes profiteront. Mais comme, eu égard à la dépense dans laquelle elle jettera, il faut se borner à un certain nombre de fois, la plupart ont cru qu'il suffisoit de bêcher les nouveaux plans de vignes une fois par mois, depuis les Calendes (1) de Mars jusqu'à celles d'Octobre, & d'en extirper

----

(1) Voy. la Note 1 du Chap. XXVIII, de l'Economie rurale de Varron, LIV. I.

toutes les herbes & sur-tout le gramen, parce
que si on n'arrache pas entiérement ces herbes à
la main, & qu'on ne les jette pas sur la superficie
du sol, si peu qu'il en reste qui soient couvertes
de terre, elles revivront & finiront par brûler le
plant de vignes, au point de le rendre en peu de
temps galleux & desséché.

CHAPITRE VI.

SOIT que la vigne ait été plantée par mailletons, soit qu'elle l'ait été par marcottes, il est bon
de la façonner dès le principe & d'en suppri-
mer toutes les parties superflues, en l'épamprant
souvent, pour empêcher que ses forces & toute
sa nourriture ne s'éparpillent en plus d'une tige.
Cependant on lui laisse dans le commencement
deux pampres, afin qu'il y en ait un qui serve
de ressource au cas que l'autre vienne à périr;
mais, lorsqu'ils auront par la suite pris un peu
de force, on en retranchera le plus mauvais, &
pour empêcher que celui que l'on aura laissé ne
puisse être abbatu par les vents orageux, il sera
bon de l'attacher, à mesure qu'il s'élévera, avec
des liens tendres & lâches, jusqu'à ce qu'il soit
en état de saisir l'appui qui lui est destiné avec
les vrilles qui lui tiennent lieu de mains. Quoique nous pensions qu'il ne faut pas moins épam-

prer les mailletons que les seps qui sont dans les rangées, on peut néanmoins se dispenser de leur faire cette opération, quand la rareté des journaliers empêchera de la faire ; au lieu qu'on ne s'en dispensera jamais à l'égard des seps qui sont dans les rangées, à moins qu'on ne pense à se pourvoir de provins pour la suite, parce que cette opération leur est nécessaire pour empêcher que la trop grande multitude de fouets ne les maigrisse, & afin qu'ils n'aient chacun qu'une tige à nourrir. On aura soin de provoquer l'accroissement de cette tige en y appliquant un appui suffisamment élevé, pour qu'en se glissant le long de cet appui, elle puisse passer par-dessus le joug auquel on l'attachera la seconde année de sa plantation, & en descendre en se courbant de l'autre côté pour porter du fruit. Lorsque les vignes auront atteint cette hauteur, il faudra rompre leur cime afin qu'elles prennent du corps, & qu'elles ne s'affoiblissent pas en se jettant dans une longueur superflue. Nous épamprerons cependant le sarment même que nous laisserons monter en tige, depuis son pied jusqu'à la hauteur de trois pieds & demi, & nous arracherons souvent tous les rejettons qu'il pourra avoir jettés sur ses côtés dans ce premier temps. Mais il ne faudra toucher à rien de ce qui sera poussé sur sa partie supérieure, & il sera plus à propos d'attendre l'Automne pour le tailler avec la serpette, que de l'épamprer en Eté, parce que sitôt qu'on l'a épampré, il paroît toujours un rejetton à l'endroit même d'où on en a ôté un, & que ce nouveau rejetton venant à pousser, il ne reste plus d'œil sur la tige qui puisse donner du fruit l'année suivante.

CHAPITRE VII.

LE temps propre à épamprer en tel cas qu'on le fasse, c'est lorsque les pampres sont assez tendres pour se laisser abattre au moindre attouchement du doigt : car, pour peu qu'ils soient devenus trop durs, il faut alors ou faire de plus grands efforts pour les arracher, ou les tailler à la serpette ; or ce sont deux choses qu'il faut également éviter, l'une, parce que les efforts nécessaires pour les arracher déchirent la mere, l'autre, parce que la taille lui fait une blessure qui est toujours pernicieuse dans une plante encore verte, & qui n'est pas encore parvenue à son degré de maturité. En effet la plaie qui en résulte n'est pas circonscrite par les traces de l'instrument, mais la blessure, qui se trouve imprimée trop profondément, desseche beaucoup plus loin (1) la plante pendant

____

(1) Tant à cause de la solution de continuité qui arrive à l'écorce, que parce que le suc nourricier de la plante s'échappe à travers les ouvertures, que la serpette a faites aux conduits par lesquels il passe.

les chaleurs de l'Eté, au point même qu'une très-grande partie du corps de la mere en meurt. C'est pourquoi, si l'on est forcé d'avoir recours à la serpette, parce que les pampres seront déja trop durs, il ne faudra pas les séparer de la mere en entier, mais il faudra en laisser une partie, comme on le pratique à l'égard des coursons, afin que le dommage que la chaleur occasionnera ne tombe que sur cette partie. On en laissera jusqu'au premier nœud d'où il doit sortir des rejettons sur le côté du pampre (2), parce que la violence de la chaleur ne pénetre pas au-delà de cette distance. Quant aux mailletons, on suit la même méthode pour les épamprer, comme pour exciter leur tige à s'allonger au cas que l'on veuille les employer dès la premiere année, comme j'ai souvent fait. Mais si l'on se propose de les couper absolument, pour ne les employer que la seconde année, il faudra étêter la tige unique à laquelle on les aura réduits, dès que cette tige aura plus d'un pied de long, afin qu'ils s'affermissent plus du côté de la tête & qu'ils deviennent plus robustes. Voilà la premiere façon que demandent les vignes depuis leur plantation.

---

(2) En effet cette espece de courson, que Columelle appelle *unguis*, *un ergot*, dans le Chap. XXIV, préserve le sep du dommage que pourroit lui causer l'amputation du pampre entier, & lorsqu'ensuite ce courson est desséché, on le retranche comme tous les autres sarmens secs & inutiles.

CHAPITRE VIII.

LEs temps suivans demandent des soins plus étendus, ainsi que l'ont écrit Celsus (1) & Atticus, qui sont les Auteurs que notre siecle a le plus approuvés en matiere d'Agriculture : car il faut déchausser la vigne après les Ides (2) d'Octobre, & avant que les froids surviennent. Cette opération sert à mettre à jour les petites racines qui sont poussées pendant l'Eté : & l'Agriculteur sensé les tranche avec le fer, parce que s'il les laissoit se fortifier, celles d'au-dessous s'affoibliroient, & il en résulteroit que la vigne jetteroit sur la superficie du terrein des racines exposées à être dévastées par le froid, ou échauffées par les chaleurs au point que la mere seroit infailliblement trop altérée au lever de la Canicule. C'est pourquoi, lorsqu'on aura déchaussé les vignes, il faudra en couper toutes les racines qui seront poussées en-deçà d'un pied & demi de profondeur : mais on ne s'y prendra pas pour cette amputation de la même façon, que pour celles que l'on fait aux parties supérieures de la vigne. Car il ne faudra ni unir la plaie, ni ap-

---

(1) Voy. la Note 32 du Chap. I. Liv. I.

(2) Voy. la Note 1 du Chap. XXVIII. de l'Economie rurale de Varron, Liv. I.

pliquer le fer à la mere elle-même, parce que si l'on coupoit une racine trop près du tronc, ou il en renaîtroit plusieurs autres de la cicatrice qui auroit été faite, ou l'eau des pluies d'Hiver, qui séjourne dans les lacs formés autour de la plante par la fouille faite à son pied, venant à se geler au Solstice d'Hiver, brûleroit ces blessures encore nouvelles, & pénétreroit à la moële. Pour éviter ces inconvéniens, il faudra s'écarter à peu près d'un doigt du tronc, pour ne couper les petites racines qu'à cette distance. Lorsqu'on a ôté ces racines avec ces précautions, elle ne se multiplient plus, & leur séparation du tronc le préserve de tout accident. Quand cela est fait, si l'on est dans un pays où l'Hiver soit doux, il faut laisser la vigne, ainsi déchaussée, à l'air, au lieu que s'il est trop rude, il faut recouvrir, avant les Ides (2) de Décembre, les petites fosses que l'on a faites aux pieds de la vigne en la déchaussant. Si même l'on est dans un pays où l'on ait les plus grands froids à craindre, il faudra répandre sur les racines de la vigne, avant de la recouvrir, un peu de fumier ou de fiente de pigeon, si on le trouve plus commode, ou verser dessus six *Sextarii* de vieille urine, que l'on aura gardée à cette intention. Il faudra déchausser les vignes à chaque Automne, pendant les cinq premieres années, jusqu'à ce qu'elles soient dans toute leur force; mais une fois que leur tronc aura pris sa croissance, on pourra ne faire cette opération qu'en-

viron tous les trois ans, tant parce qu'en suivant
cette méthode le pied des vignes se trouvera
moins souvent endommagé par le fer, que parce
qu'il faut plus de temps aux vignes pour jetter
de ces petites racines, lorsque leur tronc a pris
de la consistance.

CHAPITRE IX.

APrès le déchaussement des vignes vient la
taille qui, suivant les préceptes des anciens Auteurs, doit être faite de façon que la vigne soit
réduite à une seule petite tige, qui ne porte que
deux bourgeons près de terre. On ne doit pas
tailler la vigne auprès de la jointure d'un nœud,
pour ne pas en intimider l'œil ; mais on la taille à-peu-près vers le milieu de l'espace qui est
entre deux nœuds, en tenant la serpette obliquement, de peur que, si la cicatrice étoit horizontale, la pluie qui viendroit à tomber ne
s'arrêtât dessus. Il ne faut pas non plus que la
plaie soit inclinée du côté où se trouve le bouton, mais du côté opposé, afin qu'elle verse ses
pleurs à terre plutôt que sur le bourgeon. Car
autrement l'eau qui en découleroit aveugleroit
l'œil, & l'empêcheroit de se développer en
feuilles.

CHAPITRE X.

IL y a deux temps pour tailler la vigne, mais le meilleur (comme dit Magon) est de la tailler au Printemps avant qu'elle bourgeonne, parce qu'étant alors pleine de sucs, il est plus facile de lui faire une plaie & d'unir cette plaie dans toute sa surface, outre qu'elle résiste moins à la serpette. Celsus (1) & Atticus ont suivi cet Auteur. Pour nous, nous croyons qu'il ne faut ni trop arrêter l'accroissement des plantes en les taillant de trop court, à moins qu'elles ne soient de la derniere foiblesse, ni les tailler toujours au Printemps. Mais la premiere année qu'elles sont plantées, il faut les aider à venir en les bêchant fréquemment, c'est-à-dire, tous les mois pendant lesquels elles sont en feuilles, & en les épamprant souvent, afin qu'elles acquierent des forces, & qu'elles n'aient pas plus d'un sarment à entretenir. Lorsqu'elles auront elevé ce sarment, nous croyons qu'il sera nécessaire de l'éplucher en Automne, ou au Printemps si on le trouve plus convenable, & de le délivrer des rejettons que celui qui aura épampré pourra lui avoir laissés dans sa partie supérieure, pour le mettre ensuite sur le joug, parce que la

(1) Voy. la Note 32 du Chap. I. Liv. I.

vigne qui peut s'élever au-deſſus du joug avec le
fouet de la premiere année, eſt liſſe, droite &
ſans cicatrice. Il eſt vrai que c'eſt ce que l'on voit
arriver rarement & chez peu d'Agriculteurs, auſſi
eſt - ce pour cela que les Auteurs, que je viens
de citer, ont été d'avis que l'on coupât abſolument les prémices de la vigne. D'un autre côté,
la taille du Printemps n'eſt pas certainement la
meilleure pour tous les pays : effectivement il n'y
a pas de doute qu'il ne faille la préférer dans les
pays froids; mais pour ceux qui ſont expoſés au
grand Soleil & où l'Hiver eſt doux, la meilleure
& la plus naturelle eſt celle de l'Automne, puiſque c'eſt le temps auquel les plantes ſe dépouil-
lent de leurs fruits & de leurs feuilles, en vertu
d'une Loi éternelle preſcrite, pour ainſi dire, par
la Divinité.

CHAPITRE XI.

JE penſe que voilà ce qu'on doit faire à la vigne, ſoit qu'on l'ait plantée en marcottes, ſoit
qu'on l'ait plantée en mailletons : car l'expérience a condamné l'opinion dans laquelle étoient
les anciens, qu'il ne falloit point approcher
le fer des mailletons d'un an, comme s'ils euſ-
ſent redouté ſon tranchant ; crainte vaine

qu'ont eu Virgile (1), Saserna (2), les Stolons (3) & les Catons (4). Au reste, ces Auteurs n'étoient pas seulement dans l'erreur, en ce qu'ils ne touchoient point à la chevelure que jettoient les plantes la premiere année, mais encore en ce que, lorsqu'ils en venoient à couper la marcotte au bout de deux ans, ils la coupoient toute entiere, à raze terre & près de la jointure du tronc, afin qu'elle repoussât sur le bois dur. En effet, l'expérience, cette maîtresse des Arts, nous a appris, au contraire, à façonner les accroissemens des mailletons dès la premiere année, & à empêcher que la vigne, fertile en feuillages superflus, ne devienne trop touffue, de même qu'elle nous a appris à ne pas la contenir autant que les anciens l'ordonnoient, en la coupant toute entiere. En effet cette méthode lui est contraire, tant parce que, lorsque l'on a coupé le plant à raze terre, la plupart des seps meurent comme s'ils étoient frappés d'un coup au-dessus de leurs forces, que parce que ceux qui résistent à cette blessure & qui n'en meurent point, portent pour la plus grande par-

---

(1) Voy. la Note 25 de la Préf. Liv. II. des Géorg.

(2) Voy. la Note 22 du Chap. II. de l'Economie rurale de Varron, Liv. I.

(3) C'est un des Interlocuteurs de Varron. Voy. le Chap. II. de son Economie rurale, Liv. I.

(4) Voy. le Chap. XXXIII. de son Economie rurale.

tie des farmens moins féconds, puisque, de
l'aveu de tout le monde, les pampres qui sortent du bois dur (5), font le plus souvent fans
fruit. Il faut donc prendre un milieu, & ne pas
couper le mailleton à raze terre, ni l'exciter non
plus à donner un bois trop long, mais remarquer le courson de l'année précédente, pour laiffer au-dessus de la commissure même de l'ancien
farment, un ou deux bourgeons dont il fortira
du bois.

CHAPITRE XII.

APRÈS la taille vient le soin d'échalasser la vigne : mais cette premiere année ne demande pas
encore de pieus ni de forts échalas; car j'ai remarqué qu'une jeune vigne s'accommodoit communément mieux d'un petit appui que d'un fort
pieu. C'est pourquoi, ou nous mettrons auprès
de chaque vigne deux vieux roseaux (de peur
qu'étant nouveaux ils ne prennent racines), ou,
fi la situation de la contrée nous le permet, nous
enfoncerons en terre de vieux échalas abandon-
nés, auxquels nous attacherons des perches,
qui traverseront la file des seps par en bas. Les
Paysans appellent cette espece de joug un *Can-*

(5) Voy. la Note 6 du Chap. X. LIV. III.

terius. Il est en effet très-important que le pampre de la vigne trouve quelque chose qu'il puisse saisir, dès qu'il commence à s'allonger & avant de se courber, afin qu'il ait la facilité de s'étendre plutôt horizontalement que perpendiculairement, & qu'il soutienne plus aisément l'impétuosité des vents, à l'aide de ce *Canterius* qui le soutiendra. Il sera à propos que ce joug n'aille pas jusqu'à quatre pieds de hauteur, jusqu'à ce que la vigne se soit fortifiée.

CHAPITRE XIII.

QUAND la vigne aura été échalassée, il faudra la lier. La fonction de celui qui la liera consistera à la bien attirer en ligne droite sur le joug : si le pieu est placé tout auprès d'elle, comme il a plû à quelques Auteurs de le placer, celui qui la liera observera en l'attachant, de ne pas se régler sur les sinuosités du pieu, si par hazard il est tortu, parce que cette méthode la rendroit crochue ; mais si on a laissé un intervalle entre le sep & le pieu (comme Atticus & quelques autres Agriculteurs ont prétendu qu'on devoit faire, & comme je suis assez d'avis qu'on fasse) il faut joindre le sep à un roseau droit, & l'y attacher à l'aide de plusieurs ligatures, pour le conduire ainsi au joug. La nature des liens dont on se servira pour

attacher

attacher le plant, n'est point une chose indifférente : en effet tant que la vigne est jeune, il faut l'attacher avec des liens très-doux, parce que, si l'on se servoit de branches de saule ou d'orme, elle se couperoit à mesure qu'elle grossiroit. Les meilleurs liens seront donc de genêt, de jonc coupé dans les marais, ou de glayeuls. Cependant les feuilles même de roseaux, séchées à l'ombre, ne sont point d'un mauvais usage en cette occasion.

CHAPITRE XIV.

IL faut avoir les mêmes attentions pour les mailletons, c'est-à-dire, qu'après les avoir réduits par la taille à un ou deux boutons pendant l'Automne, ou au Printemps avant qu'ils bourgeonnent, il faudra les attacher au joug. La perche que j'ai appellée *Canterius* (1), sera plus près de terre pour les mailletons, que pour les seps qui sont dans les rangées : car elle ne doit pas être élevée à plus d'un pied, afin que les pampres encore tendres trouvent quelque chose à quoi ils puissent s'accrocher avec leurs vrilles, & que les vents ne les déracinent point. Ensuite le fossoyeur retournera par de fréquentes fouilles faites au hoyau la superficie du terrein, & le pulvérisera bien égale-

(1) Dans le Chap. précédent,

ment. Nous approuvons très-fort cette espece de fouille faite à plat ; car pour celle que l'on appelle en Espagne fouille d'Hiver, & que l'on employe pour enlever la terre du pied des vignes, & la rassembler dans les allées qui sont entre les rangées, elle nous paroît inutile, parce que les vignes ont déja été déchaussées en Automne, & que cette opération, qui en a découvert les racines supérieures, s'est fait sentir jusqu'aux racines les plus profondes, en leur transmettant les pluies d'Hiver. On doit faire ces sortes de fouilles autant de fois que la premiere année ou une fois de moins. Car il faut sur-tout avoir soin de remuer souvent le terrein, jusqu'à ce que les vignes aient pris assez d'accroissement pour le couvrir de leur ombre, & pour empêcher les herbes d'y croître à leurs pieds. On doit aussi épamprer les vignes cette année comme la précédente, parce qu'il faut encore contenir, pour ainsi dire, l'enfance du plant, & ne lui pas laisser plus d'un fouet, d'autant plus qu'à un âge aussi tendre il ne résisteroit pas à la charge du fruit & à celle du bois tout à la fois.

CHAPITRE XV.

MAIS, lorsque la vigne est parvenue au bout d'un an & six mois à être vendangée, il faut la peupler sitôt après en avoir cueilli le fruit, &

propager les maillerons qu'on a mis en terre à cet
effet, ou, si l'on en a pas, il faut attirer des sautelles des seps qui sont dans les rangées, & les conduire à un pieu différent de celui qui soutient ces
seps, car il est très-intéressant de bien garnir encore
tous les appuis de la vigne par de nouvelles plantations : on ne la garnira pas néanmoins par-dessous dans le moment qu'on sera prêt à la vendanger. On appelle sautelle une branche d'un sep
courbée en terre près de son appui, & dont on
conduit l'extrémité à un pieu qui n'est point garni, après l'avoir recouverte de terre dans une
fosse suffisamment profonde. Cette branche donne par la suite beaucoup de bois, qui sort de
toute la partie qui est arquée, & que l'on applique à son appui dès qu'il est venu, pour le faire
parvenir au joug. L'année suivante on coupe jusqu'à la moëlle du sep la partie supérieure de la
sautelle, à l'endroit même où on l'a courbée, de
peur que le fouet qui en sera sorti, n'attire à lui
toutes les forces de sa mere, & afin qu'il s'habitue peu-à-peu à tirer sa nourriture de ses propres
racines. A l'âge de deux ans, on coupe la sautelle très-près de la branche qu'on a laissé venir sur la partie arquée, ensuite on beche profondément au pied de cette nouvelle plante ainsi
séparée de sa mere, & on laisse une petite fosse
autour d'elle, après quoi on la coupe jusqu'à
raze-terre du fond de cette fosse, & on la recouvre de terre, afin qu'elle pousse des racines

par en bas, parce que, si on la coupoit sans tant
de précaution sur la superficie du sol, elle pourroit germer par le bout qui avoisineroit la terre,
ce qu'il faut prévenir. Il n'y a pas de temps plus
favorable pour couper les sautelles, que depuis
les Ides (1) d'Octobre jusqu'à celles de Novembre, afin que leurs racines puissent se fortifier
pendant l'Hiver. En effet, si on faisoit cette opération au Printemps, qui est le temps auquel les
branches commencent à se charger de boutons,
elles tomberoient en langueur en se trouvant privées tour-à-coup de leur mere.

CHAPITRE XVI.

ON suit la même méthode pour transférer les
mailletons. Car on est à temps, après les Ides (1)
d'Octobre du second Automne, de les enlever pour
les planter; si le climat & la nature du terrein le
permettent : mais si la rigueur du climat & la mauvaise disposition du terrein s'y opposent, il ne
sera temps de le faire qu'au Printemps d'ensuite.
Il ne faut pas laisser trop long-temps les mailletons dans les vignes, de peur qu'ils n'épuisent la
force du terrein, & qu'ils ne nuisent aux plantes

____

(1) Voy. la Note 1 du Chap. XXVIII. de l'Économie rurale de Varron, Liv. I.

qui sont dans les rangées, & qui se fortifieront
d'autant plus aisément, qu'elles seront plus promptement délivrées de la compagnie des marcottes :
on peut au contraire garder dans des pépinieres des vignes de trois ou même de quatre ans,
pourvu qu'on les coupe entiérement ou qu'on
les taille de court, parce qu'on ne destine pas ces
pépinieres à la vendange. Dès que la vigne que
l'on a plantée a passé deux ans & demi, c'està-dire, son troisieme Automne, il faut l'attacher
à des appuis plus forts que ceux qu'elle a, &
ne pas faire cette opération de caprice, ni au
hazard. Car ou on fiche le pieu auprès du sep ;
auquel cas on l'en éloignera cependant d'un pied,
tant afin d'éviter qu'il ne presse ou n'endommage ses racines, qu'afin que le fossoyeur puisse
fouiller de tout côté autour du plant, & on le
posera de façon qu'il protege la vigne, en recevant
sur lui toute la violence du froid & l'impétuosité
des aquilons : ou on le fiche dans l'entre-deux des
rangées ; auquel cas, afin qu'il ait plus de stabilité
pour porter le joug & les fruits, il faut le bien
enfoncer, ou même faire préalablement un trou
dans la terre avec un piquet, pour qu'il soit enfoncé plus profondément. Car plus l'échalas est
posé près du sep, plus il est stable, sans même
être bien enfoncé, parce que le sep & lui, se
touchant mutuellement l'un l'autre, se soutiennent réciproquement. Il faut ensuite atta

cher aux appuis de forts jougs, qui feront faits ou de perches de faules, ou de plufieurs rofeaux joints, pour ainfi dire, en bottes, pour qu'ils aient une certaine réfiftance, & qu'ils ne s'affaiffent pas fous le poids des fruits. Car on pourra déja laiffer deux farmens à chaque fep du plant, à moins cependant qu'il ne fe trouve quelques feps, dont la petiteffe exige qu'on les taille de plus court, auquel cas on ne leur laiffera qu'une branche à fruit & même garnie de très-peu d'yeux.

CHAPITRE XVII. (1)

LEs perches donnent un joug plus folide, & qui coute moins de peine à fabriquer qu'un joug de rofeaux, qui demande plus de journées de travail avant que les vignes y foient attachées, parce qu'il faut lier enfemble ces rofeaux en différens endroits, après avoir renverfé la tête des uns vis-à-vis le pied des autres, afin que ce joug foit également gros dans toute fa longueur. En effet,

---

(1) Pourquoi avoir défuni les différentes efpeces de jougs, en faifant commencer ici un Chapitre? Nous avons déja répété plufieurs fois, que les divifions par Chapitres n'étoient point de nos Auteurs. Il n'en faudroit point d'autre preuve que celle-ci.

ſi toutes les têtes des roſeaux étoient réunies d'un
ſeul côté, la foibleſſe de ce côté cédant à ſon
poids, les fruits ſeroient renverſés par terre dans
le temps de leur maturité, & expoſés aux chiens &
aux bêtes fauves, au lieu que, lorſqu'un joug ſera
formé de pluſieurs roſeaux liés en bottes, de façon
que les têtes en ſeront alternativement tournées de
différens côtés, il pourra communément être de
bon uſage pendant cinq ans. Pour ce qui eſt de
la taille & des autres façons, il n'y a pas d'autre méthode à ſuivre, que celle qu'on aura ſuivie pour les deux premieres années, c'eſt-à-dire,
qu'il faut déchauſſer avec ſoin les ſeps pendant
l'Automne, & appliquer de même des provins
aux pieux qui ne ſeront pas garnis. Car il ne
faut jamais laiſſer paſſer une ſeule année ſans renouveller cette derniere opération, d'autant que,
ſi les choſes que nous plantons ne peuvent pas
être immortelles, nous avons cependant un moyen
de pourvoir à leur perpétuité, en ſubſtituant
d'autre plant au lieu & place de celui qui meurt,
& en ne laiſſant pas périr toute l'eſpece par une
négligence continuée pendant pluſieurs années. Il
faut auſſi donner alors aux vignes pluſieurs fouilles, quoiqu'on puiſſe s'en tenir à une de moins
que la premiere année, comme il faut auſſi les
épamprer ſouvent, & ne pas ſe contenter d'en ôter
les feuilles ſuperflues une ou deux fois pendant
le courant de l'Eté. On doit ſur-tout mettre à bas

tout ce qui sera poussé au-dessous de la tête (2)
du tronc : de même, lorsque chaque œil aura jetté
sous le joug deux pampres à la fois, quoique ces
pampres montrent une belle apparence de fruits
abondans, il faudra en retrancher un, afin que
l'autre profite davantage, & qu'il soit plus en état
de nourrir le fruit qu'on lui aura laissé. A trois
ans & cinq mois, lorsque la vendange sera finie,
il faudra tailler la vigne de façon à lui laisser plusieurs fouets, qui la partageront en forme d'étoile.
Mais le devoir principal du vigneron consiste à la
ravaller par la taille environ à un pied de distance
au-dessous du joug, afin que toutes les parties tendres qui viendront à pousser au-dessus de sa tête (2)
à travers ses bras, soient animées, & qu'en se re-
courbant par-dessus le joug, elles se précipitent vers
la terre, sans cependant y atteindre. Il faut néanmoins proportionner le nombre de ces branches
tendres à la force du tronc, & ne pas en laisser plus
que la vigne n'en peut nourrir. Communément à
cet âge, lorsque le terrein & le tronc sont bons, la
vigne n'en peut supporter que trois & rarement
quatre. Celui qui les liera aura soin de les distribuer chacune d'un côté différent, parce qu'il ne
serviroit de rien que le joug fût croisé & divisé en

---

(2) Il appelle la tête du tronc, le nœud supérieur duquel
partent toutes les branches & les bras de la vigne. Voy. le
Chap. XXIV.

étoile, si on n'y attachoit pas les branches à fruit dans la même forme. Il est vrai que tous les Agriculteurs n'ont pas adopté cette forme, & que plusieurs se sont contentés, au contraire, d'arranger ces branches d'une façon plus simple. Cependant la vigne a plus de consistance pour soutenir le poids de ses sarmens & celui de son fruit, lorsqu'étant attachée de deux côtés au joug, elle est retenue par un contre-poids égal comme par des especes d'ancres : de plus, lorsqu'elle est soutenue par tous les côtés, elle étend son bois en plus de bras, & le développe plus aisément, qu'elle ne le fait, lorsqu'elle a une multitude de branches entassées sans ordre sous un simple *Canterius* (3). Néanmoins quand la vigne ne s'étendra pas beaucoup en largeur, ou qu'elle sera peu fertile, & que d'ailleurs le climat ne sera point sujet aux orages ni aux tempêtes, elle pourra se contenter d'un seul joug. Car pour les pays où les pluies seront abondantes & les tempêtes impétueuses, & où la vigne, étant ébranlée par l'abondance des eaux ou comme suspendue sur des collines escarpées, aura besoin de beaucoup de soutiens, il faudra la fortifier de toutes parts, & la soutenir, pour ainsi dire, avec un bataillon quarré. Quant aux terreins chauds & secs, il faudra y étendre le joug de tous côtés, afin que les pampres, qui viendront en tout sens, se réunissent ensemble, & qu'en

______

(3) Voy. l'explication de ce mot dans le Chap. XIII.

s'épaississant en forme de voûte, ils couvrent de leur ombre la terre qui sera altérée; au lieu que dans les pays froids & sujets au gelées, on se contentera de ranger les pampres sur une seule ligne, parce que de cette façon la terre se séchera plus facilement, & que le fruit mûrira mieux & jouira davantage d'un air salutaire. D'ailleurs les fossoyeurs auront alors plus de liberté & de commodité pour lancer le hoyau, le fruit sera plus sous les yeux des gardiens, & les vendangeurs le cueilleront plus commodément.

CHAPITRE XVIII.

QUAND on voudra disposer ses vignobles en ordre, il faudra faire des quarrés séparés entre eux par des sentiers, qu'on remplira chacun de cent seps, ou, comme d'autres aiment mieux faire, distribuer tout son terrein par *Semi-Jugera*. En distribuant ainsi ses vignobles, outre l'avantage qu'on leur procure d'être plus exposés au Soleil & au vent, il devient aussi plus facile au Propriétaire d'y fixer ses regards & d'y porter ses pas, deux choses très-salutaires au fond. D'ailleurs cette distribution le met à portée d'estimer avec certitude le nombre de journées qu'il aura à exiger, parce qu'on ne peut pas se tromper, lorsque les *Jugera* sont partagés en portions égales.

Bien plus, la diftribution faite par quarrés diminue, pour ainfi dire, la fatigue du travail, à proportion de ce que ces parties font plus petites,
& excite en conféquence les travailleurs à dépê-
cher leur ouvrage : car l'immenfité d'un travail
urgent décourage communément les ouvriers. Il
eft encore très-utile de connoître les forces de fes
vignes & le produit de chacune en particulier,
pour pouvoir juger quelles font celles qui ont
befoin de plus ou moins de culture. En outre,
ces fentiers livrent non-feulement aux vendangeurs
mais encore à ceux qui vont raccommoder les jougs
& les appuis de la vigne, un paffage libre & facile, à travers lequel les uns & les autres peuvent porter les fruits ou les échalas.

CHAPITRE XIX.

QUANT à la hauteur dont le joug doit être élevé de terre, il fuffira de dire que fa plus petite
élévation eft de quatre pieds, & fa plus grande
de fept. Il faut cependant éviter cette derniere
dans les jeunes plans. Car on ne doit pas commencer par élever d'abord les vignes à une fi
grande hauteur, & il ne faut les y conduire qu'a-
près une longue fuite d'années. Au refte plus le
fol & le climat font humides & les vents doux,
plus il faut élever le joug : car pour lors la ferti-

lité des vignes permet de les laisser monter plus haut, & le fruit étant écarté de terre est moins sujet à se pourrir, outre que c'est la seule façon dont il puisse jouir des effets salutaires du vent, qui seche en peu de temps les brouillards & les rosées pestilentielles, & qui contribue beaucoup tant à faire défleurir la vigne qu'à en améliorer le vin. Les terreins maigres au contraire ou ceux qui vont en pente, ainsi que ceux qui sont brûlés par la chaleur, ou trop exposés à la violence des tempêtes, demandent des jougs plus bas. Mais si tout se trouve conforme à nos désirs, nous ferons monter nos vignes à cinq pieds de hauteur, ni plus ni moins; quoiqu'il n'y a point de doute, que plus elles seront montées sur des jougs élevés, plus le vin qu'elles donneront sera d'un goût délicat.

CHAPITRE XX.

QUAND la vigne a été échalassée & mise au joug, elle a besoin des soins de celui qui doit la lier. Ce qu'il aura le plus à cœur, ainsi que je l'ai dit ci-dessus (1), est de conserver la tige dans une direction droite, & de ne pas se régler sur les tortuosités de l'échalas, de peur que sa mauvaise tournure ne fasse contracter à la vigne les mêmes

---

(1) Voy. le Chap. XIII.

défauts. Ce point est non-seulement intéressant pour donner un bel aspect à la vigne, mais encore pour lui procurer de la fécondité, de la force & de la durée. Car quand le tronc est droit, il porte sa moëlle dans la même direction, moyennant quoi le suc de la terre, qui lui doit servir de nourriture, passe plus facilement à travers cette moëlle, & parvient au haut de la plante, en suivant, pour ainsi dire, un chemin qui ne se trouve barré par aucun détour ni par aucun obstacle; au lieu que les vignes, qui sont courbées & torses, ne sont pas également abreuvées de ce suc dans toutes leurs parties, tant à cause des obstacles que les nœuds apportent à son passage, qu'à cause de leur tortuosité qui retarde la filtration des eaux de la terre, en leur opposant, pour ainsi dire, des mauvais pas. C'est pourquoi, lorsque la vigne est montée en ligne droite jusqu'au haut du pieu, on l'y attache avec un lien, de peur que le poids de ses fruits ne l'affaise & ne la courbe. Ensuite, à partir de l'endroit qui a été lié le plus près du joug, on arrange ses bras de côté & d'autres, & on recourbe en terre à l'aide d'un autre lien les branches à fruit, après les avoir fait passer sur le joug. Moyennant cela, il arrive que d'un côté ce qui pend du joug se charge de fruit, & que d'un autre côté la courbure occasionne de nouvelles pousses aux environs du lien qui la retient au joug. Il y en a qui étendent au-dessus du joug les parties que nous précipitons par en bas, & qui les y retiennent en les liant à diverses reprises, mais je ne crois pas leur méthode bonne. En effet, lorsque les branches à fruit sont pendantes, les pluies, les brouillards & les grêles ne leur nuisent pas autant, qu'elles leur nuisent, lorsqu'étant liées ensemble, elles semblent se présenter en face aux mauvais temps. Cependant ces mêmes branches à fruits, que l'on aura laissé pendre, doivent être liées avant que le fruit mûrisse, & quand les grappes commenceront à tourner & qu'elles seront encore en verjus, afin que les pluies puissent moins les pourrir, & que les vents & les bêtes ne les dévastent pas. Il faut le long des chemins & des sentiers tourner les branches à fruit en-dedans du plan, pour que les passans n'y causent aucun dommage. Voilà la maniere de conduire au joug la vigne, quand il est temps de l'y mettre. Car si elle est foible ou courte, il faut la couper à la hauteur de deux bourgeons, afin qu'elle jette un bois plus fort, & qui puisse monter tout d'un trait au joug.

CHAPITRE XXI.

QUAND la vigne à cinq ans, on ne la taille pas autrement que pour lui continuer la forme que nous avons désignée ci-dessus (1), & pour

______

(1) Voy. la Note 1 du Chap. XVII.

l'empêcher de s'étendre par en-haut, en faisant ensorte que sa tête (2) reste toujours à environ un pied au-dessous du joug, & qu'elle se distribue en quatre parties, c'est-à-dire, en autant de parties qu'elle a de bras ou de *duramenta*, suivant l'expression de quelques personnes. Il suffira de laisser à chacun de ces bras une branche à fruit, jusqu'à ce que les vignes aient toute leur force. Mais lorsque quelques années après, elles seront parvenues, pour ainsi dire, à la vigueur de la jeunesse, le nombre de branches à fruit qu'on leur laissera ne sera plus fixe. En effet la fertilité du terrein en exigera davantage, & sa maigreur en comportera moins; d'autant que, si on ne réprime pas une vigne trop abondante en fruit, elle quitte mal sa fleur, & ne donne que du bois & des feuilles; comme, d'un autre côté, quand elle est foible, elle souffre, pour peu qu'elle en soit trop chargée. C'est pourquoi dans un terrein gras, on pourra laisser deux fouets à chaque bras, sans cependant jamais charger un sep au point d'avoir plus de huit branches à fruit à nourrir, à moins que la fertilité du terrein n'en exige absolument davantage. Effectivement, un sep qui a plus de branches que nous ne venons de dire, à plutôt l'air d'une vigne en treille qu'en vignoble. On ne doit pas non plus souffrir que les bras d'une vigne

---

(2) Voy. dans le Chap. XVII. ce qu'il entend par la tête de la vigne.

deviennent plus gros que son tronc : mais toutes les fois que l'on pourra laisser croître des fouers sur leurs côtés, il faudra les couper eux-mêmes par en-haut, afin qu'ils ne montent pas au-delà du joug ; de façon que la vigne soit toujours renouvellée par de jeunes branches, que l'on mettra au joug, lorsqu'elles seront devenues assez longues pour y atteindre. Mais s'il s'en trouve quelques-unes de rompues, ou qui ne soient pas assez longues, pour peu qu'elles soient dans une partie qui puisse servir à renouveller la vigne l'année suivante, il faudra les tailler en courson d'un pouce, que les uns appellent *custos* (3), les autres *resex* (4) & d'autres *præsidiarius* (5). Ce courson n'est rien autre chose qu'un sarment de deux ou trois boutons, que l'on conserve à dessein de renouveller la vigne par son moyen, parce que, dès qu'il a produit des branches à fruit, on coupe tout l'excédent de l'ancien bras, qui est au-dessus de l'œil dont ces branches sont sorties. Cette méthode par laquelle les vignes auront été mises en bon état, sera celle qu'il faudra toujours suivre par la suite.

---

(3) C'est-à-dire, *gardien*.
(4) C'est-à-dire, *qui reste*.
(5) C'est-à-dire, *de ressource*.

CHAPITRE

CHAPITRE XXII.

MAIS si nous avons acquis des vignes qui aient
été conduites d'une autre façon, & que, pour avoir
été négligées pendant plusieurs années, elles soient
montées au-delà du joug, il faudra examiner de
quelle longueur sont les bras qui excedent la mesure que nous venons de fixer; car s'ils n'ont que
deux pieds ou un peu plus, on pourra encore remettre toute la vigne au joug, pourvu que son
pieu soit appliqué au tronc même : en effet il suffira pour lors d'écarter le pieu du tronc, & de
l'enfoncer en terre sur la ligne où est la vigne,
vis-à-vis le vuide que forment deux de ses bras entre eux, après quoi on penchera la vigne pour la
conduire à cet appui, & moyennant cela, elle se
trouvera à la portée du joug (1). Mais si ses bras
sont beaucoup plus allongés, ou qu'ils soient dans
le cas d'atteindre jusqu'à un quatrieme, ou même jusqu'à un cinquieme échalas (2), on pourra
à la vérité les rétablir, mais à plus grand frais,

---

(1) En effet plus on pourra éloigner le pieu du tronc,
plus l'angle que la vigne sera obligée de former, pour s'é-
carter de la perpendicule, sera aigu, & plus elle se rap-
prochera de la hauteur du joug, qu'elle surpassoit auparavant.

(2) Ce qui est un vice dans la vigne. Voy. le Ch. XXIV.

                    X

en courbant en terre des sautelles, & à l'aide
de ces sautelles, dont nous approuvons fort l'u-
sage, la vigne se propagera très-promptement.
Cependant si elle est vieille, & que la superficie
de son tronc soit rongée, cette opération demandera une grande attention, au lieu qu'il en faudra moins, si elle est dans toute sa vigueur & son
intégrité. En effet il suffira pour lors, après l'avoir
déchaussée, de la fumer largement en Hiver, & de
la tailler de court, après quoi on l'ouvrira avec
la pointe d'un instrument de fer, dans la partie
la plus verte de son écorce, entre trois & quatre pieds de terre; ensuite on donnera de fréquentes fouilles au terrein, afin qu'elle puisse s'a-
nimer & jetter des pampres, sur-tout de l'endroit
où on l'aura ouverte : communément il sort un
germe de cette cicatrice, & si le produit en devient
très-long, on le laisse croître comme un fouet,
au lieu que s'il est moins long, on le taille en
courson, & s'il est absolument court, on le taille
en forme de verrue ; car le moindre petit fila-
ment peut être taillé de cette derniere façon. Or,
dès qu'un pampre est sorti du bois dur avec
une ou deux feuilles, pourvu que ce pampre vienne à maturité, sans avoir été ni coupé ni éplu-
ché, il donnera le Printemps suivant un bois considérable; & lorsque ce bois sera consolidé, &
qu'il aura formé une espece de bras, on pourra
dès lors couper la partie du bras qui montoit au-
dessus du joug, & par conséquent laisser le reste au

Joug. Plusieurs personnes, pour avoir plutôt fait, coupent les vignes qui sont dans ce cas à plus de quatre pieds de terre, sans rien redouter de cette amputation, parce qu'ordinairement la plupart des seps se prêtent naturellement à jetter de nouvelles pousses auprès de la cicatrice. Mais nous n'approuvons pas cette méthode, parce que communément une trop grande plaie, quand elle n'est pas surmontée d'une partie de bois bien portante, avec laquelle elle puisse se consolider (3), est bientôt desséchée par l'ardeur du Soleil, ou pourrie par les pluies & les rosées qui succedent à ce premier accident. Cependant, lorsqu'on sera forcé de couper absolument un sep, il faudra d'abord le déchausser, puis le couper un peu au-dessous de la superficie du sol, afin que la terre, dont on le recouvrira, puisse le mettre à l'abri de l'ardeur du Soleil, sans cependant empêcher le passage des nouvelles branches qui sortiront de ses racines, afin qu'elles puissent se marier à leurs échalas, ou couvrir de leurs provins les échalas du voisinage qui ne seront point garnis. Cette espece d'opération ne pourra néanmoins se faire, que lorsque les vignes seront plantées

---

(3) Comme il arrive dans certains genres de greffes, dont la plaie se cicatrise d'autant plus facilement, que le suc nourricier qui a toujours sa tendance par en-haut, la consolide peu-à-peu avec le bois supérieur, ou du moins l'empêche de se dessécher.

assez profondément pour que leurs racines ne vacillent pas sur la superficie du sol, & qu'elles seront d'une bonne espece. Autrement ce seroit peine perdue : parce que, si ce sont des vignes dégénérées, on aura beau les renouveller, elles conserveront toujours ce premier vice, & que, si elles tiennent à peine sur la superficie de la terre, elles périront avant que d'avoir pris une certaine force. Ainsi, dans le premier cas, on fera mieux de les greffer avec des entes fructueuses, & dans le second, il faudra les extirper entiérement & en replanter de nouvelles, pourvu cependant qu'on y soit déterminé par la bonté du sol. Car si c'est par le vice du sol qu'elles sont devenues stériles avant même que d'être vieillies, nous ne croyons pas qu'on doive les rétablir en aucune façon. Or les vices de terrein qui finissent presque toujours par détruire les vignobles, sont la maigreur & la stérilité, un goût salé ou amer inhérent à la terre, l'humidité, une position précipitée & escarpée, une terre trop ombragée & privée des rayons du Soleil, des vallées sablonneuses, de même qu'un tuf sablonneux, un sable plus maigre qu'il ne faut, & dans lequel il n'y a pas plus de terre que dans du gravier pur, & toute autre circonstance pareille qui met la terre hors d'état de fournir à la vigne sa nourriture. Au reste, lorsqu'un terrein n'a aucun de ces désavantages ni d'autres semblables, on peut en faire un vignoble qui rapportera toutes les années sans se repofer, en se conformant à la méthode que nous avons donnée dans le premier Livre (4). Mais pour les vignobles d'une espece mauvaise, & qui, tout robustes qu'ils sont, ne rapportent pas de fruit à cause de leur stérilité, on les corrigera, comme nous avons dit, par le moyen de la greffe dont nous traiterons en son lieu (5), lorsque nous en serons venus à cette matiere.

CHAPITRE XXIII.

COMME il semble que nous avons peu parlé de la taille, nous allons à présent traiter avec plus de soin de cette façon, qui est la plus essentielle de toutes celles que nous proposons de donner aux vignes. Il faut donc, lorsque la température douce & modérée de la contrée où nous cultiverons le permettra, commencer la taille aprés la vendange vers les Ides (1) d'Octobre ; pourvu cependant que les pluies d'Automne soient préalablement tombées, & que les sarmens aient acquis la force qu'ils doivent avoir : car la sécheresse oblige de la remettre à un temps plus éloigné. Mais si une

---

(4) C'est-à-dire, dans le Livre précédent. Voy la Note 1 du Chap. IV.

(5) Voy. le Chap. XXIX.

(1) Voy. la Note 1 du Chap. XXVIII. de l'Economie rurale de Varron, Liv. I.

température froide & sujette aux gelées blanches menaçoit d'un Hiver rude, nous remettrions cette opération aux Ides (1) de Février. On pourroit aussi user du même délai, dans le cas où l'on n'auroit que des possessions de vignes peu étendues : car lorsque l'étendue de nos possessions nous empêchera de choisir notre temps, il faudra tailler les parties de nos vignobles les plus vigoureuses pendant les froids, les plus maigres au Printemps ou pendant l'Automne, celles qui seront sous le Midi en Hiver & même pendant le Solstice, & celles qui seront exposées à l'Aquilon au Printemps & pendant l'Automne. Il est incontestable que telle est la nature de cet arbrisseau que plus on le taille de bonne-heure, plus il donne de bois, de même que plus on le taille tard, plus il donne de fruit.

CHAPITRE XXIV.

AU surplus en tel temps que le vigneron taille la vigne, il a trois choses principales à observer : la premiere est d'avoir le plus qu'il pourra les fruits en vue, la seconde de prendre ses précautions dès le moment de la taille pour réserver pour l'année suivante le bois qui promettra le plus, enfin d'assurer à la vigne la plus longue durée ; car la négligence sur un seul de ces points, tel qu'il

foit , eſt capable de porter un grand préjudice
au Propriétaire. Comme une vigne eſt diviſée
en quatre parties, elle eſt auſſi tournée vers quatre aſpects du Ciel différens, & comme chacun de ces aſpects a ſes propriétés différentes,
ils demandent auſſi des variétés dans l'arrangement des vignes, à raiſon de la différence de
leur expoſition. C'eſt pourquoi les bras expoſés
au Septêntrion ſont ceux qui doivent ſouffrir le
moins de taille , ſur - tout ſi on les taille lorſqu'ils ſont déja menacés du froid, qui ne manqueroit pas de brûler les cicatrices de l'opération.
On ne leur laiſſera donc qu'un ſarment le plus
près du jong que faire ſe pourra, avec un courſon
au-deſſous, qui ſervira à renouveller la vigne l'année ſuivante. Au Midi, au contraire, on laiſſera
un plus grand nombre de branches à fruit, qui
ſerviront d'ombrage à la mere , lorſqu'elle ſera
tourmentée par les chaleurs de l'Eté, & qui em-
pêcheront que le fruit ne ſe deſſeche avant ſa
maturité. Pour le Levant & le Couchant, ils admettent tous deux très-peu de différence dans la
taille, parce que la vigne ne voit pas le Soleil
pendant moins d'heures ſous l'une de ces poſitions
que ſous l'autre. Il faudra donc laiſſer du bois
à proportion de la bonté du terrein & de celle
du ſep. Voilà les principes généraux de la taille.
En voici de particuliers auxquels il faudra ſe
conformer dans le détail. Car, pour commencer
par le bas de la vigne comme par ſes fondemens,

X iv

pour m'exprimer ainsi, il faut toujours écarter avec la doloire la terre dont son pied est environné, & s'il se trouve de ces rejettons qui tiennent à ses racines, nommés par les Paysans *suffrago* (1), il faut les arracher avec soin, & unir la plaie avec le fer, pour empêcher que les eaux de l'Hiver n'y séjournent. En général il vaut toujours mieux arracher les rejettons qui poussent d'un endroit qui a été taillé, que de laisser une cicatrice pleine de nœuds & rude, parce que, dans le premier cas, la plaie ne tarde pas à se cicatriser, au lieu que, dans le second cas, elle se cave & se pourrit. Après avoir ainsi soigné le pied de la vigne, il faut examiner ses cuisses & son tronc, pour n'y laisser ni pampres sortis du bois dur, ni tumeur semblable à une verrue, à moins que la vigne ne soit montée plus haut que le joug, & qu'elle ne demande à être ravallée. Mais s'il arrive qu'une partie du tronc, qui aura été coupé, soit desséchée par l'ardeur du Soleil, ou que la vigne ait été creusée soit par les eaux, soit par les animaux nuisibles qui se seront insinués dans sa moëlle, il faudra se servir de la doloire pour la délivrer de tout le bois mort, & ensuite la ratisser avec la serpe jusqu'au vif, afin qu'elle se cicatrise dans une partie verte; & il ne sera pas difficile d'enduire ces plaies, aussi-tôt qu'elles seront unies, avec de la terre détrempée préalablement dans de la lie

____

(1) C'est-à-dire, *le jarret.*

d'huile, parce que cette efpece d'enduit écarte de
la vigne les vers & les fourmis, & la préferve du
Soleil & de la pluie, ce qui fait qu'elle reprend
plutôt, & qu'elle conferve fon tronc toujours
vert. Il faut encore éplucher le corps de la vigne
en arrachant l'écorce feche & gerfée qui pendra
du haut du tronc, parce que la vigne délivrée
de ces efpeces d'immondices ne s'en porte que
mieux, & que le vin qu'elle donne eft moins
fujet à la lie. Il faut auffi écarter & ratiffer avec
le fer la mouffe qui tient le pied de la vigne
refferré comme entre des entraves, & qui la
maigrit par fa faleté & par la léthargie dans laquelle elle la plonge. Voilà ce qu'il y a à faire
dans le bas de la vigne. Je vais prefcrire également ce qu'il faut lui faire au corps. Les plaies
que l'on fait à la vigne dans le dur de fon bois
doivent être obliques & bien unies, parce qu'é-
tant faites de cette maniere, elles fe guériffent
plus promptement, & laiffent plus facilement
écouler l'eau jufqu'à ce qu'elles foient cicatrifées,
au lieu que les plaies qui font faites horizontalement reçoivent plus d'eau fur leur furface, &
la gardent plus long-temps. C'eft donc une faute
que le vigneron doit fur-tout éviter. Il faut couper les farmens gourmands, ainfi que les vieux,
ceux qui font nés dans une mauvaife place, les
tortus & ceux qui font tournés vers la terre,
& laiffer les jeunes & ceux qui promettent du
fruit, pourvu qu'ils foient droits. Il faut couper

avec la serpe ceux qui sont secs & vieux, ainsi que les ergots des coursons de l'année (2), & conserver les bras tendres & verts. Quand la vigne sera montée à environ quatre pieds de hauteur, il faudra lui former quatre bras, dont chacun sera tourné vis-à-vis les quatre pointes de l'étoile formée par le joug. Mais il faudra prendre garde de laisser deux sarmens ou davantage sur la même ligne, & du même côté d'un bras, parce que la vigne souffre beaucoup quand toutes les parties de ses bras ne travaillent pas également, & qu'au lieu de distribuer de la nourriture à ses enfans par portion égale, elle n'est tétée que d'un seul côté, parce qu'il arrive delà que celui de ses vaisseaux, dont tout le suc est épuisé, seche comme s'il étoit frappé de la foudre. On appelle *Focaneus* (3) la branche à fruit qui sort communément entre deux fourchons : les Paysans lui ont donné ce nom, parce que, naissant entre deux des bras dans lesquels la vigne se partage, elle tient ce passage assiégé, & intercepte la nourriture de ces deux bras. On a donc bien soin de la retrancher aussi, & de l'arracher comme une espece de rivale, avant qu'elle se soit fortifiée. Si cependant elle a déja assez pris de force pour que l'un des deux bras en ait souffert, on retranche le plus foible des deux, & on la lui substitue ; car l'un des bras

---

(2) Voy. la Note 2 du Chap. VII.
(3) Du mot *Fauces*, qui veut dire, *un défilé.*

étant ainsi coupé, la mere n'aura pas plus de peine à entretenir les deux autres parties qui resteront. Ainsi il faut mettre à un pied de distance au-dessous du joug la tête de la vigne (4), dont s'écarteront, ainsi que je l'ai dit (5), ses quatre bras, sur lesquels on renouvellera la vigne chaque année, tant en coupant d'anciennes branches à fruit, qu'en en laissant croître de nouvelles, qu'il faudra choisir à cet effet avec intelligence. Car lorsque la vigne abonde en bois, le vigneron doit prendre garde en la taillant de ne pas lui laisser les branches qui seront les plus voisines du bois dur, c'est-à-dire, du tronc & de la tête de la vigne (4), non plus que celles qui en seront les plus éloignées. En effet si les premieres ne sont d'aucune utilité pour la vendange, parce qu'elles rapportent peu de fruit, attendu qu'elles sont semblables à celles qui sortent du tronc à son pied (6), les secondes épuisent la vigne, parce qu'elles sont chargées de trop de fruit, & qu'elles s'étendent jusqu'à un second & un troisieme pieu, ce que nous avons dit être vicieux (7). Il sera donc bon de laisser les branches qui se trouveront dans le milieu des bras, parce qu'on peut en espérer du fruit, & qu'il n'y a pas à craindre qu'elles maigrissent le sep. Il y a des personnes qui montrent plus

----

(4) Voy. la Note 1 du Chap. XVII.
(5) Chap. XVII.
(6) Voy. la Note 6 du Chap. X. Liv. III.
(7) Chap. XXII.

d'avidité à se procurer une grande quantité de fruit, en laissant les fouets des extrémités avec ceux du milieu, & en taillant en outre en courson le sarment le plus proche du bois dur. Mais je ne crois pas qu'on doive suivre cette méthode, à moins que la vigueur, tant du sol que du tronc, ne le permettent : car ces fouets se couvrent d'une si grande quantité de grappes, qu'elles ne peuvent plus parvenir à leur maturité, à moins que la bonté de la terre ou la fertilité du tronc ne s'y prêtent. On ne doit pas tailler de branches en courson, lorsque celles dont on attend les fruits les plus prochains sont situées dans un lieu convenable, parce qu'il suffit de lier ces branches & de les courber vers la terre, pour exciter le bois à en sortir au-dessous de la ligature. Mais si la vigne s'étend plus loin que la méthode des Agriculteurs ne lui permet de le faire, & qu'en s'élançant du côté de sa tête (4), elle jette ses bras sur les toîts des jougs voisins qui ne lui sont point destinés, on laissera auprès du tronc un courson vigoureux & très-long, garni de deux ou trois nœuds : ce courson jettera l'année suivante du bois, dont on formera un nouveau bras qui paroîtra comme sortir du pouce, après quoi on coupera les autres bras, & la vigne se trouvera renouvellée & pourra être contenue dans les bornes de son joug. Mais en laissant ce courson, voici ce qu'il faudra sur-tout observer : premiérement que la plaie n'en soit pas horizontale ni tournée en face du Ciel, mais oblique & penchée vers la terre, moyennant quoi elle se défendra d'elle-même contre la gelée, & se garantira du Soleil ; secondement que la taille n'en soit point allongée en forme de fleche, mais courte & arrondie comme les ongles, parce que, dans le premier cas, la partie blessée se desseche plutôt, & que la plaie se fait sentir dans une plus grande étendue, au lieu que dans le second cas, elle se remet plutôt de sa blessure, laquelle d'ailleurs s'étend moins au loin (8). Il faut aussi se garder très-particuliérement d'une méthode fort vicieuse, que je vois néanmoins être usitée par plusieurs personnes, qui, lorsqu'ils taillent un sarment en courson, n'ont égard qu'à la beauté du coup-d'œil, & le coupent à cet effet près de la jointure, afin qu'il soit plus court, & qu'il ressemble plus parfaitement au pouce (9); mais cette méthode est très-pernicieuse, parce qu'il arrive delà que l'œil voisin de la plaie souffre dans les commencemens du froid & de la gelée, & par

---

(8) En effet dans la premiere espece de taille, la blessure étant longue, la partie blessée que l'on laisse est mince & effilée, au lieu que dans la seconde, la blessure étant moins étendue, & plutôt ronde que longue, la partie blessée est plus épaisse ; d'où il arrive que dans le premier cas, la partie blessée seche bientôt & meurt souvent, au lieu que dans le second cas, non-seulement elle ne meurt point, mais sa croissance est moins long-temps suspendue.

(9) Qui est le doigt de la main le plus court & le plus épais,

la suite de la chaleur. Le meilleur est donc de couper le courson vers le milieu de l'entre-nœuds, & d'incliner la plaie du côté opposé à l'œil, afin qu'elle ne répande pas ses pleurs sur lui, ainsi que nous l'avons déja dit ci-dessus (10), & qu'elle ne l'aveugle pas lorsqu'il sera prêt à bourgeonner. Mais si l'on n'a pas de quoi faire un courson, il faudra chercher de quoi faire une rumeur, laquelle, pour être coupée de très-court à peu près dans la forme d'une verrue, n'en donnera pas moins le Printemps suivant du bois, qui servira à remplacer des bras ou des branches à fruit. Si l'on ne trouve pas même de ces sortes de rumeurs, il faudra faire une ouverture à la vigne, en y appliquant le fer à l'endroit d'où l'on voudra faire sortir des pampres. Je suis encore très-fort d'avis que l'on délivre de leurs vrilles & de leurs rejettons, les branches à fruit que l'on destine à la vendange. Mais il faut s'y prendre autrement pour les couper, que pour couper les pampres qui sortent du tronc : car on applique rudement la serpe pour couper raze ce qui sort du bois dur, afin que la plaie se cicatrise plus promptement, au lieu qu'on s'y prend plus doucement quand il s'agit de couper ce qui sort du bois tendre, comme par exemple, les rejettons, parce qu'ordinairement ils sont garnis sur le côté d'un œil qu'il faut ménager, sans l'offenser avec la serpe. Or si

---

(10) Chap. IX.

l'on y appliquoit le fer trop rudement, on enle-
veroit absolument l'œil, ou tout au moins on l'en-
dommageroit du même coup, d'où il arriveroit
que le pampre, qui est prêt à germer, seroit foible & peu fertile, outre qu'il seroit plus sensible
aux injures des vents, parce qu'il seroit sorti de
la cicatrice sans aucune vigueur. Il est difficile de
déterminer la longueur que l'on doit donner au
bois qu'on laissera à la vigne. La plupart cependant ne lui donnent que la longueur suffisante,
pour pouvoir passer sur le joug & se recourber
de l'autre côté, sans néanmoins aller jusqu'à terre.
Pour nous, nous croyons qu'il faut entrer dans un
plus grand détail sur cet objet, & examiner en
premier lieu quelle est la nature de la vigne, parce que, si elle est robuste, elle pourra porter de
plus longs bois, en second lieu si le sol est gras,
parce que s'il ne l'est pas, telle robuste que soit
la vigne, nous la ferions bientôt périr en l'amai-
grissant par de trop longs fouets. Au reste, on n'estime pas la longueur d'une branche à fruit d'après
sa mesure intrinseque, mais d'après le nombre
de ses bourgeons : car lorsque ses nœuds sont très-
éloignés l'un de l'autre, on peut lui laisser assez
de longueur pour aller presque jusqu'à terre, attendu que malgré cette longueur elle jettera peu
de pampres; mais lorsque les nœuds d'une branche à fruit sont drus, & qu'elle montre beaucoup
d'yeux, quoique courte, elle donne néanmoins un
grand nombre d'autres branches à fruit, & produit

des grappes en abondance , raison pour laquelle il faut de toute nécessité ménager dans ce cas-
là sa longueur, pour que la vigne ne soit point
chargée de branches à fruit trop hautes. Il faut
encore que le vigneron examine si la vendange de
l'année précédente a été abondante ou non, parce qu'il doit épargner les vignes après une forte récolte, & par conséquent les tailler alors plus court,
au lieu qu'après une moindre récolte, il doit leur
faire la loi. Par dessus tout cela , nous pensons encore que toute la besogne, dont nous parlons, doit
être faite avec des instrumens de fer qui soient
forts , minces & bien tranchants : car une serpe
émoussée , épaisse & de peu de résistance retarde
celui qui taille la vigne, & dès-lors il fait moins
d'ouvrage quoiqu'il ait plus de peine. En effet , soit
que l'instrument plie , comme il arrive quand il
n'est pas ferme , soit qu'il pénetre difficilement ,
comme il arrive quand il est émoussé & épais, celui qui taille trouve alors de plus grands obstacles à
vaincre, outre que les plaies qui sont raboteuses &
inégales , quand l'opération n'a pas été faite en un
seul coup mais en plusieurs, déchirent la vigne : d'où
il arrive souvent qu'on est obligé de rompre ce
qu'on auroit dû couper, & que l'humidité pourrit la vigne qui est ainsi déchirée & raboteuse, sans
que les plaies qu'on lui a faites puissent se guérir. C'est pourquoi il faut bien avertir celui qui
doit tailler la vigne, qu'il ait à aiguiser la lame
de son instrument, pour le rendre , autant qu'il

pourra,

pourra, auſſi tranchant qu'un raſoir. Il faut auſſi qu'il ſçache de quelle partie de la ſerpe il doit ſe ſervir pour chaque opération différente ; car j'ai ſouvent rencontré pluſieurs perſonnes qui dévaſtoient les vignobles faute d'avoir cette connoiſſance.

CHAPITRE. XXV.

OR telle eſt l'ordonnance & la figure de la ſerpe du vigneron. La partie la plus voiſine du manche qui préſente la lame dans une direction droite, s'appelle *culter* (1) à cauſe de ſa reſſemblance avec un couteau, celle qui eſt recourbée s'appelle *ſinus* (2), celle qui deſcend de la courbure s'appelle *ſcalprum* (3), celle qui la ſuit & qui eſt crochue s'appelle *roſtrum* (4), celle qui ſurmonte cette derniere dans la forme d'une moitié de lune s'appelle *ſecuris* (5), enfin celle qui part de l'extrémité de la ſerpe, & qui eſt penchée ſur le devant en forme de pointe, s'appelle *mucro* (6). Chacune de ces parties à ſa fonction particuliere, pourvu

(1) C'eſt-à-dire, *couteau.*
(2) C'eſt-à-dire, *courbure.*
(3) C'eſt-à-dire, *biſtouri.*
(4) C'eſt-à-dire, *bec.*
(5) C'eſt-à-dire, *hache.*
(6) C'eſt-à-dire, *pointe.*

que le vigneron soit habile à manier cet instrument. Car, lorsqu'il veut couper quelque chose en appuyant la main devant lui, il se sert du *culter* (1), lorsqu'il veut tirer la main à lui, il se sert du *sinus* (2), lorsqu'il veut unir la plaie, il se sert du *scalprum* (3), lorsqu'il veut creuser, il se sert du *rostrum* (4), lorsqu'il veut donner un coup, il se sert de la *securis* (5), & lorsqu'il veut nettoyer un endroit dont l'ouverture est étroite, il se sert du *mucro* (6). La plus grande partie de l'ouvrage que l'on fait sur les vignes, doit être fait en tirant à soi plutôt qu'en frappant, parce qu'une plaie faite de cette maniere s'unit du même trait; attendu que le vigneron commence par mesurer son coup avant d'appliquer le fer pour couper ce qu'il a envie de couper, au lieu qu'en frappant la vigne, il blesse le sep de plusieurs coups, pour peu qu'il vienne à manquer le premier (comme il arrive souvent). Ainsi la meilleure taille & la plus sûre, est celle que l'on fait en conduisant la serpe (ainsi que je l'ai dit) & non pas en donnant un coup.

CHAPITRE XXVI.

Toutes les opérations précédentes finies, le soin de soutenir la vigne & de la mettre au joug pour lui donner de la stabilité, leur succe-

de, comme nous l'avons déja dit ci-dessus (1).
L'échalas est préférable au pieu en cette occasion,
encore y a-t-il du choix à faire : car le meilleur
échalas est celui qui est fait de bois d'olivier, de
chêne, & de liege, ainsi que de toute autre espece de chêne fendu avec des coins; viennent ensuite les appuis ronds & longs, dont les plus approuvés sont ceux de bois de génevrier, de laurier & de cyprès. Les pins sauvages sont également bons à cet usage, & le sureau même n'est
pas mauvais. Au reste, tels bons que soient ces
appuis & tous les autres semblables, il faut néanmoins les retoucher après la taille, les unir avec
la doloire dans les parties qui en seront pourries,
changer de côté ceux qui seront sains, retirer
ceux qui seront ou cariés ou plus courts qu'il
ne faudra, & en remettre de meilleurs à leur
place, relever ceux qui seront couchés par terre,
& redresser ceux qui pencheront. On mettra de
nouveaux liens aux jougs, au cas qu'ils n'aient
pas besoin d'être refaits à neuf; mais s'ils parois-
soient être dans le cas d'être refaits, on attachera des perches ou des roseaux à la vigne avant
d'y appliquer les pieux, & ce ne sera qu'après
que le joug sera fait ainsi, que l'on rassemblera,
par le moyen de l'échalas, tout le sep vis-à-vis
de son pied & sous ses bras, ainsi que nous l'a-

____

(1) Voy. le Chap. XII.

vons preſcrit pour les jeunes vignes (1) , en évitant d'attacher les vignes toutes les années à un ſeul & même endroit, de peur que les ligatures répétées ne finiſſent par couper le tronc & par l'étrangler. Enſuite on diſtribuera les bras en quatre parties ſous l'étoile formée par le joug, & l'on attachera les jeunes branches à fruit ſur le joug, ſans forcer nature, mais en les courbant légérement pour les laiſſer aller comme elles voudront, de peur de les rompre ſi on les plioit, & d'en faire tomber des bourgeons déja gros. Lorſqu'il arrivera que deux ſarmens prendront leur direction d'un même côté du joug, on mettra une perche entre deux, afin que les branches à fruit ſe coulant ſur cette perche, forment le toît du joug, pour en deſcendre enſuite & prendre leur direction vers la terre , comme s'ils ſe plongeoient du faîte de ce toît. Pour que cela ſoit habilement exécuté, celui qui liera les branches ſe ſouviendra de ne pas en tordre le ſarment en l'attachant, mais de courber ſimplement tout le bois qu'il mettra ſur le joug & qui pourra en être précipité, de façon que ce bois paroiſſe plutôt appuyé ſur la perche, que ſuſpendu à la ligature qui le retient. Car j'ai ſouvent remarqué que les Payſans en attachant ſans précaution les branches à fruit au joug, les y mettoient de ſa-

---

(1) Voy. le Chap. XVII.

çon, qu'il sembloit qu'elles ne faisoient que pendre de la ligature qui les retenoit, quoique les
branches ainsi attachées se rompent lorsqu'elles
viennent à être chargées du poids des pampres
& des grappes.

CHAPITRE XXVII.

LORSQUE les vignobles auront été ordonnés de
la maniere que nous avons prescrite, nous nous
hâterons de les nettoyer, & d'en retirer les sarmens & les bouts d'échalas. Il ne faudra cependant
les enlever que dans un temps où le terrein sera
sec, de peur que celui qui doit fouiller la terre
ne trouve trop de difficulté à le faire, dans le cas
où elle auroit été trop piétinée pendant qu'elle
étoit bourbeuse. On doit envoyer tout aussitôt
cet ouvrier dans les vignes, sans attendre qu'elles disent mot; parce que, si on ne l'y envoyoit
qu'après qu'elles auroient commencé à bourgeonner, il feroit tomber une grande partie de la
vendange. C'est pourquoi il faut les bêcher très-
profondément avant qu'elles bourgeonnent, entre
l'Hiver & le Printemps, afin qu'elles pullulent plus
gayement & plus abondamment; ensuite lorsqu'elles seront couvertes de feuilles & de grappes, il
faudra diminuer le nombre de leurs sarmens pendant qu'ils seront encore tendres & jeunes. Mais le

vigneron, qui s'étoit auparavant servi du fer pour les décharger, ne se servira plus alors que de la main, pour réprimer l'ombrage & faire tomber les pampres superflus. Car il importe très-fort que cette opération soit faite habilement, puisque les vignes gagnent encore plus à être épamprées qu'à être taillées. En effet, quoique la taille leur soit utile, cette opération les blesse par-là même qu'elle les coupe, au lieu que l'opération par laquelle on les épampre les guérit plus doucement & sans les blesser, outre qu'elle prépare la taille de l'année suivante, en la rendant plus facile. Elle laisse aussi moins de cicatrices à la vigne, parce que la partie du sep, dont on n'a retranché que du verd & du tendre, se guérit toujours promptement. Outre cela, les branches qui sont chargées de fruit prennent plus de force, & le raisin trouvant plus de facilité à se cuire au Soleil mûrit mieux. C'est pourquoi un vigneron prudent & habile doit examiner & juger quels sont les endroits de la vigne où il laissera croître le bois l'année suivante, & ne pas seulement ôter les branches qui n'ont point de grappes, mais encore celles qui ont du fruit, si leur nombre est excessif. Car il arrive quelquefois à certains yeux de jetter trois pampres à la fois, auquel cas il en faut retrancher deux, afin que ces yeux aient plus de facilité à nourrir le seul qui restera. Un Paysan sage doit donc supputer si la vigne ne s'est pas chargée de plus de fruit, qu'elle n'en peut porter.

C'est pourquoi non-seulement il doit arracher les feuilles superflues, ce qu'il ne faut jamais manquer de faire, mais il doit encore faire tomber quelquefois une partie du fruit, pour soulager la vigne trop chargée du poids de ses mammelles. Il y a même des cas particuliers où celui qui épampre doit, s'il est habile, faire tomber le fruit, quoiqu'il n'y en ait pas plus qu'il n'en pourroit mûrir. En effet, si la vigne se trouve fatiguée par les récoltes abondantes d'une suite d'années précédentes, il est juste de la laisser se reposer & se refaire, & de pourvoir par-là au bois des années suivantes. Pour ce qui est de rompre l'extrémité des sarmens, pour réprimer la trop grande fertilité de la vigne, de retrancher tous les pampres qui sortent des parties dures ou du tronc, à l'exception d'un ou de deux que l'on sera obligé de garder pour renouveller la vigne, comme encore d'arracher tout ce qui pousse sur la tête de la vigne entre ses bras, & d'ôter les branches qui, étant sur les bras même, occupent inutilement la mere, toutes stériles qu'elles sont, ce sont des ouvrages à la portée du premier venu, & même d'un enfant.

CHAPITRE XXVIII.

LE temps qu'il faut choisir de préférence pour épamprer la vigne, c'est avant qu'elle montre sa fleur ; mais on pourra encore répéter cette opération quand elle l'aura quittée. Pour ce qui est du temps intermédiaire, c'est-à-dire, des jours pendant lesquels le raisin se formera, il ne faut pas entrer pour lors dans les vignes, parce qu'il est dangereux d'agiter le fruit pendant qu'il est en fleurs ; mais dès qu'il est sorti de l'enfance, pour m'exprimer ainsi, & qu'il est dans l'adolescence, il faut l'attacher, le dépouiller de toutes ses feuilles, & le faire grossir à l'aide de fouilles fréquentes : car plus on pulvérisera la terre, plus il deviendra gros. Je ne disconviendrai pas que la plupart de ceux qui ont donné des préceptes d'Agriculture avant moi, s'étoient contentés de trois fouilles : de ce nombre est Græcinus (1), qui dit qu'on peut regarder comme suffisant de bêcher trois fois la vigne, quand elle est en état. Celsus (2) & Atticus conviennent aussi qu'il y a trois mouvemens naturels dans la vigne, ou plutôt dans toute espece d'arbres : l'un qui les fait ger-

______

(1) Voy. la Note 35 du Chap. I. Liv. I.
(2) Voy. la Note 32 *Ibid.*

mer, le second qui les fait fleurir, & le troisieme
qui les fait mûrir. Ils pensent donc que les fouilles servent à animer ces mouvemens, parce que
la nature ne parvient à l'objet de ses desirs, qu'autant qu'elle est aidée par le travail joint à l'étude. Telle est la culture des vignes, laquelle aboutit à la vendange.

*

CHAPITRE XXIX.

JE reviens à présent à la partie de ce traité, dans
laquelle je me suis engagé (1) à donner les préceptes, qui concernent les greffes de la vigne &
le soin de les entretenir. Julius Atticus a dit que
le temps propre à greffer étoit depuis les Calendes (2) de Novembre jusqu'à celles de Juin, qui
est tout le temps pendant lequel il assure qu'on
peut conserver les greffes, sans qu'elles bourgeonnent; d'où nous devons conclure qu'il n'y a point
de temps de l'année d'excepté, selon lui, pourvu
que l'on puisse avoir du sarment, dont la seve
ne dise mot. J'accorderois volontiers cette proposition dans les autres especes de plantes, dont
l'écorce est plus ferme & plus pleine de suc que

---

(1) Voy. le Chap. II.
(2) Voy. la Note 1 du Chap. XXVIII. de l'Economie rurale de Varron, Liv. I.

celle de la vigne. Mais je ne serois pas sincere, si je déguisois qu'il y a de l'imprudence, en fait de vignes, à permettre aux Paysans de les greffer dans le cours d'un aussi grand nombre de mois. Ce n'est pas que j'ignore que la greffe faite à la vigne au Solstice d'Hiver prend quelquefois ; mais nous devons prescrire aux Etudians non pas ce qui résulte par hazard d'une ou de deux expériences, mais ce qui arrive communément & par des raisons certaines. Je pourrois tout au plus consentir, jusqu'à un certain point, à cette méthode, s'il ne s'agissoit d'en courir les risques que sur un petit nombre de seps, parce qu'on pourroit alors remédier à cette témérité par de plus grands soins qu'on y apporteroit. Mais il est nécessaire d'écarter tous les doutes, relativement aux cas où l'immensité de l'ouvrage qu'il y auroit à faire, partageroit les soins de l'Agriculteur, même le plus exact. Ce que prescrit Atticus est donc absolument contraire aux vignes. Effectivement le même Auteur convient qu'il n'est pas à propos de tailler les vignes pendant le Solstice d'Hiver (en quoi il a raison, parce que, quoique cette opération leur fasse moins de tort que la greffe, cependant tous les arbres sont engourdis dans les temps froids, & que la gelée empêche qu'il ne se fasse dans leur écorce aucun mouvement qui puisse guérir la plaie) : & cependant il permet de les greffer dans le même temps, quoique la maniere, dont il veut qu'on le fasse, consiste à tron-

quer le fep en entier , & à le fendre à l'endroit
où il aura été tronqué. La meilleure méthode eft
donc de greffer lorfque le temps commencera à
fe radoucir après l'Hiver , & lorfque la nature
donnera du mouvement aux bourgeons & à l'é-
corce , & qu'on ne fera plus menacé du froid , qui
pourroit brûler la greffe ou la plaie occafionnée
par la fciffion du fep. Je permettrois cependant
volontiers de greffer la vigne en Automne , dans
le cas où on feroit preffé , parce que la température de l'air eft affez femblable dans cette faifon
à celle du Printemps. Mais en tel temps que l'on
veuille greffer , on fçaura qu'il n'y a pas d'autres
foins à fe donner pour le choix des greffes , que
ceux que nous avons prefcrits dans le premier
Livre (3) , en donnant des préceptes fur le choix
des mailletons. Lors donc qu'on aura choifi
fur une vigne de bonne qualité les mailletons
les plus féconds & les plus mûrs , & qu'on les
en aura féparés , on prendra pour faire l'opération de la greffe un jour où le temps foit
doux , & où il ne faffe pas de vent. Enfuite on
examinera fi la greffe eft bien ronde dans toute
fa longueur , & bien ferme , fi la moëlle n'en eft
pas fpongieufe , & fi elle a beaucoup de bourgeons & des entre-nœuds très-courts. Car il eft
très-intéreffant que le farment que l'on veut in-

---

(3) C'eft-à-dire , dans le Livre précédent , Chap. VII. VIII.
IX. & X. Voy. la Note 1 du Chap. IV.

férer ait, sans être long, beaucoup d'yeux par où il puisse germer. Il est visible que s'il a des entre-nœuds bien longs; on se trouvera dans la nécessité de ne lui laisser qu'un bourgeon ou deux tout au plus, afin de le réduire à une longueur telle, qu'il puisse soutenir les orages, les vents & les pluies sans branler. On greffe la vigne, ou en la coupant, ou en la perçant de part en part avec une tarriere. Mais la premiere façon est la plus usitée, & celle que presque tous les Agriculteurs connoissent, au lieu que la seconde est plus rare, & que peu d'Agriculteurs l'emploient. Je parlerai d'abord de celle qui est le plus en usage. On coupe communément la vigne hors de la terre; quelquefois cependant on la coupe dans la terre même, à l'endroit où elle montre le plus de solidité & le moins de nœuds. Lorsqu'on la greffe près de terre, on enterre la greffe jusqu'à la cime, au lieu que lorsque la greffe est insérée au-dessus de la terre, on enduit exactement la plaie avec un lut pairi exprès; que l'on recouvre de mousse, le tout bien attaché, afin qu'elle puisse être garantie des chaleurs & des pluies. On taille la greffe à peu près dans la forme d'une flûte, de façon qu'elle puisse joindre les levres de la fente. Il faut qu'il se trouve un nœud dans la vigne au-dessous de cette fente, qui paroisse la bander, pour ainsi dire, afin de l'empêcher de faire des progrès plus étendus. Quand ce nœud seroit à la distance de quatre doigts de l'endroit où l'on aura coupé le sep, il

ne faudroit pas moins lier la vigne avant de la
fendre, de peur que le tranchet de la serpe, en
ouvrant un chemin à la greffe, ne fasse une plaie
qui bâille plus que de raison. La greffe que l'on
insérera ne doit pas être aiguisée sur une hauteur de plus de trois doigts, mais on l'éguisera
de façon qu'elle soit bien unie dans les parties
qui auront été ratissées, c'est-à-dire, jusqu'à la
moëlle d'un côté, & du côté opposé jusques passé l'écorce seulement; de sorte qu'elle ait la figure d'un coin, dont l'un des côtés aiguisés sera
plus mince, & l'autre plus épais, afin qu'on puisse l'insérer par le côté le plus mince, & la serrer
par le côté le plus épais, jusqu'à ce qu'elle joigne des deux côtés les levres de la fente; car à
moins que l'écorce de la greffe ne soit appliquée
à celle de la vigne, de façon qu'il n'y ait aucun
jour entre elles deux, la greffe ne pourra jamais
croître avec le sep. On peut se servir de plusieurs
sortes de liens pour la greffe dont nous parlons.
Les uns se servent d'ozier, d'autres entourent la
fente avec de l'écorce, la plus grande partie l'attachent avec du jonc, & c'est une très-bonne méthode, parce qu'autrement, dès que l'ozier vient à
se secher, il pénetre dans l'écorce & la coupe. C'est
pour éviter cela que nous adoptons plutôt une
ligature peu serrée, pourvu que, lorsqu'elle aura
entouré le tronc, on la resserre en y insérant dans
les vuides de petits coins de roseaux. Mais le soin
le plus important qu'il y ait à prendre, consiste

à déchausser la vigne avant l'opération, à en couper les racines qui sont à la superficie de la terre ou les rejettons, & à recouvrir de terre le tronc après l'opération. Dès que la greffe aura pris, la vigne demandera encore de nouveaux soins : car il faudra l'épamprer souvent lorsqu'elle commencera à germer, & arracher encore plus souvent les rejettons qui sortiront de ses flancs & de ses racines ; ensuite il faudra lier le pampre qui sera sorti de la greffe, de peur que la greffe elle-même ne soit ébranlée par les secousses du vent, ou que ce pampre encore tendre ne soit abbatu. Lorsqu'il aura pris de l'accroissement, il faudra le délivrer de ses rejettons, à moins qu'on ne les laisse croître pour propager la vigne, dans le cas où la place seroit dégarnie de seps. Ensuite, lorsque les branches à fruit seront en état d'être taillées, on y appliquera la serpe en Automne. Mais voici la méthode que l'on observera en taillant la greffe : dans les endroits où l'on n'aura pas besoin de marcottes, on n'attirera qu'une tige au joug, & l'on coupera toutes les autres en observant de faire la plaie à raze du tronc, sans cependant écorcher le dur du bois. Il n'y a pas d'autre façon d'épamprer la vigne greffée, que celle que l'on suit à l'égard des nouvelles marcottes ; mais il faut la tailler de façon à lui laisser peu de bois jusqu'à la quatrieme année, temps auquel la plaie du tronc sera cicatrisée. Voilà comme on s'y prend pour la greffe en fente. Quant à celle qui se fait

en perçant la vigne avec une tarriere, il faut après
avoir examiné quel est le sep le plus fertile dans
le voisinage de celui que l'on veut greffer, en
attirer une branche à fruit semblable à ces branches
que l'on fait passer d'arbres en arbres, sans les
séparer de la mere qui les nourrit, & l'introduire par le trou qu'on aura fait au sep. Cette façon de greffer est la plus sûre & la plus
certaine, parce que, quand même cette branche
ne prendroit pas dès le premier Printemps, elle
se trouveroit indubitablement forcée de prendre
au second, sitôt qu'elle seroit suffisamment gros-
sie. Lorsque cette greffe a pris, on la sépare de
sa mere, après quoi on coupe la partie supérieure
de la vigne que l'on a greffée, jusqu'à l'endroit
où la greffe y a été insérée. Si l'on n'est pas à
même de faire venir ainsi du voisinage une longue
branche, on prend le sarment le plus nouveau que
l'on peut trouver, & après l'avoir arraché du sep,
on le ratisse légérement & seulement au point de
l'écorcer, puis on l'ajuste au trou, ensuite on enduit d'un lut la vigne après l'avoir coupée, afin
que le tronc entier soit employé à nourrir cette vigne étrangere : ce qui n'est pas nécessaire à l'égard
de ces longs sarmens dont nous venons de parler,
puisqu'ils sont nourris dans le sein de leur mere,
jusqu'à ce qu'ils commencent à croître avec la
nouvelle vigne. Mais l'instrument de fer, dont
se servoient les anciens pour percer les vignes,
est différent de celui que l'expérience m'a fait

découvrir , & qui est plus convenable à cette opération, parce que l'ancienne tarriere, qui étoit l'unique que les anciens Agriculteurs connussent, formoit de la scieure, & brûloit la partie qu'on perforoit, d'où il arrivoit que quand cette partie avoit une fois été brûlée, elle reverdissoit rarement , ou qu'elle ne reprenoit pas avec les autres parties , & que la greffe que l'on y avoit insérée ne mordoit pas. D'ailleurs on ne pouvoit jamais assez retirer la scieure du trou, pour qu'il n'en restât pas une certaine quantité , qui empêchoit que le corps de la greffe ne s'appliquât immédiatement à celui de la vigne. Nous avons donc imaginé pour cette espece de greffe une tarriere, que nous appellons Gauloise, & que nous avons reconnue pour être plus convenable & plus utile que l'autre , parce qu'elle perce le tronc sans le brûler à l'endroit du trou. En effet, cette tarriere ne forme point de scieure , mais simplement des copeaux qu'il est facile d'ôter , de sorte que la plaie est unie , & qu'elle embrasse plus aisément dans toute sa superficie la branche qui y est insérée, vu qu'il ne s'y rencontre point de duvet , tel que celui qui étoit occasionné par l'ancienne tarriere. Que vos vignes soient donc entiérement greffées après l'Equinoxe du Printemps : greffez-les en raisin noir dans les lieux secs & arides , & en raisin blanc dans les lieux humides. Il n'y a pas de nécessité de multiplier les greffes sur un même tronc, pourvu qu'il soit assez menu pour qu'une seule

greffe

greffe puisse recouvrir toute la plaie lorsqu'elle
viendra à croître , & que la place soit d'ailleurs
assez garnie de seps , pour ne pas exiger qu'on
en substitue de nouveaux à la place de ceux qui
pourroient être morts ; si cependant le cas arrivoit
on inséreroit dans le trou pratiqué à la vigne deux
sarmens, l'un qu'on enterreroit en forme de sautelle , & l'autre qu'on laisseroit monter au joug
pour rapporter des fruits. Il ne sera pas inutile
non plus d'élever les pampres qui viendront sur
l'arc d'une sautelle ainsi enterrée, & l'on pourra en peu de temps , si le cas y écheoit, ou les
propager , ou leur laisser rapporter du fruit.

CHAPITRE XXX.

COMME nous avons donné les préceptes qui
nous ont paru les plus utiles, tant pour former
des vignobles que pour les cultiver , il faut à
présent donner la façon de se pourvoir d'appuis,
de jougs & de liens , attendu que ce sont des
especes de dots que l'on doit toujours tenir prêtes
pour les vignes; & que, dans le cas où un Agriculteur n'en seroit pas pourvu, il n'auroit aucun
motif de former des vignobles, parce qu'il faudroit
qu'il allât chercher hors de son fond toutes les choses
qui lui seroient nécessaires, & que non-seulement

le prix qu'il mettroit à les acheter augmenteroit les dépenses de ses vignes, comme dit Atticus, mais que cette acquisition même lui seroit très-onéreuse quand il l'auroit faite, en ce qu'il ne pourroit les importer dans son fond que dans un temps très-peu commode, qui est celui de l'Hiver. C'est pourquoi, il faut commencer par avoir une oseraie, un plan de roseaux, des forêts communes, ou des bois plantés exprès en châtaigniers. Atticus pense qu'il suffit d'un *Jugerum* d'oseraie pour attacher les seps de vingt-cinq *Jugera* de vignes; d'un *Jugerum* de roseaux pour fournir de jougs vingt *Jugera* de vignes; & qu'un *Jugerum* de châtaigneraies fournira de pieux un aussi grand nombre de *Jugera* de vignes, qu'un *Jugerum* de roseaux en fournira de jougs. Le saule vient très-bien dans un terrein arrosé ou marécageux, quoiqu'il ne vienne pas absolument mal dans un terrein plat & gras. Il faut retourner ces terreins au hoyau (suivant le précepte des anciens) à la profondeur de deux pieds & demi. N'importe qu'elle espece d'osier on plantera, pourvu qu'il soit très-flexible. On estime cependant qu'il y a trois especes principales de saule : le saule Grec, le saule Gaulois, & celui du pays des Sabins, que plusieurs appellent saule d'Ameria. Le saule Grec est jaune, le Gaulois est d'une couleur de pourpre passée, & ses baguettes sont très-minces, celui d'Amerie les a grêles & rouges. On les plante ou par cimes, ou par boutures. Les perches

des cimes font bonnes à planter , quoiqu'elles
foient d'une certaine groffeur , pourvu cependant
qu'elles n'excedent pas la groffeur du poids de
deux livres : on peut très-bien les enterrer abfolument , de façon que leur extrémité foit à la
fuperficie du fol. On couvre légerement de terre
les boutures après les y avoir enfoncées , & elles
doivent avoir un pied & demi de long. Quand le
terrein eft arrofé , il faut écarter ces plantes davantage ; auffi laiffe-t-on alors entre chacune un
intervalle de fix pieds en quinconce , au lieu que
les terreins fecs exigent qu'elles foient plus ref-
ferrées : mais il faut cependant qu'il y ait affez
d'efpace entr'elles , pour que ceux qui les cultive-
ront , puiffent en aborder facilement. Il fuffira
pour cela de donner cinq pieds d'efpace aux rangées , quoique dans ces mêmes rangées les plantes ne foient efpacées que de deux pieds. Il faut
les planter avant qu'elles germent : tout le temps
qu'elles ne diront mot eft bon. Il faut auffi ne
les tirer des arbres , que lorfqu'elles feront ref-
fuyées , parce que fi on les coupe quand elles font
couvertes de rofée , elles réuffiffent mal : c'eft pourquoi on évite en général les jours de pluie , lorfqu'on veut tailler les faules. Il faut bêcher les
fauffaies , pendant les trois premieres années , auffi
fouvent que les jeunes plans de vignes : mais ,
lorfque les faules font devenus forts , ils fe contentent de trois fouilles. Faute de les cultiver
ainfi , ils manquent promptement , puifqu'il arri-

ve , même en les cultivant ainsi , qu'il en périt beaucoup malgré les soins que l'on prend. Pour remplacer ceux qui périront , il faudra avoir recours aux sautelles, que l'on prendra sur les saules voisins, dont on courbera les têtes pour les enterrer , afin qu'elles servent à suppléer par la suite tout ce qui sera mort. Lorsque la sautelle aura un an, on la sévrera de sa mere, afin qu'elle puisse, comme la vigne , tirer sa nourriture de ses propres racines.

CHAPITRE XXXI.

IL faut planter du genet dans les lieux trop secs, qui ne s'accommoderont pas d'autres especes d'arbrisseaux. Les liens qu'on en fait sont très-souples , outre qu'ils sont assez fermes. On le seme en graine, & lorsqu'il est venu on le transporte ailleurs en barbue de deux ans, ou bien on le laisse à l'endroit même où il a été semé, auquel cas on peut le couper ensuite toutes les années près de terre, comme les moissons. Les autres especes de liens, tels que les ronces (1), demandent un plus grand travail, mais on ne peut pas cependant s'en dispenser au défaut des pre-

---

(1) Pline 3 , 37, met aussi les ronces au nombre des liens, pourvu qu'on en retranche les piquans.

miers. Le saule dont on tire les perches demande à peu près la même terre, que celui dont on
tire des branches pliables. Il vient cependant
mieux dans un terrein arrosé, que dans tout autre
endroit. On le plante par boutures, auxquelles
on ne laisse qu'une seule perche, lorsqu'elles sont
germées. On le bêche souvent, on arrache les
herbes qui croissent à ses pieds, & on l'ébour-
geonne comme la vigne, afin de l'exciter à donner
des branches qui soient plutôt longues que grosses :
cultivé ainsi, on ne le coupe que la quatrieme année, au lieu que celui dont on veut faire des liens,
peut être coupé dès la premiere année à deux
pieds & demi de terre, afin que le tronc produise des rejettons, & puisse être arrangé en bras,
comme les vignes basses. Si cependant le terrein
est trop sec, on fera mieux de ne couper ce dernier qu'à deux ans.

CHAPITRE XXXII.

ON laboure la terre au *Paſtinum* (1) pour le
roseau, mais à la vérité peu profondément ; néanmoins il est mieux de le planter au hoyau. Quoique cette plante soit très-vivace, & qu'elle s'accommode de toute sorte de terreins, elles réussit
cependant mieux dans un terrein ameubli, que

______

(1) Voy. la Note 1 du Chap. XV. Liv. II.

dans un terrein compact; dans une terre humide, que dans une terre seche; dans les vallées,
que sur les hauteurs; & il y a plus d'avantage à la
mettre sur les bords des fleuves, sur les lisieres
des sentiers, & dans les lieux couverts d'épines,
qu'en plein champ. On plante soit un cayeu
de la racine du roseau, soit une bouture de sa
canne, ou bien on le couche tout entier en terre. Les cayeux mis en terre, à trois pieds de distance les uns des autres, donnent en moins d'un
an des perches en état d'être employées. La bouture, ainsi que le roseau entier, demandent un
plus longtemps. Mais, soit qu'on plante une bouture de la longueur de deux pieds & demi, soit
qu'on mette en terre un roseau entier, il faut
que la tête de l'un comme de l'autre plant soit
toujours hors de terre, parce que si on les couvroit
entiérement, ils pourriroient tout-à-fait. Les trois
premieres années, on ne les cultive pas autrement que les autres arbrisseaux dont nous venons de parler : lorsque par la suite ils sont vieillis, il faut leur donner une seconde façon au
Pastinum (1). Ils sont censés vieux, lorsque le
duvet, dont ils sont couverts, les a desséchés, &
qu'ils n'ont rien produit pendant plusieurs années, ou lorsqu'ils sont si épaissis, qu'ils ne donnent plus que des roseaux grêles & semblables à
des flageolets. Mais dans le premier cas, il faut les
extirper entiérement ; au lieu que dans le second
cas, on peut se contenter d'en couper quelques-uns

de distance en distance pour les éclaircir : les Pay-sans appellent cette opération *castratio* (2). Néan-moins, on ne peut jamais les couper qu'à l'aveu-gle, puisqu'il n'y a rien sur terre à quoi l'on puisse distinguer ceux qu'il faut ôter, de ceux qu'il faut laisser. Il est au moins plus tolérable de châtrer le roseau avant le temps de sa coupe, parce que les cannes indiquent alors clairement ce qu'il en faut arracher. Le temps favorable pour donner aux roseaux une seconde façon au *Pasti-num* (1), de même que pour les planter, c'est avant que leurs yeux soient germés : on les coupe ensuite après le Solstice d'Hiver, attendu qu'ils profitent jusques-là, après quoi ils s'arrêtent, parce que les froids de l'Hiver les roidissent. Il faut les bêcher aussi fréquemment que les vigno-bles. Il faut aussi, quand ils sont maigres, les aider avec de la cendre, ou avec toute autre es-pece de fumier ; c'est dans cette vue que la plu-part mettent le feu dans les plans de roseaux après la coupe.

CHAPITRE XXXIII.

LE châtaignier approche de la nature des ro-bres. C'est pour cela qu'il est très-bon pour four-nir les vignes d'appuis. La châtaigne semée dans

______

(2) Qui veut dire, *castration.*

un terrein labouré pour la seconde fois au *Pastinum* (1), leve promptement, & si l'on en coupe la production au bout de cinq ans, elle se ranime comme le saule, & les pieux que l'on en a faits durent presque jusqu'à la coupe suivante (2). Le châtaignier veut une terre douce & ameublie, sans néanmoins se déplaire dans un sable humide, ni dans un tuf pulvérisé : il recherche les hauteurs ombragées & septentrionales, & craint les terreins compacts, ainsi que ceux qui sont pleins de terre rouge. On seme les châtaignes depuis le mois de Novembre jusqu'à la fin de l'Hiver, dans une terre seche & façonnée au *Pastinum* (1) pour la seconde fois à la profondeur de deux pieds & demi ; on les sépare l'une de l'autre d'un demi-pied dans les rangées, & on laisse un intervalle de cinq pieds entre chaque rangée. On les enfonce dans des sillons creusés à neuf pouces de profondeur, & lorsque ces sillons sont ensemencés, on y fiche, avant de les applanir, un petit roseau à côté de chaque châtaigne, afin que ces roseaux servant de signaux pour faire connoître les endroits où les châtaignes sont semées, on puisse bêcher la terre & en arracher les mauvaises herbes avec plus de précaution. Dès qu'elles ont des tiges qu'on peut transférer, ce qui arrive au bout de deux ans,

---

(1) Voy. la Note 1 du Chap. XV. Liv. II.

(2) C'est-à-dire, jusqu'à la cinquieme année, temps auquel on peut couper de nouveau les châtaigneraies.

on en arrache quelques-unes d'espace en espace, en laissant deux pieds de vuide entre chaque arbrisseau, de peur qu'elles ne viennent à maigrir pour être trop drues. Si on les avoit semées plus drues dans le principe, ce n'étoit que pour obvier aux différens accidens qui pouvoient survenir. En effet il arrive quelquefois que le défaut de pluie les desseche, ou que la trop grande abondance d'eau les pourrit avant qu'elles soient germées; d'autres fois qu'elles sont dévastées par les animaux qui vivent sous terre, tels que les rats & les taupes : & c'est la raison pour laquelle on voit souvent les nouvelles châtaigneraies se dégarnir. Lorsqu'il est besoin de les repeupler, il vaut mieux, si l'on est à même de le faire, abaisser des perches des arbres voisins, en façon de sautelle, pour les propager, que d'en arracher pour les planter. En effet, ces perches restant comme immobiles à leur place, produisent beaucoup de boutons, au lieu que celles qui ont été mises en terre après avoir été arrachées avec leurs racines, sont deux ans à se remettre. C'est pour cela qu'on a remarqué qu'il étoit plus avantageux de faire des forèts de châtaigniers, en semant la châtaigne elle-même, qu'en la plantant en barbues. Si l'on se regle en semant des châtaignes sur les distances que nous venons de fixer ci-dessus, un terrein d'un *Jugerum* contiendra deux mil huit cent quatre-vingt châtaigniers, qui donneront aisément (comme dit Atricus) douze mil échalas. En effet on fend ordinairement les branches voisines de la souche en quatre, & les autres qui sont plus petites que celles-là, en deux. Ces especes d'appuis, ainsi fendus, se conservent plus long-temps que les pieux ronds dans toute leur longueur. Quant aux fouilles que ces plantes exigent, & à la façon de les arranger, c'est la même culture que pour la vigne. On doit les éclaircir un peu à deux ans, & même à trois ans, indépendamment de ce qu'il faut y appliquer deux fois le fer au commencement du Printemps, si on veut les exciter à monter haut. On peut aussi semer le gland du chêne de la même façon, mais on coupe cet arbre deux ans plus tard que le châtaignier; c'est pourquoi le bon sens veut que l'on cherche à gagner du temps, en semant préférablement des châtaignes, à moins que l'on n'ait en sa possession des montagnes pleines de buissons & de graviers, ou des terres de la nature de celles que nous avons désignées ci-dessus, qui demandent plutôt du gland que de la châtaigne. J'ai traité jusqu'ici assez au long, & non sans quelque utilité, autant que je puis m'en flatter, des vignobles d'Italie & de tous leurs accessoires; je vais donner à présent la culture des vignes telle qu'elle est en usage chez les Agriculteurs de Province, ainsi que celle des plans d'arbres mariés aux vignes, tant ceux de notre pays, que ceux de la Gaule.

Fin du quatrieme Livre.

L'ÉCONOMIE RURALE

DE L. JUNIUS MODERATUS

COLUMELLE.

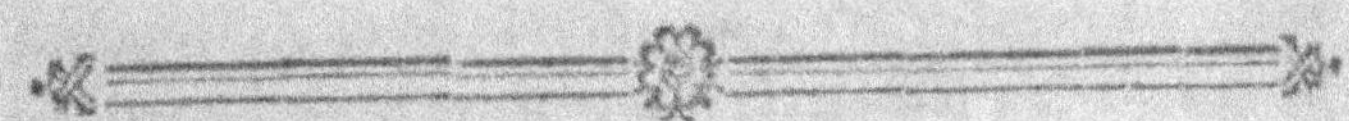

LIVRE CINQUIEME.

CHAPITRE PREMIER.

VOUS m'avez dit, Silvinus, qu'il manquoit dans les premiers Livres (1) que je vous ai adressés sur la formation & la culture des vignobles, bien des choses que les amateurs des travaux rustiques voudroient y trouver; & je ne disconviendrai pas que je n'en aie omises quelques unes,

____

(1) Ce sont les Livres troisieme & quatrieme.

quoique j'aie néanmoins fait une recherche exacte de tout ce que les Agriculteurs de notre siecle, & ceux des siecles précédens ont laissé par écrit: mais en promettant de donner des préceptes d'Economie rurale, je ne m'étois pas engagé, si je ne me trompe, à donner tout ce qui pouvoit appartenir à cet Art immense, & il me semble au contraire que je ne m'étois engagé qu'à en donner la plus grande partie. En effet, c'eût été autrement un ouvrage au-dessus de la portée d'un seul homme, puisqu'il n'y a aucune science ni aucun Art, que le génie d'un seul homme ait conduit à sa perfection. Aussi, de même qu'il suffit à un bon chasseur, qui court après des bêtes fauves dans une forêt immense, d'en prendre le plus qu'il peut, & qu'on n'a jamais fait un crime à personne, de n'avoir point pris toutes celles qui s'y trouvent; il doit également nous suffire d'avoir donné la plus grande portion d'une matiere aussi diffuse, que celle que nous avons entrepris de traiter, d'autant que les choses qu'on nous accuse d'avoir omises dans notre ouvrage, & que l'on auroit voulu y trouver, sont des choses étrangeres à notre profession. Derniérement, par exemple, notre ami M. Trébellius prétendoit que j'aurois dû donner des regles pour mesurer les terres, dans la persuasion où il étoit, que la méthode de labourer un terrein au *Pastinum* (2), & celle de le me-

---

furer, lorfqu'il étoit ainfi labouré, étoient deux chofes qui fe tenoient enfemble, & qui n'en faifoient qu'une feule; mais je lui répondis que ce n'étoit point là la fonction d'un Agriculteur, mais celle d'un Arpenteur, d'autant que les Architectes, qui font cependant ceux qui doivent connoître mieux que perfonne la méthode des mefures, ne daignent point examiner par eux-mêmes celle des bâtimens, dont ils ont donné les plans, après qu'ils font achevés, & qu'ils croient qu'il y a bien de la différence entre les objets qui font de leur profeffion & de leur reffort, & les objets dépendans de la profeffion des perfonnes, dont la fonction eft de mefurer les édifices, lorfqu'ils font achevés, & de fupputer la dépenfe à laquelle ils doivent monter. Cet exemple eft une raifon de plus, pour me faire croire qu'on doit pardonner à notre fcience, fi elle fe contente d'enfeigner comment chaque chofe doit être faite, fans aller jufqu'à calculer la mefure des ouvrages faits. Néanmoins, comme vous me demandez auffi vous même, Silvinus, à titre d'ami, les préceptes relatifs aux mefures, je veux bien me rendre à vos defirs, pourvu que vous demeuriez convaincu que c'eft plutôt l'affaire des Géomêtres, que des gens de la campagne, & que vous m'excufiez, au cas que je tombe dans quelque erreur, fur une matiere dont je ne m'attribue pas la connoiffance. Ainfi, pour entrer en matiere, toutes les mefures d'une furface quelconque se réduisent à celle du Pied, qui est composé de seize Doigts. La multiplication du Pied donne graduellement le Pas, l'*Actus*, le *Clima*, le *Jugerum*, le *Stadium*, la *Centuria*, & d'autres especes de mesures encore plus considérables. Le Pas est de cinq Pieds. L'*Actus minimus* (comme dit M. Varron (3)) est de quatre Pieds de largeur, sur cent vingt de longueur. Le *Clima* est de soixante Pieds en tout sens. L'*Actus quadratus* est un quarré, dont chaque côté a cent vingt Pieds. Le double de cet *Actus* donne le *Jugerum*, qui a tiré son nom de cette union de deux *Actus*. Mais les Paysans de la Province de Bétique donnent le nom d'*Acnua* à cet *Actus*, comme ils donnent celui de *Porca* à une largeur de trente Pieds sur une longueur de cent quatre-vingt. Les Gaulois donnent aussi le nom de *Candetum* à une surface de cent Pieds mesure de ville, ou à une surface de cent cinquante Pieds mesure de campagne : les laboureurs appellent cette mesure *Ca-*

---

(3) Varron, dans le Chap. X. du Liv. I. de l'Economie rurale, donne à la vérité la mesure de l'*Actus quadratus*, telle que la donne Columelle quelques lignes plus bas, mais il n'y parle ni de la mesure de l'*Actus minimus*, ni de celle du *Clima*. Il en faut donc conclure qu'il manque quelque chose au texte de Varron, dans l'endroit que nous venons de citer, ou que la citation de Columelle n'est pas exacte ici, ou au moins que la parenthese, *comme dit M. Varron*, est déplacée, & qu'elle doit être mise à l'endroit où notre Auteur parle de l'*Actus quadratus*.

detum, comme ils appellent *Arepennis* un *Semi-Jugerum*. Ainsi deux *Actus* forment, comme je l'ai déja dit, un *Jugerum*, qui comprend deux cent quarante Pieds de long, sur cent vingt Pieds de large, lesquels multipliés l'un par l'autre, donnent un produit de vingt-huit mil huit cent Pieds quarrés. Vient ensuite le *Stadium*, qui est de cent vingt-cinq Pas, c'est-à-dire, de six cent vingt-cinq Pieds, lesquels cent vingt-cinq Pas, multipliés par huit, font mil Pas, & par conséquent cinq mil Pieds. Nous appellons aujourd'hui *Centuria* une mesure de deux cent *Jugera* (comme dit le même Varron (4)), au lieu qu'autrefois cette mesure n'étoit que de cent *Jugera*, aussi étoit-ce de ce nombre qu'elle tiroit son nom; mais quoiqu'on l'ait portée au double par la suite, elle a conservé son ancien nom, de même que les Tribus (5) ainsi nommées dans l'origine du nombre des trois classes dans lesquelles le peuple Romain fut divisé, conservent encore aujourd'hui leur ancienne dénomination, quoiqu'elles soient en plus grand nombre. Il nous a fallu commencer par expliquer briévement tous ces mots, comme étant inséparables des calculs que nous donnerons par la suite. Venons maintenant à notre but. On ne trouvera pas ici toutes les parties dans

---

(4) Voy. le Chap. X. du Liv. I. de son Economie rurale.

(5) Voy. la Note 2 du Chap. II. de l'Economie rurale de Varron, LIV. III.

lesquelles le *Jugerum* peut se divifer , & nous ne donnerons que le nom de celles qui entrent dans l'eftimation des ouvrages à régler , parce qu'il eût été inutile de nous perdre dans le détail des plus petites parcelles, qui n'entrent point en compte. Le *Jugerum* eft donc (comme nous l'avons dit) de vingt-huit mil huit cent Pieds quarrés , lefquels font deux cent quatre-vingt-huit *Scripula*. Or , pour commencer par la plus petite partie , c'eft-à-dire, par la moitié du *Scripulum*, la cinq cent foixante & feiziéme partie du *Jugerum* eft de cinquante Pieds ; c'eft la moitié de fon *Scripulum* : la deux cent quatre-vingt-huitieme partie eft de cent Pieds ; c'eft le *Scripulum* entier : la cent quarante-quatriéme partie eft de deux cent Pieds ; ce font deux *Scripula* : la foixahte & douziéme partie eft de quatre cent Pieds ; c'eft la *Sextula*, qui équivaut à quatre *Scripula* : la quarante-huitiéme partie eft de fix cent Pieds ; c'eft le *Sicilicus*, qui équivaut à fix *Scripula* : la vingt-quatriéme partie eft de mil deux cent Pieds ; c'eft la *Semuncia*, qui équivaut à douze *Scripula* : la douziéme partie eft de deux mil quatre cent Pieds ; c'eft l'*Uncia*, qui équivaut à vingt-quatre *Scripula* : la fixiéme partie eft de quatre mil huit cent Pieds ; c'eft le *Sextans*, qui équivaut à quarante huit *Scripula* : la quatriéme partie eft de fept mil deux cent Pieds ; c'eft le *Quadrans* , qui équivaut à foixante & douze *Scripula* : la troifiéme partie eft de neuf mil fix cent Pieds ; c'eft le *Triens*, qui

équivaut

équivaut à quatre-vingt-seize *Scripula* : la troisiéme partie, plus la douziéme, sont de douze mil
Pieds; c'est le *Quincunx* qui équivaut à cent vingt
Scripula : la moitié est de quatorze mil quatre
cent Pieds; c'est le *Semis* qui équivaut à cent
quarante - quatre *Scripula* : la moitié, plus la
douziéme partie, sont de seize mil huit cent
Pieds; c'est le *Septunx* qui équivaut à cent soixante & huit *Scripula* : les deux tiers sont de dix-neuf
mil deux cent Pieds; c'est le *Bes* qui équivaut à
cent quatre-vingt-douze *Scripula* : les trois quarts
sont de vingt & un mil six cent Pieds; c'est le
Dodrans qui équivaut à deux cent seize *Scripula* : la moitié, plus le tiers, sont de vingt-quatre
mil Pieds; c'est le *Dextans* qui équivaut à deux
cent quarante *Scripula* : les deux tiers, plus le
quart, sont de vingt-six mil quatre cent Pieds;
c'est le *Deunx* qui équivaut à deux cent soixante & quatre *Scripula* : le *Jugerum* entier est de
vingt-huit mil huit cent Pieds ; c'est l'*As* qui
équivaut à deux cent quatre-vingt-huit *Scripula*.
Si la surface d'un *Jugerum* formoit toujours un Rectangle, & qu'en la mesurant on lui trouvât toujours deux cent quarante Pieds en longueur, &
cent vingt Pieds en largeur, il seroit très-facile
d'en faire le calcul : mais comme la différence dans
la forme des terres est matiere à difficulté , nous
allons mettre ci-dessous toutes les figures généri-
ques, qui nous serviront comme de formules ap-
plicables à toutes les autres especes de figures.

CHAPITRE II.

TOUT terrein a la forme d'un Quarré parfait, ou d'un Rectangle, ou d'un Coin, ou d'un Triangle, ou d'un Cercle, quelquefois même il a la forme d'un demi-Cercle, ou d'un Arc de Cercle, & souvent il présente la figure d'un Poligone. La mesure d'un Quarré parfait est très facile à trouver. En effet, comme cette figure présente le même nombre de Pieds de tous les côtés, on en multiplie les deux côtés l'un par l'autre, & l'on dit que le produit de cette multiplication donne la somme totale des Pieds quarrés qu'elle contient. Par exemple, si c'est un terrein de cent Pieds en tout sens, nous disons : cent fois cent font dix mil. Nous en conclurons donc que ce terrein contient dix mil Pieds quarrés, qui font un *Triens* plus une *Sextula* du *Jugerum*, & ce sera sur ce pied-là qu'il faudra calculer l'ouvrage qui aura été fait. Mais si le terrein est un Rectangle, qui ait, par exemple, la figure du *Jugerum*, c'est-à-dire, deux cent quarante Pieds de long sur cent vingt de large, comme je viens de le dire ci-dessus (1), on multipliera les Pieds de la largeur par ceux de la longueur, de cette façon : cent vingt fois deux cent quarante font vingt-huit mil huit cent. Nous di-

____

(1) Voy. le Chap. précédent.

rons donc que ce sera le nombre de Pieds quarrés que contiendra un *Jugerum* de terre, & il en sera de même de tous les terreins Rectangles. Mais si le terrein a la forme d'un Coin, par exemple qu'il ait cent Pieds de long (1), & vingt Pieds de large par un côté sur dix par l'autre, pour lors nous additionnerons ensemble les deux largeurs; la somme totale sera trente, dont la moitié est quinze, que nous multiplierons par la longueur (1), ce qui produira mil cinq cent Pieds. Nous dirons donc que c'est le nombre de Pieds quarrés que contient ce Coin, nombre qui équivaudra à une *Semuncia* du *Jugerum*, plus trois *Scripula*. Mais si vous avez à mesurer un Triangle équilatéral, voici comme vous vous y prendrez : soit un terrein Triangulaire, dont chaque côté ait trois cent

---

(1) Il faut bien observer que par la longueur du Coin, Columelle n'entend pas la longueur de ses côtés, autrement sa méthode seroit fausse. Il appelle longueur, la hauteur du Coin, qui est toujours mesurée par une perpendiculaire abaissée de la base supérieure sur la base inférieure, & dans ce sens sa méthode est juste & expéditive, puisque son procédé se réduit à ce principe, dont la vérité s'étend à tous les cas particuliers : *Pour évaluer la surface d'un terrein en forme de Coin, multipliez la hauteur par la demi somme des bases supérieure & inférieure.* On en trouve la démonstration, si on résout le terrein en deux Triangles & un Rectangle, quoiqu'il seroit plus simple, pour faire ce calcul, de le résoudre en deux Triangles, en tirant une seule diagonale de l'extrémité d'une des bases, à l'extrémité opposée de l'autre base.

A a ij

Pieds; multipliez ce nombre par lui-même : le produit est de quatre-vingt-dix mil Pieds : prenez le tiers de ce produit, c'est à-dire, trente mil : prenez encore le dixiéme, c'est-à-dire, neuf mil, & additionnez ces deux sommes, le total sera de trente-neuf mil Pieds. Nous dirons que c'est le nombre de Pieds quarrés que contient ce Triangle équilatéral (3), mesure qui donne un *Jugerum*, plus un *Triens*, plus un *Sicilicus*. Mais si le terrein est un Triangle rectangle, comme dans la figure ci-dessous, qui présente un angle droit, il faudra calculer autrement : soit la ligne d'un des côtés

---

(3) Il est visible que la surface d'un Triangle équilatéral est la moitié du produit de la base par la hauteur, puisqu'il est la moitié d'un Rhombe ou Lozange, dont la surface doit égaler le produit de la base par la hauteur. Il est donc très-singulier que Columelle qui n'ignore point ce Théorême, puisqu'il l'applique au Problême qu'il propose ensuite à l'égard d'un Triangle rectangle, l'abandonne ici, & cela pour commettre une erreur. Voici comme on peut démontrer son erreur. Dans un Triangle équilatéral, la base est à la hauteur ce que 6 est à 5. Donc si la base est de 300 Pieds, on connoîtra la hauteur par une Regle de Trois, en disant : $300 : x :: 6 : 5$. donc x qui est la hauteur inconnue égale $\frac{5 \times 300}{6} = \frac{1500}{6} = 250$ Pieds. Le produit de la base 300, par la hauteur 250 est 75000 : ainsi la moitié de ce produit doit donner la surface du Triangle équilatéral. Mais cette moitié n'est que 37500 Pieds, & Columelle conclut par sa méthode que cette surface est de 39000 Pieds : donc son calcul est fautif & ne fournit qu'un résultat approché.

qui forme l'angle droit, de cinquante Pieds, &
celle de l'autre côté qui forme le même angle, de
cent Pieds; multipliez ainſi ces deux ſommes l'une
par l'autre : cinquante fois cent font cinq mil, dont
la moitié eſt deux mil cinq cent, ce qui fait une
Uncia plus un *Scripulum* de *Jugerum*. Si le terrein
eſt rond, de façon qu'il préſente un Cercle parfait, prenez ainſi les Pieds : ſoit une ſurface ronde dont le diametre ait ſoixante-dix Pieds; multipliez ainſi ce nombre par lui - même : ſoixante-
dix fois ſoixante-dix, font quatre mil neuf cent;
multipliez cette ſomme par onze, vous aurez
cinquante-trois mil neuf cent Pieds. Je prends la
quatorziéme partie de cette ſomme, ſçavoir, trois
mil huit cent cinquante Pieds, & je dis que c'eſt
le nombre de Pieds quarrés qui ſe trouvent dans
ce Cercle (4), laquelle ſomme donne une *Sexcuncia*, plus deux *Scripula* & demi de *Jugerum*. Si le
terrein eſt un demi-Cercle, dont la baſe ait cent
quarante Pieds, & le rayon ſoixante & dix, il faudra multiplier ainſi le rayon par la baſe : ſoixante
& dix fois cent quarante, font neuf mil huit cent,

---

(4) Columelle ſuppoſe que le rapport du rayon à la circonférence, eſt comme le rapport de 7 à 11, mais ce rapport
n'étant point exact, au lieu de multiplier le rayon par lui-
même, d'en multiplier le quarré par onze, & de prendre le
quatorziéme du produit, il vaut mieux dans la pratique multiplier le rayon par la demi-circonférence, ou le demi-rayon
par la circonférence. L'opération ſera plus juſte, & on aura
la vraie ſurface du terrein.

A a iij

qui multipliés par onze, donnent cent sept mil huit cent, dont le quatorziéme est sept mil sept cent. C'est le nombre de Pieds que nous dirons être dans ce demi-Cercle (5), & qui font un *Quadrans*, plus cinq *Scripula* de *Jugerum*. Mais s'il se trouve moins d'un demi-Cercle, voici comme nous mesurerons l'Arc : soit un Arc dont la base ait seize Pieds, & la largeur quatre Pieds ; j'ajoute la largeur à la base, la somme totale est de vingt Pieds, que je multiplie par quatre, le produit est quatre-vingt, dont la moitié est quarante ; de même la moitié des seize Pieds de la base, c'est huit Pieds, qui, multipliés par eux-mêmes, font soixante-quatre ; j'en prends la quatorziéme partie, c'est quatre Pieds & un peu plus ; ajoutez cela à quarante, la somme totale sera quarante-quatre Pieds. Je dis donc que c'est le nombre de Pieds quarrés que contient l'Arc (6), & qui font

---

(5) Cette méthode est conforme à la précédente, puisque les moitiés sont entre elles comme les touts entre eux. Mais si l'on doit rejetter la méthode que suit l'Auteur pour évaluer la surface du Cercle, on doit pareillement rejetter celle qu'il assigne pour évaluer la surface du demi-Cercle. En un mot, pour calculer comme lui, il faudroit qu'on eût cette proportion-ci : *Le Quarré du diametre est à la surface du Cercle, ce que le double du diametre* 14 *est à la demi-circonférence* 11, mais cette proposition n'est pas rigoureusement vraie. Ainsi, en suivant Columelle, il se glissera nécessairement quelque erreur.

(6) Cette façon de trouver la grandeur d'un Segment de

la moitié d'un *Scripulum* de *Jugerum*, moins un vingt-cinquiéme de *Scripulum* (7). Si le terrein est un Héxagone, voici comme on le réduira en Pieds quarrés : soit, par exemple, un Héxagone, dont chacun des côtés ait trente Pieds ; je multiplie ainsi un côté par lui-même : trente fois trente font neuf cent ; je prends le tiers de cette somme, qui est trois cent ; j'y ajoute le dixiéme, qui est quatre-vingt-dix ; somme totale trois cent quatre-vingt-dix, qu'il faut multiplier par six, parce qu'il y a six côtés, le produit sera de deux mil trois cent quarante. Nous dirons donc que c'est le nombre de Pieds quarrés que contient cet Héxagone (8). Ainsi il aura un *Uncia* de *Jugerum*, moins un demi *Scripulum* & un dixiéme de *Scripulum*.

Cercle, ne peut se démontrer dans le systéme de Columelle, que dans le cas particulier qu'il propose, c'est-à-dire, quand la base a seize parties & que la largeur en a quatre, ainsi elle ne peut pas s'appliquer aux autres Segmens de Cercle. Il vaudroit donc mieux résoudre la surface en Triangles.

(7) Le *Scripulum* étant de cent Pieds, (Voy. le Chap. I.) sa vingt-cinquiéme partie est de quatre Pieds. Or il s'en faut de six Pieds que quarante-quatre ne fassent le demi *Scripulum* : donc Columelle ne donne ici qu'un résultat approché, & il auroit dû dire, pour être exact, moins un vingt-cinquiéme & demi de *Scripulum*.

(8) Columelle résout l'Héxagone en six Triangles équilatéraux, & répete six fois l'opération qu'il a donnée pour le Triangle équilatéral, ce qui est très-conséquent : mais Voy. la Note 3.

CHAPITRE III.

SI l'on a bien conçu les principes de ce raisonnement, il ne sera pas difficile de mesurer les terres; mais il seroit trop long & trop épineux d'entrer ici dans le détail de toutes les différentes
formes qu'elles peuvent avoir. Je vais à présent
ajouter à ce que j'ai dit deux formules, dont
se servent souvent les Agriculteurs, lorsqu'ils
sont dans le cas d'arranger des plantes. Soit un
terrein de douze cent Pieds de long sur cent vingt
de large, dans lequel on veuille arranger des vignes, de façon qu'il y ait cinq pieds d'intervalle
entre chaque rangée : je demande combien il
faudra de plantes, en laissant une distance de
cinq pieds entre chacune. Je prends le cinquiéme de la longueur, c'est deux cent quarante, &
le cinquiéme de la largeur, c'est vingt - quatre ;
j'ajoute toujours à chacune de ces sommes une
unité, pour la plante de l'extrémité des rangées
que l'on appelle *angularis* (1) : j'ai donc une premiere somme de deux cent quarante & un, &
une seconde de vingt-cinq. Je multiplie ainsi ces

____

(1) Parce qu'elle est à l'angle formé tant par la ligne
d'une rangée, que par celle de la rangée qui lui est perpendiculaire.

fommes : vingt-cinq fois deux cent quarante &
un, font fix mil vingt-cinq. Vous direz que c'eft
le nombre de plantes qui feront néceffaires. De
même, fi on veut les mettre à fix pieds de diftance les unes des autres, on prend la fixiéme
partie de la longueur de douze cent, qui eft deux
cent, & la fixiéme partie de la largeur de cent
vingt, qui eft vingt ; on ajoute à chacune de ces
fommes l'unité que j'ai dit pour les plantes *angulares* (1), ce qui fera deux cent un, & vingt & un ;
on multiplie ainfi ces fommes l'une par l'autre :
vingt & une fois deux cent un, c'eft quatre mil
deux cent vingt & un qui eft le nombre des plantes que l'on dira être néceffaires. De même, fi on
veut les mettre à fept pieds l'une de l'autre, on
prend la feptiéme partie de la longueur & de la
largeur, & l'on ajoute les unités pour les plantes
angulares (1), & par ce moyen, & en procédant
de même, on trouve le nombre des plantes néceffaires. Enfin tel nombre de pieds d'intervalle
qu'on veuille mettre entre chaque plante, on
prend autant de fois la longueur & la largeur du
terrein, & on y ajoute les deux unités dont nous
avons parlé. Cela étant ainfi, il s'enfuit qu'un
Jugerum de terrein, qui a deux cent quarante Pieds
de long fur cent vingt de large, aura befoin, fi
on difpofe les plantes à trois pieds d'intervalle
entre les rangées (qui eft le moindre intervalle
que l'on doive laiffer en plantant des vignes), de
quatre-vingt-une plantes pour la longueur, & de

vingt-cinq pour la largeur, sur laquelle elles seront allignées à cinq pieds de distance l'une de
l'autre, lesquels nombres, multipliés l'un par
l'autre, donneront deux mil vingt-cinq plantes.
Mais si l'on arrange les vignes à quatre pieds de
distance l'une de l'autre en tout sens, la rangée
en long contiendra soixante & une plantes, &
celle en large en contiendra trente & une, lesquels nombres donneront pour le *Jugerum* mil huit
cent quatre vingt-onze seps de vignes. Si on les arrange à quatre pieds de distance dans la longueur,
& à cinq pieds dans la largeur, la rangée contiendra en long soixante & une plantes, & vingt-
cinq en large; au lieu que si on les plante à cinq
pieds de distance l'une de l'autre sur la longueur,
la rangée comprendra sur cette longueur quaran-
te-neuf plantes, & la largeur en contiendra toujours vingt-cinq; ces deux nombres multipliés
l'un par l'autre font mil deux cent vingt cinq.
Mais si l'on veut arranger les vignes dans un terrein de même surface à six pieds de distance l'une
de l'autre, il n'y a point de difficulté, qu'il ne faille donner quarante & un seps de vignes à la rangée
en longueur, & vingt & un à celle en largeur,
qui, multipliés l'un par l'autre, donneront le nombre de huit cent soixante & un. Si l'on veut arranger les seps de vignes à sept pieds de distance l'un
de l'autre, la rangée contiendra sur la longueur
trente-cinq seps, & dix-huit sur la largeur, lesquels nombres multipliés l'un par l'autre font six

cent trente : nous dirons donc que c'est le nombre de plantes qu'il faudra préparer. Si on plante les seps de vignes à huit pieds de distance les uns des autres, la rangée en long prendra trente & une plantes, & celle en large en prendra seize, lesquels nombres multipliés l'un par l'autre font quatre cent quatre-vingt-seize. Si on les plante à neuf pieds de distance, la rangée en long prendra vingt-sept plantes, & celle en large en prendra quatorze, lesquels nombres multipliés l'un par l'autre font trois cent soixante & dix-huit. Si on les plante à dix pieds de distance, la rangée en long prendra vingt-cinq plantes, & celle en large en prendra treize, lesquels nombres multipliés l'un par l'autre donnent trois cent vingt-cinq ; & pour ne pas pousser notre calcul à l'infini, on mettra les plantes dans la même proportion, selon qu'il plaira à chacun de faire les intervalles plus ou moins larges. Ce que nous avons dit des mesures des terres, & du nombre des plantes qu'il y faut employer pour les garnir doit suffire. Je reviens à l'ordre que je m'étois prescrit.

CHAPITRE IV.

J'AI observé qu'il y avoit plusieurs sortes de vignes en province : mais de toutes celles que j'ai connues par moi-même, il n'y en a pas que j'approuve plus que celles qui, semblables à de petits arbrisseaux, ont la jambe courte, & se tiennent toutes seules & sans appuis; & après elles, celles que les Paysans appellent *Canteriatæ* (1), & qui sont soutenues sur des appuis, & attachées chacune à des jougs séparés : viennent ensuite celles qui sont environnées de roseaux fichés en terre, & dont le bois, attaché à ces roseaux qui leur servent de soutiens, est arrondi en forme de cercles. Il y en a qui appellent ces vignes *Characatæ* (2). Les vignes de la pire condition sont celles qui sont renversées, & qui à la sortie du sep, tombent à terre & y restent étendues. On les plante toutes à peu près de la même façon, c'est-à-dire, qu'on met le plant ou dans des fosses, ou dans des tranchées : car les Agriculteurs des pays Etrangers ne sont point au fait de notre labour au *Pastinum* (3), & d'ailleurs il est presque inutile dans les pays où le sol est naturellement ameubli & réduit en poussiere, puisque *c'est ce que l'on cherche à imiter par le labour à la charrue* (comme le dit Virgile (4)) de même que par celui au *Pastinum* (3). Aussi la Campanie, quoique dans notre voisinage & par conséquent à portée de prendre

---

(1) De *Canterius*. Voy. ce mot dans le Chap. XII. du Liv. IV.

(2) Du mot Grec χάραξ, qui veut dire, *échalas*.

(3) Voy. la Note 1 du Chap. XV. Liv. II.

(4) Voy. la Note 25 de la Préf. Liv. II. des *Géorg.*

exemple fur nous, n'est pas dans l'usage de donner cette façon à la terre, parce que l'aisance
avec laquelle son sol se prête, n'exige pas qu'on
prenne tant de peine. Quant aux provinces dont
le terrein trop compact exige de grandes dépenses, le Paysan y parvient, par le moyen des tranchées, à ce que nous ne pouvons obtenir qu'en
labourant la terre au *Pastinum* (3), je veux dire
à placer son plant dans un sol bien amolli, &
dès-lors en état de lui prêter un passage facile.

CHAPITRE V.

MAIS je vais reprendre, l'une après l'autre, toutes les vignes que je viens de nommer (1), pour
traiter de chacune à part suivant l'ordre dans lequel je les ai annoncées. Celle qui se tient toute seule & sans appui, doit être mise dans une
fosse si le terrein est léger, & dans une tranchée
s'il est épais : mais ces fosses & ces tranchées seront bien plus avantageuses, lorsque dans les
pays tempérés & où l'Eté n'est pas brûlant, elles
auront été faites dans l'année qui précédera la plantation des vignes. Il faut cependant s'assurer auparavant de la bonté du terrein, parce que, si le terrein auquel on destine le plant est maigre & lé-

______

(1) Dans le Chap. précédent.

ger, il faut faire ces fosses & ces tranchées vers le temps même de la plantation des vignes. Si on fait les fosses dans l'année qui précédera la plantation des vignes, il suffira de leur donner trois pieds de longueur sur autant de profondeur, & deux pieds seulement de largeur ; ou bien, si l'on doit écarter les rangées de quatre pieds les unes des autres, il sera plus commode de faire ces fosses en quarrés parfaits de quatre pieds, sans cependant leur donner plus de trois pieds de profondeur. Au reste on déposera le plant aux quatre coins de ces fosses, en mettant dessous de la terre bien ameublie, après quoi on les comblera. Quant aux intervalles qui seront entre les rangées, nous n'avons rien autre chose à prescrire, si ce n'est que les Agriculteurs fassent attention à leur donner plus de largeur, s'ils doivent labourer leurs vignes à la charrue, & à leur en donner moins s'ils doivent les labourer au hoyau, pourvu cependant qu'ils ne leur donnent jamais plus de dix pieds, ni moins de quatre. Il y a néanmoins bien des personnes qui, en faisant leurs rangées, n'y laissent que deux ou tout au plus trois pieds de distance entre chaque plante, tandis qu'ils laissent au contraire un plus grand intervalle entre les rangées, afin de faciliter davantage le passage à ceux qui bêcheront ou qui laboureront la vigne. Pour les soins qu'exige la plantation, ce sont absolument les mêmes que ceux que j'ai prescrits dans le

troisieme volume. Cependant Magon le Carthaginois ajoute à cette méthode un précepte, qu'il
fait consister à ne pas remplir entiérement la
fosse de terre, au moment qu'on y met le plant,
mais à en laisser à peu près la moitié de vuide,
de façon qu'elle ne soit comblée que par degrés
deux ans après : il imagine que c'est un moyen
sûr pour contraindre la vigne à jetter ses racines
par en-bas. Je ne disconviendrai point qu'on ne
puisse tirer quelque utilité de cette méthode dans
les terreins secs, mais je ne crois pas qu'on doive
la suivre dans les pays marécageux, non plus que
dans ceux où le Ciel est pluvieux, parce que l'eau
qui séjourne en trop grande abondance dans ces
fosses à demi vuides, tue le plant avant qu'il se
soit fortifié. C'est pourquoi, je crois qu'il vaut
mieux combler les fosses aussitôt qu'on y a déposé le plant; mais quand une fois il aura pris, il
faudra dès après l'Equinoxe d'Automne, le déchausser exactement & profondément, & après
avoir coupé les petites racines, qu'il pourra avoir
jettées sur la superficie du sol, le recouvrir de
terre au bout de quelques jours. C'est le moyen
de parer à deux inconvéniens en même-temps,
en empêchant que le plant ne jette ses racines
par en-haut, & que les pluies immodérées ne
l'endommagent tant que ces racines seront encore
foibles. Mais il n'y a point de doute que dès
qu'elles auront pris des forces, les eaux du Ciel
ne leur fassent beaucoup de bien. C'est aussi pour-

quoi il sera bon de laisser les vignes découvertes & déchaussées pendant tout l'Hiver, dans les pays où la douceur de cette saison s'y prêtera. Pour ce qui regarde la nature du plant qu'il faut employer, c'est un point sur lequel les Auteurs ne sont point d'accord. Les uns pensent qu'il vaut mieux planter tout de suite des vignes par mailletons; les autres qu'il les faut planter par marcottes : j'ai déja déclaré dans les volumes précédens (2) ma façon de penser sur cet objet. J'ajouterai néanmoins ici qu'il y a des terres dans lesquelles le plant, qui a été transféré d'un lieu à un autre, ne réussit pas aussi-bien que celui qu'on n'a point remué de sa place, quoique ce cas arrive très-rarement. Il faut donc remarquer avec soin & examiner *ce que chaque pays comporte, comme ce qu'il refuse* (3). Quand la plante sera en terre, je veux dire le mailleton ou la marcotte, on la façonnera de manière qu'elle donne un sep qui puisse se soutenir sans appuis. Or c'est à quoi on ne pourra pas parvenir sur le champ : en effet, si l'on ne commence pas par donner des appuis à la vigne, lorsqu'elle est tendre & foible, les pampres se renverseront à terre à mesure qu'ils pousseront. C'est pourquoi on attache la plante, en la mettant en terre, à un roseau qui sert à protéger & à former, pour ainsi dire, son enfance,

---

(2) Dans les Liv. III & IV.
(3) Vers du premier Liv. des Géorg. de Virgile.

jusqu'à

jusqu'à ce qu'elle soit parvenue à la hauteur que
veut lui donner l'Agriculteur ; hauteur qui ne
doit pas être considérable , puisqu'il ne faut pas
la laisser monter à plus d'un pied & demi. Lorsqu'ensuite elle aura pris des forces , & qu'elle
pourra se soutenir sans appui , on lui laissera
prendre sa croissance ou du côté du pied , ou du
côté des bras. Car il y a deux façons de cultiver
ces vignes : les uns aiment mieux qu'elles soient
réduites à leur pied , les autres aiment mieux
qu'elles soient distribuées en bras. Ceux qui ont
à cœur de distribuer leur vigne en bras , doivent
conserver tout le bois qui sera poussé autour de
la cicatrice , qu'ils lui auront faite en la coupant
toute jeune par le haut , & le distribuer en quatre bras chacun de la longueur d'un pied , de façon qu'il y en ait un qui soit tourné vers chaque
partie du monde. Cependant on ne laisse pas dès
la premiere année à ces bras toute la longueur
que nous venons de fixer , de peur que la vigne ne soit trop chargée pendant qu'elle est encore frêle , mais on ne les y fait parvenir qu'à la
suite de plusieurs tailles. Il faut de plus laisser
des especes de cornes en saillies sur les bras , &
étendre ainsi la vigne entiere en tout sens , en
l'arrondissant. La méthode usitée pour tailler ces
vignes , est la même que celle que l'on suit en
taillant les vignes qui sont attachées aux jougs ,
avec cette différence néanmoins qu'on laisse aux
coursons , qui doivent donner le plus long bois ,

quarre ou cinq bourgeons, au lieu qu'on n'en laisse que deux à ceux qui sont destinés à renouveller la vigne. Pour ce qui est de la vigne que nous avons dir être réduite à son pied, on ôte tout le sarment qui environne le sep jusqu'au corps même du tronc, & on ne laisse qu'un ou deux bourgeons adhérens au tronc. On peut suivre hardiment cette méthode dans les terreins arrosés ou très-gras, qui ont assez de force pour suffire tout à la fois au fruit & au bois. Ceux qui donnent cette forme à leurs vignes les cultivent principalement à la charrue : aussi est-ce pour cela qu'ils leur ôtent tous leurs bras, afin que les troncs n'ayant point de parties saillantes, ne soient pas en risque d'être endommagés par la charrue ou par les bœufs. Car il arrive communément que, lorsque les vignes sont distribuées en bras, les bœufs en arrachent de petites branches soit avec le pied, soit avec la corne : souvent même cet accident est occasionné par le manche de la charrue, pour peu que le laboureur s'attache à raser les rangées avec le soc & à labourer le plus près qu'il peut de la vigne. Telles sont les façons que l'on donne soit aux vignes réduites à leur pied, soit à celles qui sont distribuées en bras, avant qu'elles bourgeonnent. Mais lorsqu'elles sont germées, le fossoyeur vient à son tour, & remue avec le hoyau les parties du terrein auxquelles le bouvier n'a pas pû atteindre. Ensuite, dès que la vigne donne du bois, arrive celui qui doit l'épamprer : ce dernier en retranche les pampres superflus, & laisse les branches à fruit, qu'on a soin de lier en forme de couronne, lorsqu'elles on pris une certaine consistance; ce qu'on fait pour deux raisons : la premiere, de peur que si on laissoit les pampres en liberté, ils ne s'étendissent trop & n'attirassent à eux toute la nourriture, la seconde, afin que la vigne étant ainsi liée, laisse encore un passage libre au bouvier & au fossoyeur pour la cultiver. Voici la maniere dont on épamprera : dans les lieux couverts, humides & froids on dépouillera entiérement la vigne en Eté, c'est-à-dire, qu'on ôtera toutes les feuilles des branches à fruit, afin que le fruit puisse mûrir, & que l'humidité ne le fasse pas pourrir; au lieu que dans les lieux secs, chauds & exposés au Soleil, on aura soin au contraire de laisser quelques pampres qui serviront à couvrir les grappes, & s'il s'en trouve trop peu, on garantira le fruit de la chaleur avec des feuilles, & quelquefois avec de la paille qu'on y apportera d'ailleurs à cet effet. M. Columelle, mon oncle paternel, qui étoit un homme très - instruit dans les beaux Arts, & l'Agriculteur le plus attentif de la Province de Bétique, couvroit les vignes de nattes de palmier vers le lever de la Canicule, parce qu'ordinairement, au temps où cette Constellation paroît, certaines contrées de cette Province sont si vexées par le vent du Sud-Est, appellé *Vulturnus* par les habitans, que si on n'y prenoit pas le soin de couvrir les vignes, le fruit se consumeroit comme si la flamme eût passé dessus. Telle est la culture de la vigne qui est distribuée en bras, & de celle qui est réduite à son pied. Car pour celle que l'on attache à un seul joug, ainsi que celle dont on laisse croître le bois, pour l'attacher à des roseaux qui lui servent d'appui en l'arrondissant en forme de cercle, elles demandent à peu près l'une & l'autre la même culture que les vignes attachées au joug. J'ai cependant vû des gens qui enterroient sur la surperficie du sol, en forme de provins, de longs sarmens des vignes *characata* (4), sur-tout quand c'étoit du raisin *Helvenacus*, & qui ensuite redressoient auprès d'un roseau ces sarmens, que nos Agriculteurs appellent *mergos* (5) & les Gaulois *candosoccos*, & les laissoient croître dans la vue d'en tirer du fruit. La raison pour laquelle ils les couvrent de terre est bien simple ; c'est qu'ils s'imaginent que par ce moyen la terre fournira plus de nourriture à ces branches à fruit. Aussi les coupent-ils après la vendange, comme des sarmens inutiles, pour leur ôter toute communication avec le sep. Pour nous, nous conseillons de s'en servir, lorsqu'on les aura séparés de leur mere, en guise de marcottes, pour remplir les vuides des rangées, au cas qu'il s'y trouve des seps morts, ou pour former de nouveaux plans ;

----

(4) Voy. la Note 2 du Chap. précédent.
(5) C'est-à-dire, *des sautelles*.

d'autant que la partie de ces sarmens qui a été
enterrée est toujours fournie d'une assez grande
quantité de racines, qui, dès qu'elles sont déposées dans les fosses, y prennent très-bien. Enfin, reste à parler de la culture des vignes couchées à terre. On ne doit entreprendre cette culture que dans les climats les plus sujets aux vents,
parce qu'elle est d'un travail difficile pour les
Agriculteurs, & que les vignes de cette espece
ne donnent jamais de vin de bon goût. Il faudra
dans les pays qui n'admettront par leur constitu-
tion que ce genre de culture, déposer les mailletons dans des fosses de deux pieds, & lorsqu'ils
seront germés, on les réduira à un seul bois, que
l'on contiendra la premiere année dans les bornes de deux bourgeons, ensuite quand ils auront
produit l'année suivante des branches à fruits, on
en laissera croître une seule, & on supprimera toutes les autres : enfin après que celle que l'on aura
laissé croître aura donné du fruit, on la raillera
d'assez court, pour qu'étant couchée à terre, elle
ne s'étende pas au-delà de l'intervalle qui est entre les rangées. Il n'y a pas non plus beaucoup de
différence, quant à la taille, entre la vigne couchée
à terre & celle qui se tient debout, si ce n'est
que le bois qu'on laisse à celle qui est couchée à
terre, doit être moins long que celui qu'on laisse à l'autre : il en est de même de ses coursons,
que l'on raille aussi courts que ceux qui ont la
forme d'une verrue ; mais après la taille, qu'il

faut indispensablement faire en Automne à ces sortes de vignes, on les renverse toutes entieres sur un intervalle d'entre les rangées différent de celui où elles étoient couchées auparavant, afin que la partie du terrein qu'elles avoient précédemment occupée, puisse être fouillée ou labourée, & qu'après qu'on lui aura donné ces façons, on puisse les y remettre & cultiver de même l'autre partie. Les Auteurs sont peu d'accord sur la façon d'épamprer ces vignes : les uns prétendent qu'il ne faut pas du tout les épamprer, afin qu'elles soient en état de protéger leurs fruits contre la violence des vents, & contre l'incursion des bêtes ; d'autres veulent qu'on les épampre avec modération, afin que, sans être surchargées de feuilles totalement inutiles, elles puissent néanmoins couvrir & protéger leur fruit : cette méthode me paroît aussi la plus convenable.

CHAPITRE VI.

MAis c'est assez nous être occupés des vignes, passons aux préceptes qui concernent les arbres. Quiconque voudra avoir un plan d'arbres mariés à des vignes, qui soit non-seulement bien garni & arrangé avec symétrie, mais encore de bon rapport, veillera à ce que la mort qui détruira ces arbres ne le dégarnisse pas, en prenant le soin

d'en retirer au fur & à mesure ceux qui seront
ou épuisés par la vieillesse, ou fatigués par les
mauvais temps, & de leur substituer de jeunes
rejettons; ce à quoi il pourra aisément parvenir,
s'il a une pépiniere d'ormes toute prête. Je vais
en conséquence m'attacher à prescrire comment
il faudra faire cette pépiniere, & de quelle espece d'ormes il faudra la peupler. On convient qu'il
y a de deux especes d'ormes, ceux des Gaules
qu'on appelle ormes d'Atina, & ceux de notre
pays qu'on appelle ormes d'Italie. Trémellius
Scrofa (1) s'étoit imaginé, sans aucun fondement,
que l'orme d'Atina ne produisoit point de *Sa-
mera* (c'est le nom qu'on donne à la graine de
cet arbre) : il est vrai qu'il n'en produit qu'une
très-petite quantité, ce qui fait même que quelques personnes le regardent comme stérile, &
que le peu qu'il en a, est caché entre les feuilles
de la premiere pousse; aussi personne aujourd'hui
ne s'avise-t-il de le semer en graine, mais tout le
monde le plante par rejettons. Cet orme est plus
beau & plus haut que celui de notre pays, & ses
feuilles sont plus du goût des bœufs, puisque, lorsqu'ils en ont mangé habituellement, & qu'on veut
ensuite leur en donner de celles de l'autre espece, ils
en paroissent dégoûtés. C'est pourquoi, tant qu'on
le pourra, on ne plantera dans tout son terrein

_____

(1) Voy. la Note 50 de la Préf.

que de l'orme d'Atina, ou au moins l'on fera enforte de mettre dans les rangées alternativement
& en nombre égal, des ormes d'Atina & de ceux
d'Italie. Moyennant cela on aura toujours un mêlange de feuilles de l'un & de l'autre arbre, &
les bestiaux ragoûtés par cette espece d'assaison-
nement, consommeront plus vigoureusement la
quantité de nourriture qui leur fera nécessaire.
Les arbres auprès desquels la vigne vient le
mieux, sont d'abord l'aubier préférablement à
tout autre, ensuite l'orme, & même en troisiéme lieu le frêne. Beaucoup de personnes ont rejetté l'aubier, parce qu'il produit peu de feuillages, & qu'il n'est pas utile aux bestiaux. On plante avec raison, dans les lieux escarpés & montagneux où l'orme ne se plaît pas, le frêne qui
est un arbre très-agréable aux chevres & aux brebis, & qui n'est pas sans utilité pour les bœufs.
L'orme est préféré par le plus grand nombre, parce qu'il s'accommode très-bien de la vigne, qu'il
fournit un pâturage très-agréable aux bœufs, &
qu'il réussit dans plusieurs especes de terreins
différens. Ainsi, si l'on se propose de créer un
plan d'arbres mariés à des vignes, on préparera d'a-
vance des pépinieres d'ormes ou de frênes, en la
maniere que nous donnerons ci-dessous. Car
pour les aubiers, on fera mieux de mettre tout-
de-suite dans le plan des branches prises sur la
cime de ces arbres. On labourera donc la terre

au *Pastinum* (1), dans un terrein gras & médiocrement humide, & après l'avoir herfée & ameublie avec foin, on la diſtribuera au Printemps
par planches. On jettera enſuite ſur ces planches de la graine d'orme, qui commencera à
rougir, & que l'on aura fait fécher au Soleil
pendant pluſieurs jours, ſans cependant lui avoir
laiſſé le temps de perdre ſon ſuc, ou de trop
s'endurcir : on la répandra très-drue pour en couvrir entiérement ces planches, après quoi on
la recouvrira de la hauteur de deux doigts avec
de la terre bien ameublie, que l'on paſſera à
cet effet au crible, & on l'arroſera légérement :
on finira par couvrir ces planches de paille, afin
que les oiſeaux ne becquetent pas la pointe des
tiges quand la graine ſera germée. Lorſqu'enſuite
ces plantes auront pris racine, on ramaſſera la
paille de deſſus les planches, & on en arrachera
les herbes à la main ; il faut faire cette opération légérement & avec attention, pour ne pas
arracher en même-temps les racines des ormes
qui ſeront encore tendres & courtes. On aura
ſoin que les planches ne ſoient pas plus larges
qu'il ne faut, pour que ceux qui en arracheront
les herbes, puiſſent facilement en atteindre le
milieu avec la main ; car ſi on leur donnoit plus
de largeur, elles ſeroient dans le riſque d'être endommagées, auſſi-bien que les plantes elles-mê-

---

(1) Voy. la Note 1 du Chap. XV. Liv. II.

mes qui feroient dès-lors foulées aux pieds. Il faut enfuite jetter de l'eau plutôt qu'en faire couler fur ces pépinieres pendant l'Eté, avant le lever du Soleil ou fur le foir, & lorfque les plantes auront trois pieds de hauteur, il faudra les transférer dans une autre pépiniere ; mais de peur qu'elles n'y jettent des racines trop profondes (ce qui par la fuite cauferoit beaucoup d'embarras, lorfqu'il s'agira de les enlever pour les tranfporter dans une autre pépiniere), il faudra ne leur faire que de petites foffes, qui ne feront éloignées les unes des autres que d'un pied & demi : on nouera enfemble les racines, fi elles font courtes, où fi elles font plus longues, on les tortillera dans la forme d'une couronne, & après les avoir enduites de boufe de vache, on les dépofera dans ces foffes, enfin on foulera la terre à leurs pieds dans tout leur circuit avec grand foin. On peut auffi fe fervir de la même méthode à l'égard des plantes que l'on aura enlevées en tiges, comme il eft néceffaire de faire pour les ormes d'Atina, que l'on ne feme pas en graine. Mais les ormes de cette derniere efpece fe plantent mieux pendant l'Automne qu'au Printemps : on en rompt très-doucement les petites branches avec la main, parce que les deux premieres années ils craignent de fentir le fer. Ce n'eft que la troifieme année qu'on fe fert de la ferpette pour les tailler. Dès qu'ils font en état d'être tranfplantés, on peut très-bien les planter depuis

le moment de l'Automne où la terre aura été
trempée par les pluies, jusqu'au Printemps, avant
que leurs racines commencent à se peler lorsqu'on
les déterre. Il faudra préparer des fosses de trois
pieds en tout sens pour recevoir ces arbres, si la
terre est légere, & si elle est épaisse, y faire des
tranchées de la même profondeur. On aura soin
en outre, en les plantant dans les terreins couverts de rosées & sujets aux brouillards, d'exposer leurs branches au côté du Levant & à celui
du Couchant, afin que le milieu de l'arbre, qui
est l'endroit où la vigne est liée, & contre lequel
elle s'appuie, reçoive plus de Soleil. Si l'on veut
en même-temps faire venir du grain dans ce
terrein, on mettra ces arbres à quarante pieds de
distance les uns des autres, pourvu que le terrein
soit fertile, au lieu qu'on ne les séparera que de
vingt pieds dans un terrein maigre, & dans lequel on ne semera rien (3). Lorsqu'ensuite ils
commenceront à grandir, il faudra les façonner
avec la serpette, & y former des *tabulata* (4).
C'est le nom que les Agriculteurs sont dans l'u-

______

(3) En effet, lorsque le terrein est bon, les arbres y profitent beaucoup, & dès-lors il faut les espacer davantage, si
on veut que leur trop grand ombrage ne nuise point au grain
qui sera semé sous eux, au lieu que lorsque le terrein est
maigre, les arbres profitent moins, & dès-lors il y a moins de
risque à les rapprocher.

(4) C'est-à-dire, *des planchers.*

sage de donner aux branches & aux troncs qui sont en saillie, & qu'ils racourcissent ou allongent plus ou moins par la taille, selon qu'ils veulent donner plus ou moins de liberté aux vignes. Au reste, il vaut mieux leur donner plus de liberté dans un terrein gras, & les gêner davantage dans un terrein maigre. Ces *tabulata* (4) ne doivent pas être à moins de trois pieds de distance les uns des autres, & ils doivent être faits de façon que leurs branches supérieures ne soient pas sur une seule & même ligne avec les inférieures, parce qu'autrement l'inférieure occasionneroit un frottement continuel à la branche à fruit qui descendroit de la supérieure, à mesure qu'elle germeroit, & qu'elle finiroit par en faire tomber le fruit. Mais telle espece d'arbres que l'on ait plantée, il ne faudra pas les tailler des deux premieres années. Si par la suite l'orme ne prend qu'un petit accroissement, il faudra au Printemps, & avant qu'il quitte facilement son écorce (5), l'étêter auprès de la branche qui en paroîtra la plus brillante, en laissant cependant sur le tronc au-dessus de cette branche une tige de la hauteur de neuf pouces, à laquelle on attachera cette branche, en l'appuyant auprès & en lui faisant prendre sa direction, afin qu'étant bien redressée, elle puisse donner une cime à l'arbre. Ensuite il

---

(5) Car quand une fois la seve est devenue abondante, l'écorce de tel arbre que ce soit s'enleve plus facilement

faudra couper au bout d'un an cette tige qu'on avoit laissée au tronc, & ragréer la plaie. Si l'arbre n'a point de branche dont on puisse tirer ce parti, il suffira de le réduire à la hauteur de neuf pieds, en lui coupant toute la partie supérieure, afin que les nouvelles branches qu'il poussera, soient à l'abri des insultes des bestiaux. Il faudra le couper d'un seul coup, si l'on peut en venir à bout, sinon il faudra le scier, & ensuite ragréer la plaie avec la serpette, & la recouvrir d'un lut dans lequel on aura mêlé de la paille, pour que le Soleil ou la pluie ne l'endommagent point. Un an ou deux après, lorsque les nouvelles branches auront pris des forces, il faudra retrancher celles qui seront inutiles, & laisser celles qui se préteront à être arrangées. Quand un orme aura toujours été d'une belle venue depuis le moment de sa plantation, il faudra lui couper avec la serpe les branches supérieures jusqu'au nœud qui les joint au tronc. Mais si ses branches sont déja fortes, on leur laissera en les coupant un petit bout de bois en saillie sur le tronc. Lorsqu'ensuite l'arbre aura pris toute sa force, il faudra en rogner tout ce que l'on pourra atteindre avec la serpe, & ragréer les plaies, sans cependant toucher au corps même de la mere. Voici comment il faudra façonner un jeune orme dans un terrein gras : on lui laissera huit pieds sur terre sans branches, ou sept, quand le terrein sera moins gras ; au-dessus de cet espace on le distribuera en trois parties prifes fur fa circonférence, à chacune defquelles on laiffera une branche pour former le premier *tabulatum* (4). Enfuite après avoir laiffé trois pieds vacans par-deffus, on arrangera d'autres branches de façon qu'elles ne fe trouvent pas fur la même ligne, que celles du *tabulatum* (4) dont je viens de parler : & il faudra continuer d'arranger de la même façon l'arbre dans fon entier jufqu'à fa cime. Au refte, on prendra garde en l'émondant de ne pas donner trop de longueur aux ergots, qu'on lui laiffera en coupant fes branches, comme, au contraire, on prendra garde de ne les pas couper affez près, pour que le tronc foit lui-même bleffé ou écorché, parce que le tronc de l'orme une fois écorché réuffit mal. Il faut auffi éviter que deux plaies différentes ne fe réuniffent en une feule, parce que l'écorce auroit de la peine à fe cicatrifer à la fuite d'un tel maltraitement. On cultivera auffi cet arbre fans difcontinuation, & on ne fe contentera pas de l'avoir arrangé avec foin dans le principe, mais on bêchera encore autour de fon tronc, & on coupera avec le fer, ou l'on arrachera de deux années l'une tous les feuillages qu'il aura donnés, de peur que fi l'épaiffeur de fon ombre venoit à le difputer à celle des pampres de la vigne, elle ne nuisît à cette plante. Lorfqu'enfuite cet arbre fera devenu vieux, on le percera auprès d'une branche jufqu'à la moëlle, pour donner une iffue à l'humidité qui fe fera amaffée dans fa partie fu-

périeure. Il faut aussi planter la vigne auprès de
lui, avant qu'il ait pris toute sa force. Au surplus si l'on marie à un jeune orme une jeune vigne,
il ne lui fera pas de tort, au lieu que si on lui en
marie une vieille, il fera mourir sa compagne.
Ainsi, il faut qu'il y ait convenance d'âge & de
vigueur entre ces arbres & les vignes qu'on marie
avec eux. Mais lorsqu'on veut marier une vigne
à un arbre, il faut préparer, pour les marcottes
qu'on doit mettre auprès de lui, un fossé de
deux pieds de largeur, sur deux pieds de profondeur si la terre est légere, ou deux pieds neuf
pouces si elle est épaisse, & de six pieds de longueur ou tout au moins de cinq. Il faut que ce
fossé soit au moins à un pied & demi de distance
de l'arbre, parce que, s'il joignoit les racines de
l'orme, la vigne prendroit mal, & que quand
même elle prendroit, l'arbre ne pourroit manquer de l'étouffer, dès qu'il viendroit à croître.
On fera ce fossé en Automne, si on en a la liberté, afin que la terre s'en ramolisse aux pluies &
aux gelées. Ensuite vers l'Equinoxe du Printemps
on y déposera deux seps à la fois, à un pied de
distance l'un de l'autre, afin qu'ils couvrent plutôt l'orme, & on prendra garde de ne les pas
planter pendant que les vents du Septentrion
souffleront, ni pendant qu'ils seront couverts de
rosée, mais on attendra qu'ils soient ressuyés :
c'est une attention que j'ordonne d'avoir, non-
seulement en plantant des vignes, mais encore

en plantant des ormes & de toute autre espece
d'arbres ; comme j'ordonne encore, lorsqu'on les
tire de la pépiniere, de les marquer d'un côté
avec de la fanguine, pour se rappeller la position où ils étoient dans la pépiniere, afin de les
mettre dans la même position, parce qu'il est très-
intéressant qu'ils regardent le côté du Ciel auquel
ils sont accoutumés dès leur enfance. Le temps
le plus favorable pour planter les arbres & les vignes dans les cantons qui sont exposés au Soleil,
& où la température n'est ni trop froide ni trop pluvieuse, c'est en Automne après l'Equinoxe. Mais
il faut, en les plantant, étendre dans le fossé jusqu'à la profondeur d'un demi-pied la superficie
de la terre, que l'on aura labourée à la charrue,
développer toutes leurs racines, ensuite les fumer,
selon mon opinion, après les avoir plantés, sinon
les recouvrir au moins de cette terre labourée,
que l'on foulera aux pieds dans le circuit du tronc.
Il faut mettre les vignes à l'extrémité du fossé la
plus éloignée de l'arbre, & en étendre le bois
dans la largeur du fossé, pour les relever ensuite
auprès de l'arbre, & enfin les entourrer de haies,
pour les mettre à l'abri des insultes des bestiaux.
Au surplus, il faut accoter le plant de vignes aux
arbres du côté du Septentrion dans les pays
chauds, du côté du Midi dans les pays froids,
& du côté de l'Orient ou de celui de l'Occident
sous un climat tempéré, afin qu'il ne soit pas incommodé pendant toute la journée soit par le

Soleil,

Soleil, soit par l'ombre. Celsus (6) pense qu'il ne faut pas approcher le fer de la vigne à la premiere taille qui suivra sa plantation, mais qu'il sera mieux d'entourer l'arbre avec les tiges de cette plante qu'on tortillera à cet effet en façon de couronne, afin qu'elles jettent du bois en abondance de toute leur partie qui sera courbée, & qu'on puisse employer le plus fort de ce bois à former l'année d'après la tête de la vigne. Mais une longue expérience m'a convaincu qu'il est bien plus utile de faire sentir la serpette aux vignes dès les premiers temps, & de ne pas les laisser se couvrir de sarmens inutiles. Je pense même qu'il faut couper jusqu'au second ou au troisiéme bourgeon le premier bois qu'on leur laissera, afin qu'il donne des branches à fruit plus robustes : & dès que ces branches auront atteint un *tabulatum* (4), on arrangera la vigne à la taille suivante sur tous les rameaux de ce *tabulatum* (4), en laissant toujours d'ailleurs un sarment que l'on excitera à monter au *tabulatum* (4) supérieur, & que l'on appliquera au tronc de l'arbre, afin qu'il se dirige vers sa cime. Une fois que la vigne est mariée à l'arbre, les Agriculteurs lui imposent des loix constantes : la plupart garnissent les *tabulata* (4) inférieurs de beaucoup de sarmens, pour avoir une plus grande quantité de fruits, & trouver plus d'aisance dans la culture. Mais ceux qui

____

(6) Voy. la Note 32 du Chap. I. Liv. I.

cherchent la qualité du vin, excitent la vigne à monter au plus haut des arbres, & à mesure qu'elle jette de nouveau bois, ils attirent ce bois vers la branche de l'arbre la plus élevée, de façon que le plus haut de la vigne gagne toujours le plus haut de l'arbre, c'est-à-dire, que les deux branches à fruit les plus élevées de la vigne, s'unissent au tronc de l'arbre vers sa cime, à laquelle tend leur direction; de sorte qu'à mesure qu'une branche de l'arbre se fortifie, elle reçoit la vigne entre ses bras. On mettra sur les plus fortes branches de l'arbre un plus grand nombre de branches à fruit de la vigne, qui seront toutes séparées les unes des autres, au lieu qu'on en mettra moins sur les plus petites. On attachera la jeune vigne à l'arbre avec trois tourons, l'un qui sera lié à la cuisse de l'arbre à quatre pieds de distance de la terre, l'autre qui arrêtera la vigne par le haut, & le troisième qui l'embrassera par le milieu. Il n'en faut pas mettre par le bas, parce que cela diminueroit les forces de la vigne (7) : on le regarde cependant quelquefois comme nécessaire, lorsque l'arbre ayant été tronqué n'a point de branches (8), ou que la vigne a

______

(7) En la serrant trop dans cette partie, par laquelle doit passer tout le suc nourricier.

(8) Parce que pour lors la vigne a besoin d'être bien retenue, faute de trouver des branches qu'elle puisse embrasser.

trop de vigueur, & qu'elle s'étend trop (9). Les
autres points à observer dans la taille sont de
couper toutes les anciennes branches, qui auront
rapporté du fruit l'année précédente, & de laisser
les nouvelles en les débarrassant par-tout de leurs
vrilles, & en coupant les rejettons qu'elles peuvent avoir produits; comme aussi de laisser tomber par la pointe des rameaux de l'arbre, les
branches les plus éloignées de la vigne préférablement aux autres si elle est abondante, les plus
voisines du sep si elle est maigre, & celles du
milieu si elle est d'une qualité moyenne, parce
que les branches les plus éloignées sont celles
qui rapportent le plus de fruit, & que les plus
voisines du tronc sont celles qui l'épuisent & qui
l'exténuent le moins. Il est aussi fort utile aux
vignes d'être déliées toutes les années, parce
qu'on les éclaircit alors plus commodément, &
qu'elles se rafraîchissent, lorsqu'elles sont liées à
une autre place, outre qu'elles sont moins bles-
sées & qu'elles s'en portent mieux (10). Il faut
encore mettre les branches à fruit sur les *tabulata* (4), de façon qu'elles y soient liées au-dessus
du troisiéme ou du quatriéme bourgeon avant
d'en descendre, & ne point serrer la ligature,

---

(9) Parce que pour lors il faut la réprimer, en resserrant
les canaux par lesquels passe le suc nourricier, & empêcher
que ce suc ne monte en trop grande quantité.

(10) En effet le lien brûle & coupe la vigne.

de crainte qu'elle ne coupe le farment. Mais fi le *tabulatum* (4) eft fi éloigné, qu'on ne puiffe pas y conduire commodément la branche de la vigne, on l'attachera fur la vigne même en la liant au-deffus du troifiéme bourgeon. Nous prefcrivons ceci, parce que la partie de la branche qui defcend du *tabulatum* (4) eft celle qui fe charge de fruits, au lieu que celle qui eft attachée avec un lien, tend à monter plus haut & fournit du bois pour l'année fuivante. Au refte, les branches à fruit elles-mêmes font de deux fortes : les unes fortent du bois dur, &, comme elles ne rapportent communément la premiere année que des feuilles fans fruit, on les appelle *pampinarii* (11); les autres fortent d'une branche à fruit qui a un an, & on les appelle *fructuarii* (12), parce qu'elles produifent des fruits. Pour avoir toujours dans une vigne une grande quantité de ces dernieres, on lie les branches à fruit au troifiéme bourgeon, afin que tout ce qui eft au-deffous de la ligature donne du bois. Lorfqu'enfuite la vigne aura augmenté en forces, en prenant des années, il faudra faire aller fur les arbres qui fe trouveront dans fon voifinage, de longs farmens, que l'on coupera néanmoins au bout de deux ans, pour en faire paffer de plus tendres à leur place, parce que les vieux farmens fatiguent la vigne. On eft

---

(11) Voy. la Note 6 du Chap. X. Liv. III.
(12) C'eft-à-dire, *branches à fruit.*

aussi quelquefois dans l'usage, quand la vigne ne peut pas embrasser l'arbre dans son entier, d'en coucher une partie en terre pour en faire venir deux ou trois provins, qu'on fera monter à l'arbre, afin qu'il soit plutôt couvert, en se trouvant environné d'une grande quantité de seps. On ne doit pas laisser à une jeune vigne de sarments *pampinarii* (11), à moins qu'ils ne sortent d'un endroit où il sera nécessaire de les laisser, pour les marier par la suite à une branche de l'arbre qui aura perdu ceux qui la garnissoient. Pour ce qui est des vieilles vignes, les sarmens *pampinarii* (11) qui y sont nés dans une place convenable leur sont utiles, & on fait bien de les y laisser pour la plus grande partie, en les taillant au troisieme bourgeon, parce qu'ils donnent du bois l'année suivante. Tout pampre né dans une place convenable, qui aura été rompu, soit lorsqu'on tailloit la vigne, soit lorsqu'on la lioit, ne doit pas être retranché pour peu qu'il lui reste un bourgeon, parce que l'année d'ensuite il donnera infailliblement des pampres, qui seront d'autant plus forts que ce bourgeon sera unique. On appelle *précipites* (13) les branches à fruit qui sont sorties de celles de l'année, & que l'on attache au bois dur. Ces sortes de pampres rapportent à la vérité beaucoup de fruit, mais aussi ils font bien du tort à la mere. C'est pourquoi

---

(13) C'est-à-dire, *précipitées.*

il ne faut pas en précipiter, si ce n'est de l'extrémité des branches de l'arbre, ou dans le cas où la vigne seroit montée plus haut que la cime de l'arbre. Si cependant quelqu'un vouloit laisser les branches de cette espece, dans la vue d'avoir beaucoup de fruit, il faudroit qu'il commençât par les tortiller, ensuite qu'il les liât & enfin qu'il les précipitât. En effet elles jetteront pour lors une quantité de sarmens derriere l'endroit où on les aura tordues, & toutes précipitées qu'elles seront, elles attireront moins à elles les forces de la vigne, quoiqu'en donnant du fruit avec abondance. Il ne faut pas laisser plus d'une année les branches précipitées. Il y a une autre espece de branche à fruit qui sort d'une jeune branche, & que l'on attache dans le tendre de cette branche pour la laisser pendre : nous l'appellons *materia* (14), & elle donne du fruit & de nouveaux sarmens en abondance. On donne encore à deux pampres venus d'une même tige, qu'on a laissés à la vigne, le nom de *materia* (14) : j'ai montré plus haut quelle étoit la nature des sarmens *pampinarii* (11). Le pampre nommé *focaneus* (15) est celui qui vient dans l'entre-deux des bras, comme au milieu d'une fourche. J'ai observé que c'est la pire de toutes les tiges, parce qu'elle ne rapporte point de fruits, & qu'elle exténue

---

(14) C'est-à-dire, *bois*.
(15) Voy. la Note 3 du Chap. XXIV. du Liv. IV.

les deux bras entre lesquels elle est née ; c'est pourquoi il faut la retrancher. Bien des gens se sont trompés en s'imaginant que, lorsqu'une vigne étoit forte & bien fertile, elle devenoit encore plus fertile si on la surchargeoit & qu'on lui laissât beaucoup de branches à fruit , puisqu'il arrive au contraire que, plus une vigne a de branches, plus elle donne de pampres; & que par conséquent, étant couverte de beaucoup de feuilles , elle quitte plus mal sa fleur , retient plus longtemps le brouillard & la rosée , & perd toutes ses grappes. Je pense donc que lorsqu'une vigne est forte , le vrai moyen de la rendre plus fertile, est de la distribuer sur les branches de l'arbre, de l'étendre en forme de rayons en dispersant ses longs sarmens sur les arbres voisins , de précipiter ses autres branches à fruit, & , si elle est trop fertile, d'abandonner ses *materiæ* (14) en liberté. Au surplus, autant un plan d'arbres mariés à des vignes est recommandable par ses fruits & par la beauté de son aspect , lorsqu'il est bien garni , autant il est infructueux & sans grace lorsque la vieillesse l'a dégarni. Pour empêcher que cet accident n'arrive , un Chef de famille attentif doit ôter le premier arbre qui se trouvera accablé de vieillesse, pour lui en substituer un jeune avec une nouvelle vigne : auquel cas il évitera de se servir de marcottes, quoiqu'il en ait la faculté , mais il préférera des provins pris dans le voisinage. Au reste , tel de ces deux partis qu'il prenne, il suivra la méthode que nous avons déja donnée (16). C'est assez de préceptes pour les plans d'arbres mariés aux vignes à la façon d'Italie.

CHAPITRE VII.

IL y a une autre espece de plans d'arbres mariés aux vignes, qui est d'usage dans la Gaule : on l'appelle *rumpotinum* (1). Il faut pour cette espece de plant des arbres bas & peu chargés de feuilles. L'aubier paroît y être très-convenable : c'est un arbre semblable au cornouiller. Il y a bien des personnes qui disposent encore pour ce plant des charmes, des cornouillers & des frênes sauvages, & quelquefois même des saules. Mais il ne faut employer le saule que dans les terreins humides, où les autres arbres viendroient difficilement, parce que cet arbre corrompt le goût du vin. On pourra aussi y mettre des ormes en les étêtant dans leur jeunesse, & en les soignant de façon qu'ils ne montent pas à plus de quinze pieds de hauteur. Car j'ai remarqué qu'ordinairement ces *rumpotina* (1) sont faits de façon que

---

(16) Voy. le Chap. XXII. du Liv. IV.

(1) Du mot *rumpi*, qui veut dire, *entrelassement de branches de vignes d'arbres en arbres*. Voy. le Chap. VIII. de l'Économie rurale de Varron, Liv. I.

leurs *tabulata* (2) ne vont qu'à huit pieds dans les lieux secs & montagneux, & à douze dans les lieux plats & humides. Communément on divise ces arbres en trois branches, à chacune desquelles on laisse de deux côtés plusieurs bras, après quoi on retranche presque toutes les autres branches dans le temps qu'on taille la vigne, de peur qu'elles ne lui donnent trop d'ombre. Si l'on ne seme pas de bled sous les arbres des *rumpotina* (1), on les espace à vingt pieds de distance des deux côtés, mais si l'on s'adonne à y mettre du grain, on laisse entre eux quarante pieds de distance d'un côté, & vingt de l'autre (3). Le reste de la culture est la même que pour les plans d'arbres mariés à des vignes à la façon d'Italie, c'est-à-dire, qu'on dépose les vignes dans de longs fossés, qu'on les cultive avec autant de soin, qu'on les distribue sur les branches des arbres, enfin qu'on fait passer d'arbres en arbres de nouveaux sarmens longs que l'on attache ensemble, & que l'on renouvelle toutes les années en coupant les anciens. Si un de ces longs sarmens, qui passent d'arbre en arbre, ne peut pas atteindre son voi-

---

(2) Voy. la Note 4 du Chap. précédent.

(3) Apparemment afin que ces arbres, inégalement espacés, présentent au moins un de leurs côtés une fois par jour au Soleil, & que leurs racines puissent ressentir les effets de sa chaleur, ce qui n'arriveroit pas si facilement, si les espaces étoient les mêmes de tout côté.

fin, on les réunit par le moyen d'une baguette que l'on attache en travers. Lorsqu'ensuite le poids du fruit les fait courber, on les soutient avec des appuis qu'on met par-dessous. Au reste, plus on laboure profondement, & plus on bêche au pied des plans d'arbres de cette espece mariés à des vignes, ainsi qu'au pied de toute autre espece d'arbres, plus ils rapportent de fruits : on voit par ce que nous avons dit plus haut (4), s'il est de l'utilité du Chef de famille de viser à cette abondance de fruits.

CHAPITRE VIII.

LA culture de tous les autres arbres est à la vérité beaucoup plus simple que celle de la vigne, mais l'olivier est celui de tous qui entraîne dans le moins de dépenses, quoiqu'il tienne le premier rang entre eux. En effet, quoiqu'il ne rapporte pas de fruits toutes les années de suite, mais seulement de deux années l'une à peu près, cependant il mérite le plus grand égard, tant parce qu'il se soutient sans une grande culture, & que, lorsqu'il n'a ni fleurs ni fruits, il ne demande presque aucune dépense, ou que pour peu qu'on en fasse, ses fruits se multiplient à

____

(4) Voy. le Chap. III. du Liv. III.

proportion de cette dépense ; que parce que , lorsqu'il est négligé pendant une suite d'années , il ne manque point comme la vigne , mais qu'il rapporte dans ce temps-là même quelque profit au Chef de famille , & qu'il ne lui faut qu'un an pour se corriger , pour peu qu'on le cultive de nouveau. C'est aussi pour cela que nous avons cru devoir donner avec soin des préceptes particuliers sur cette espece d'arbre. Je crois qu'il y a bien des sortes d'olives ainsi que de raisins , mais il n'en est venu que dix à ma connoissance ; sçavoir, l'olive *Pausia* (1), l'*Algiana*, celle de *Licinius* (2) , celle de *Sarzanne* , la *Nevia*, la *Culminia* (3), l'*Orchis* (4) , la *Regia* (5), la *Circites* (6) & la *Murtea* (7). De toutes ces olives, la plus agréable est la *Pausia* (1) , comme la

---

(1) Voy. la Note 2 du Chap. VI. de l'Economie rurale de Caton.

(2) Voy. la Note 7 *ibid.*

(3) Voy. la Note 3 *ibid.*

(4) Voy. la Note 1 *ibid.*

(5) Voy. la Note 10 du Chap. II. Liv. III.

(6) Du mot Grec κερκίς, qui signifie, *une navette de Tisserand* : c'est la même que celle qu'il appelle plus bas *radius*, nom que lui donnent aussi Caton , Chap. VI. de l'Economie rurale, Virgile, Liv. II. des Géorg. Pline 15 , 3 , & Palladius 3 , 18.

(7) Sans doute , parce que cette olive ressembloit aux baies du *myrthe*.

Regia (5) est la plus belle (8) : cette derniere est plutôt bonne à manger que propre à faire de l'huile. Cependant si l'huile que l'on tire de la *Pausia* (1) est d'un goût excellent tant qu'elle est verte, il faut convenir qu'elle se gâte en vieillissant. De même l'*Orchis* (4) & la *Circites* (6) sont meilleures à manger qu'à faire de l'huile. Celle de *Licinius* (2) donne la meilleure huile, celle de *Sarzanne* en donne le plus abondamment : & communément les plus grandes olives sont les meilleures à manger, comme les plus petites sont les meilleures dont on puisse tirer de l'huile. Aucune de ces especes ne peut souffrir une température brûlante, non plus qu'une température glaciale : c'est pourquoi elles se plaisent sur les collines Septentrionales dans les pays très-chauds, & sur les Méridionales dans les pays froids. Elles n'aiment pas encore les terreins bas plus que les terreins trop élevés ; mais elles préferent les pentes douces, telles que celles que nous voyons chez les Sabins dans l'Italie, ou par toute la Province de Bétique. Bien des gens sont dans l'opinion que cet arbre ne peut pas vivre, ou qu'au moins il n'est pas fertile

---

(8) Columelle, Chap. XVII. *de arboribus*, avoit donné la préférence, même du côté de la beauté, à trois autres olives sur la *Regia* ; sçavoir à celle de *Licinius*, à la *Pausia* & à l'*Orchis*. Mais il est vraisemblable qu'il parloit là de l'arbre même, comme on peut le conclurre du titre de ce Livre, au lieu qu'il parle ici du fruit.

à une distance de plus de soixante milles de la
mer, quoiqu'il réussisse dans des climats qui en
sont plus éloignés. La *Pausia* (1) souffre très-bien
le chaud, & l'olive de *Sarzane* le froid. Le meilleur terrein pour les olives est celui dont le
fond est de gravier, pourvu qu'il s'y trouve au-
dessus de l'argille mêlée au sable. Celui dont le
sable est gras ne leur est pas moins favorable ;
les terres compactes même s'accommodent très-
bien de cet arbre, pour peu qu'elles soient moët-
tes & grasses. Mais il ne veut point d'un terrein où il n'y ait que de l'argille, sur-tout si les
eaux y sourdent, & quelles y séjournent toujours
en grande quantité. Les terres qui ne renfer-
ment qu'un sable maigre & du gravier pur lui
sont aussi contraires ; en effet, quoique l'olivier
n'y périsse pas, il n'y profite néanmoins jamais.
On peut cependant le planter dans une terre à
bled, ou dans des lieux qui auront porté auparavant des arbousiers ou des yeuses. Pour ce qui
est du chêne, il laisse dans la terre, même après
qu'il est abbatu, des racines qui sont nuisibles
aux plans d'oliviers, & dont le poison tue ces
arbres. Voilà ce que j'avois à vous dire de cet
arbre en général. Je vais actuellement passer au
détail de sa culture.

CHAPITRE IX.

ON préparera la pépiniere deſtinée à meubler les plans d'oliviers dans un lieu bien aëré, dont le terrein ſoit médiocrement fort, mais plein de ſuc, & d'un grain qui ne ſoit ni compact ni trop meuble, mais cependant plutôt de cette derniere qualité que de la premiere. Ces ſortes de terres ſont preſque noires. Lorſqu'on aura labouré ce terrein au *Paſtinum* (1) à trois pieds de profondeur, & qu'on l'aura environné d'un foſſé profond pour en interdire l'entrée aux beſtiaux, on le laiſſera fermenter. Cela fait, on prendra ſur les arbres de jeunes branches longues, bien brillantes & faciles à empoigner, c'eſt-à-dire, de la groſſeur d'un manche d'inſtrument, & des plus fertiles que l'on pourra trouver; on les coupera ſur le champ pour avoir des boutures très-fraîches, en prenant garde d'endommager l'écorce, ou une partie de la bouture autre que celle à laquelle on aura appliqué la ſcie. On évitera facilement cet accident, en mettant un étai en forme de fourche ſous la branche que l'on ſera prêt à couper, & en matelaſſant de foin ou de paille la partie de cet étai ſur laquelle poſera

____

(1) Voy. la Note 1 du Chap. XV. Liv. II.

cette branche, afin que les boutures y foient couchées mollement, & que leur écorce ne courre
aucun rifque quand on les coupera. On les fciera
enfuite de la longueur d'un pied & demi, & on
ragréera des deux côtés avec la ferpette l'endroit
de la plaie. On y fera auffi une marque avec de la
fanguine, afin de les mettre en terre dans la même
pofition où elles étoient fur l'arbre, & de façon
qu'elles foient dirigées de même par leur extrémité inférieure vers la terre, & par leur cime
vers le Ciel. Car fi on renverfoit la bouture en
la mettant en terre, elle prendroit difficilement
& feroit éternellement ftérile, même après avoir
acquis la plus grande vigueur. Il faudra enduire
la tête & le pied des boutures de fumier mêlé
avec de la cendre, & les enterrer entiérement,
& de façon qu'elles foient recouvertes de terre
ameublie à la hauteur de quatre doigts. On met
à caufe de cela à une petite diftance auprès d'elles, deux fignaux d'un bois quelconque, un de
chaque côté, mais attachés enfemble à l'aide
d'un lien qui les unit par en-haut, de peur qu'é-
tant ifolés, ils ne foient facilement renverfés.
L'objet de ces fignaux eft de prévenir l'ignorance
des laboureurs, & d'empêcher que les boutures,
qui auront été plantées, ne foient léfées, lorfqu'on voudra cultiver la pépiniere au hoyau ou
au farcloir. Il y a des perfonnes qui croient que
le mieux eft d'en planter les boutons, en les
arrangeant de même au cordeau; mais qu'on les

plante de l'une ou de l'autre façon, on doit toujours le faire après l'Equinoxe du Printemps, comme on doit aussi les sarcler le plus souvent que l'on pourra la premiere année, & les cultiver au rateau la seconde année & les suivantes, aussitôt que les petites racines de ces plantes auront commencé à prendre des forces. Mais il faudra s'abstenir pendant deux ans de les tailler, & la troisieme année on leur laissera à chacune deux branches, en sarclant fréquemment la pépiniere. La quatrieme année on coupera la plus foible de ces deux branches. Au bout de cinq ans de cette culture, ce seront de petits arbres bons à être transférés. On les transfere à propos dans le plan des oliviers pendant l'Automne, si le terrein est sec & qu'il ne soit point marécageux, ou au Printemps un peu avant qu'ils germent, s'il est gras & humide. On leur prépare un an d'avance des fosses de quatre pieds de profondeur, & même, si le temps n'a pas été favorable, on brûle de la paille dans ces fosses avant de les y mettre, afin que le feu ramollisse la terre, comme le Soleil ou la gelée auroit dû le faire. L'intervalle entre les rangées doit être au moins de soixante pieds d'un côté, & de quarante de l'autre (2), si le terrein est gras & destiné à porter du bled, ou de vingt-cinq s'il est maigre & qu'il ne soit point convenable aux grains. Mais il faut que la face

____

(2) Voy. la Note 2 du Chap. VII.

des

des rangées soit tournée vers le point d'où souffle
le vent *Favonius* (3), afin que ce vent les rafraî-
chisse en Eté. Voici comment on s'y prend pour
transférer ces petits arbres : avant de les déplan-
ter, on marque avec de la sanguine la partie qui
étoit tournée au Midi, afin de les planter de la
même maniere qu'ils l'étoient dans la pépiniere.
Ensuite on fait ensorte de laisser de la terre autour de l'arbre environ l'espace d'un pied , afin
de l'arracher avec cette motte; & pour empêcher
que cette motte ne se brise, lorsqu'on déplantera
l'arbre , il faut préparer de petites baguettes de
branches d'arbres liées ensemble , que l'on appliquera à la motte de terre avant de l'enlever, &
que l'on liera sur ses côtés avec de l'osier, de façon que la terre étant resserrée par ces baguettes,
soit retenue comme dans une prison. L'arbre
étant ensuite déraciné , on secouera légérement
la motte de terre, & on attachera par-dessous
des branches d'arbres sur lesquelles on le transportera. Avant de le déposer dans la fosse qui lui
est destinée, il faudra en fouiller le fond avec le
hoyau, ensuite jetter dedans la terre qui aura
été labourée à la charrue (si cependant la superficie de cette terre est grasse) & mettre dessous
un lit d'orge. S'il y a de l'eau dans les fosses ,
il faudra la tarir entiérement avant d'y déposer

---

(3) Voy. la Note 6 du Chap. VI. de l'Economie rurale de
Caton.

les arbres, ensuite y jetter de petites pierres, ou du gravier mêlé avec de la terre grasse ; enfin quand les arbres seront déposés, il faudra échancrer à l'entour les côtés de la fosse, & y mêler un peu de fumier avec la terre. Si l'on ne trouve pas à propos de planter l'arbre avec sa motte, il sera très bon alors d'en dépouiller le tronc de toutes ses feuilles, & de le déposer dans une fosse ou dans une tranchée après avoir raggréé ces plaies, & les avoir enduites de fumier & de cendre. Le tronc le plus propre à être transféré, est celui qui est de la grosseur du bras : on pourra néanmoins en transférer de beaucoup plus gros & de plus robustes, auquel cas il faudra les déposer de façon qu'ils n'excedent que de très-peu le niveau de la fosse, pourvu qu'il n'y ait point de risque à courir de la part des bestiaux, parce que c'est le moyen qu'ils donnent plus de feuillages. Si cependant on n'a pas d'autre moyen de les garantir des insultes des bestiaux, il faudra les élever davantage de terre, afin qu'ils soient à l'abri de ces insultes. Il faut encore les arroser dans les temps de sécheresse, & ne leur faire sentir le fer qu'au bout de deux ans ; la premiere année on en retranchera les rejettons, en ne leur laissant qu'une seule tige qui sera plus haute que le plus grand bœuf, de peur que par la suite cet animal en labourant ne se blesse la cuisse, ou quelqu'autre partie du corps contre ces arbres. Il est aussi très-bon de les munir de haies à l'entour après qu'ils sont plantés, & de distribuer le plant (quand il est formé & en état de produire des fruits) en deux portions qui porteront du fruit chacune leur année, parce que l'olivier n'est pas fertile deux années de suite ; mais comme il donne des tiges dans l'année pendant laquelle le terrein n'est pas ensemencé sous lui (4) , & qu'il produit des fruits dans celle où il est ensemencé (5) , il arrive delà que le plant étant ainsi distribué , est d'un rapport égal toutes les années. Du reste, il faut labourer le plant à la charrue au moins deux fois par an , & fouiller profondément au pied des arbres avec le hoyau. Lorsque la terre vient à se fendre après le Solstice, par la force de la chaleur , il faut veiller à ce que le Soleil ne pénetre pas par ces crevasses jusqu'aux racines des arbres. On les déchaussera après l'Equinoxe d'Automne , & s'ils sont sur une hauteur, on disposera dans la partie supérieure de cette éminence des tranchées , qui serviront à conduire l'eau bourbeuse jusqu'à leur souche. Ensuite il faudra arracher chaque année tous les scions qui viennent aux pieds de ces arbres, & les fumer de trois en trois ans , ou les arroser de lie d'huile. En fumant un plant d'oliviers de la façon que j'ai proposée dans le se-

---

(4) C'est-à-dire, l'année où l'on y a récolté du grain.

(5) C'est-à-dire, l'année où l'on avoit laissé reposer le terrein.

cond Livre (6), on fera du bien par la même occasion aux grains qui y seront semés, mais si on ne veut chercher que l'avantage des arbres qui y seront plantés, il faudra leur donner à chacun en Automne six livres de crottes de chevres, ou un *modius* de cendre, ou un *congius* de lie d'huile, afin que ces fumiers, s'incorporant à la terre pendant l'Hiver, maintiennent leurs racines dans un certain degré de chaleur. Il faut, quand ils se portent bien, les arroser de lie d'huile, parce que, s'il survient des vers ou d'autres animaux pendant l'Hiver, cette liqueur les fera mourir. Il arrive encore souvent, tant dans les terreins secs que dans les terreins humides, que les arbres sont molestés par la mousse; auquel cas, si on ne les en délivre point avec le fer, ils ne se chargent ni de fruit, ni même de beaucoup de feuilles. Il faut aussi tailler un plant d'oliviers au bout d'un certain nombre d'années, car on ne doit pas oublier un ancien proverbe, qui dit : qu'en labourant un plant d'oliviers, on le prie de rapporter du fruit, qu'en le fumant, on l'en supplie, mais qu'en le taillant, on l'y contraint. Il suffira néanmoins de le faire tous les huit ans, de peur de couper de fois à autres les branches à fruit. Il arrive encore souvent que ces arbres, quoique très-touffus, ne rapportent aucun fruit. Il faut alors les percer avec une tarriere Gauloise, &

---

(6) Voy. le Chap. XVI du Liv. II.

faire paſſer par le trou qu'on y aura fait une bouture verte d'olivier ſauvage : moyennant quoi
l'arbre étant comme initié à une ſemence féconde deviendra plus fertile (7). Mais il faut auſſi
quelquefois le pouſſer en lui donnant, ſans le
déchauſſer, de la lie d'huile dans laquelle il
n'entre point de ſel, avec de vieille urine de porc
ou d'homme, l'une & l'autre dans une certaine
quantité proportionnée à ſa grandeur ; car il
n'en faudra qu'une urne pour les plus grands arbres, à moins qu'on n'y ajoute de l'eau à doſe
égale. Quelquefois auſſi c'eſt le vice du terrein
qui empêche les oliviers de donner du fruit.
Voici comment on y remédiera : on les déchauſ-
ſera en creuſant à leurs pieds des lacs bien profonds, enſuite on y verſera de la chaux en plus
ou moins grande quantité, ſuivant la grandeur
de l'arbre, de façon néanmoins qu'il en faudra
toujours un *modius* pour les plus petits. Si ce
remede n'y fait rien, on aura recours en derniere reſſource à la greffe. Or nous dirons par la
ſuite comment on doit s'y prendre pour greffer
l'olivier. Il arrive auſſi quelquefois qu'il ſe trouve

---

(7) Il ne faut pas regarder ce remede comme une greffe, puiſque l'arbre pouſſe toujours tel qu'il étoit, & que
l'on coupe des deux côtés du trou la branche qu'on y avoit
inſérée, de façon qu'elle ne donne naiſſance à aucune branche, comme fait la greffe. C'eſt donc ici un remede qui ne
change point la nature de l'arbre, mais qui ne fait que le
corriger.

dans l'olivier une branche un peu plus belle que les autres, auquel cas l'arbre tout entier tourne à mal, si on ne la coupe point (8). Ce que nous avons dit jusqu'ici sur les plans d'oliviers est suffisant. Restent les arbres fruitiers, sur lesquels nous allons donner des préceptes.

CHAPITRE X.

Avant de déposer en terre les semences de vos arbres fruitiers, il faut entourer soit de murailles ou de haies, soit d'un fossé escarpé l'emplacement que vous destinez à votre verger, pour en interdire l'entrée non seulement aux bestiaux, mais même aux hommes, parce que, si les cimes des plantes se trouvoient souvent touchées (1) par les hommes ou rongées par les bestiaux, elles ne pourroient plus jamais prendre d'accroissement. Il est bon d'arranger les arbres par clas-

---

(8) L'olivier, comme on sçait, étoit l'arbre de Pallas, & Pallas étoit la Déesse d'Athènes. Ne seroit-ce donc pas de cet arbre que les Athéniens avoient appris qu'il ne falloit pas permettre qu'un Citoyen s'érigeât au-dessus de ses Concitoyens par ses richesses ou même par sa vertu, & qu'ils bannissoient en conséquence ceux qui se trouvoient dans le cas ?

(1) Il s'étoit contenté de dire dans le Chap. XVIII. *De arboribus : Si elles se trouvoient brisées.*

ses, & cela pour plusieurs raisons, mais sur-tout afin que les plus foibles ne soient pas opprimés par les plus forts; d'autant que tous les arbres ne sont pas égaux entre eux, ni du côté de la force, ni du côté de la stature, & qu'ils grandissent dans des intervalles de temps différens les uns des autres. La terre qui est convenable aux vignes, l'est également aux arbres. Faites des fosses un an avant que de les planter : moyennant cela le terrein se ramollira au Soleil & à la pluie, & ce que vous y mettrez viendra plutôt. Mais si vous voulez faire vos fosses la même année que vous planterez vos arbres, faites les au moins deux mois d'avance, ensuite échauffez-les en y brûlant de la paille : plus vous les ferez larges & ouvertes, plus les fruits que vous recueillerez seront beaux & abondans. On fera ces fosses semblables à des fours, dont le fond est plus ouvert que la gueule, tant afin que les racines trouvent plus d'espace pour s'étendre, & que l'ouverture étant étroite, le froid & le chaud y pénetrent moins en Hiver ou en Eté, qu'afin que la terre, dont on les aura comblées, ne soit point entraînée par les pluies, si le terrein va en pente. Eloignez les arbres les uns des autres en les plantant, afin que lorsqu'ils seront grandis, ils trouvent un espace suffisant pour étendre leurs branches. En effet, si vous les plantez trop près les uns des autres, vous ne pourrez rien semer par-dessous, & ils ne produiront pas beaucoup de fruits, à moins que vous n'en arrachiez quelques-uns par-ci par-là (2) : c'est pourquoi il faut laisser quarante pieds d'intervalle ou au moins trente entre les rangées. Choisissez du plant dont la grosseur ne soit pas moindre que celle d'un manche de hoyau, qui soit droit, haut, sans ulceres & dont l'écorce soit entiere : avec ces qualités il prendra bien & sous peu de temps. Si vous le prenez sur d'anciennes branches, choisissez celles qui rapportent toutes les années de bons fruits, & en grande quantité, ainsi que celles qui sont exposées au Soleil, de préférence à celles qui en sont privées par l'ombrage des rameaux & des branches qui les tiennent resserrées. Avant de transplanter de petits arbres, remarquez à quels vents ils étoient exposés auparavant : & ne les déplantez que pour les transférer d'un lieu élevé & sec dans un terrein humide : ayez sur-tout soin qu'ils aient trois cornes & au moins trois pieds de hauteur. Si vous voulez mettre deux ou trois petits arbres dans la même fosse, prenez garde qu'ils ne se touchent entre eux, parce que s'ils se touchoient, il est constant qu'ils pourriroient ou que les vers les feroient mourir. Lorsque vous mettrez vos plantes en terre, enfoncez de droite & de gauche jusqu'au fond de la fosse des poignées de sarment de la grosseur du bras, de façon qu'elles en débordent un peu le niveau :

---

(2) Il avoit dit dans le Chap. XIX. du Livre *De arboribus* : *A moins que vous ne les élaguiez.*

cette précaution vous donnera la facilité de faire
parvenir l'eau en Eté jufqu'à leurs racines. Vous
mettrez en terre la graine des arbres ainfi que le
plant garni de racines en Automne, c'eft-à-dire,
vers les Calendes (3) & les Ides (3) d'Octobre :
pour les autres natures de plant, vous les y mettrez
au commencement du Printemps avant que la
pouffe commence. Pour empêcher que les teignes
n'incommodent les plants de figuiers, vous mettrez
au fond des foffes où feront ces arbres, une bouture de lentifque la cime renverfée. Ne plantez pas
le figuier quand il fait froid : il aime les lieux ex-
pofés au Soleil, pleins de cailloux ou de gravier, & même quelquefois de rochers ; & il
grandit promptement, fi on lui fait des foffes
grandes & larges. Les figuiers de toutes les efpeces, quoique différens entre eux par le goût de
leurs fruits, & par l'afpect qu'ils préfentent à l'œil,
fe plantent d'une feule & même façon ; mais on
a égard à la variété des terreins, en ce que, lorfque le terrein eft froid en Automne & aqueux,
on y met des figues hâtives, afin d'en recueillir
le fruit avant les pluies, & que, lorfqu'il eft
chaud, on y met des figues d'Hiver. Mais fi vous
voulez rendre un figuier tardif, quoiqu'il ne le
foit pas de fa nature, arrachez-en les petites figues qu'il donnera les premieres, avant qu'elles

---

(3) Voy. la Note 1 du Chap. XXVIII. de l'Economie rurale de Varron, Liv. I.

ſoient mûres, après quoi il en reviendra d'autres qui ſe conſerveront ſur l'arbre juſqu'à l'Hiver. Il eſt encore ſouvent utile de couper le bout des cimes du figuier, lorſqu'il commence à donner des feuilles, c'eſt le moyen de rendre l'arbre plus fort & plus fertile : il ſera auſſi toujours à propos, dès que les figuiers auront commencé à ſe couvrir de feuilles, de détremper de la terre rouge dans de la lie d'huile, & de répandre cette compoſition ſur leurs racines avec des excrémens humains. Cette opération augmente l'abondance du fruit, & fait qu'il eſt plus plein, & que ſa chair eſt meilleure. Il faut ſur-tout avoir des figuiers de Livie (4), d'Afrique, de Chalcidie, des figuiers *ſulcæ* (5), des figuiers de Lydie, des figuiers *calliſtruthiæ* (6), des figuiers *topiæ* (5),

---

(4) Ainſi appellés, dit Pline 15, 18, de la femme d'Auguſte qui les aimoit beaucoup : Dion, Livre LVI. prétend qu'elle avoit empoiſonné ſon mari avec cette eſpece de figue.

(5) On ne trouve ces mots dans aucun autre Auteur, mais eſt-ce une raiſon ſuffiſante pour les croire fautifs, & dans le cas où ils le ſeroient, comment deviner ceux qu'il y faudroit ſubſtituer ? Ce qu'il y a de conſtant, c'eſt qu'il y a des figues très-célebres, telles que celles de Chio & les figues folles, dont Columelle ne parle point ici, quoiqu'il en parle dans le Liv. X. Ne ſeroient-ce point ces dernieres qu'il faudroit ſubſtituer à celles-ci, dont il n'eſt point queſtion d'ailleurs dans le Livre X ?

(6) De κάλλιστος, *excellent*, & στρουθὸς, *moineau*, parce que les moineaux les aiment beaucoup.

des figuiers de Rhodes & de Lybie, & des figuiers
d'Hiver, ainsi que de tous ceux qui promettent
de donner du fruit deux ou trois fois par an.
Plantez vers les Calendes (3) de Février l'amandier qui bourgeonne avant tout autre arbre : il
veut une terre dure, chaude & seche, puisque, si
vous le mettez dans des terreins d'une autre qualité, il pourrit très communément. Avant de semer
l'amande, il faut la faire tremper dans de l'eau
mêlée de miel qui ne soit pas trop douce : moyennant cela, lorsque l'arbre sera grand, il donnera
du fruit de meilleur goût, & en attendant il se
couvrira mieux de feuilles & plus promptement.
Vous mettrez trois amandes en triangle, de façon
qu'elles soient éloignées l'une de l'autre d'un *pal-
mus* tout au moins, & que celle qui forme le sommet du triangle (7) soit tournée au point du Ciel
d'où souffle le vent *Favonius* (8). Chacune des trois
ne donnera qu'une seule racine & une seule tige;
mais lorsque chacune de ces racines aura gagné le
fond de la fosse, la dureté de la terre venant à s'opposer à son passage, la fera recourber, & pour lors

---

(7) Pour comprendre quelle sera dans un Triangle rectangle celle de ces trois amandes qui formera le sommet du
Triangle préférablement aux deux autres, il faut supposer
que l'une de ces amandes est posée sur une ligne perpendiculaire, & que la tête des deux autres est un peu inclinée vers
sa pointe.

(8) Voy. la Note 6 du Chap. VI. de l'Economie rurale de
Caton.

elle jettera d'autres racines nombreuses qui semble-
ront former autant de branches. Voici la façon dont
vous pourrez faire des amandes & des avelines
de Tarente. Vous mettrez dans la fosse que vous
leur destinerez de la terre bien pulvérisée à la
hauteur d'un demi-pied, & vous y semerez de la
graine de férule. Lorsque cette graine sera venuë,
vous cacherez une amande ou une aveline dépouillée de son écorce dans la moëlle de la férule, que vous aurez fendue en deux à cet effet,
& vous les mettrez ainsi en terre. Vous ferez cette
opération avant les Calendes (3) de Mars, ou
même entre les Nones (3) & les Ides (3) de ce
mois. Il faut semer dans le même temps les noix,
les pignons & les châtaignes. Il est à propos de
planter le grenadier depuis le temps que nous venons d'indiquer jusqu'aux Calendes (3) d'Avril.
Si son fruit est aigre ou peu doux, voici comme
on le corrigera : on répandra sur ses racines de la
fiente de porc, des excrémens humains & de
vieille urine. Cette précaution en rendant l'arbre
fertile, fera que son fruit sera vineux les premieres années, & doux au bout de cinq ans, &
que les grains n'en seront point durs. Pour nous,
nous nous sommes avisés de délayer tant soit peu
de laser (9) dans du vin, & d'en frotter le bout
des cimes de ces arbres, & nous avons corrigé par-

---

(9) Chap. XXIII. *De arboribus*, il est dit : du *laser de Cy-*
rene.

là l'aigreur de leur fruit. On empêche les grenades de se fendre sur l'arbre, en enterrant trois pierres auprès de sa racine lorsqu'on le plante. Mais si l'arbre est déja tout planté quand on s'apperçoit de ce défaut, on seme de la scille auprès de sa racine. Lorsque les grenades d'un arbre sujet à ce vice sont déja mûres, on emploie une autre méthode qui consiste à tordre avant qu'elles se crevent, la queue par laquelle elles pendent à l'arbre. On se sert aussi du même moyen pour les garder toute l'année sans qu'elles se gâtent. On plante les poiriers en Automne avant le Solstice d'Hiver, de façon qu'il y ait au moins vingt-cinq jours d'interstice entre leur plantation & le Solstice. Pour les rendre fertiles, il faut, lorsqu'ils sont grandis, les déchausser profondément, en fendre le tronc près de la racine même, & insérer dans cette fente un coin fait de bois gommeux de pin qu'on y laissera : ensuite lorsqu'on aura rechaussé l'arbre, on répandra de la cendre sur la terre. Il faudra avoir soin de planter dans les vergers les poires de la meilleure espece, c'est-à-dire, celles de Crustumium, les *Regiæ* (10), celles de Signia (11), celles de Tarente, celles

---

(10) Voy. la Note 10 du Chap. II. Liv. III.

(11) Pline 15, 15, dit que quelques personnes les appelloient *reslecea* à cause de leur couleur de terre cuite, auquel cas ce nom de *Signia* ne leur viendroit point de ce qu'elles seroient de cette ville, mais de ce qu'elles ressemble-

que l'on appelle poires de Syrie, les pourprées, les orgueilleuses (12), les *Hordeaceæ* (13), les Aniciennes, les *Næviana*, celles de Favonius (14), celles de Lateran, celles de Dolabella, celles de Turannius (15), la grosse poire (16), la poire miellée, la poire hâtive, celle de Vénus & d'autres encore, dont il seroit trop long de faire ici l'énumération. En outre, il faut entre les différentes especes de pommes, s'attacher principalement à la pomme de Scandius, à celle de Matius (17), à la pomme ronde (18), à celle de Sextius, à celle de Pelusium, à celle d'Ameria, à la pomme rou-

---

roient aux ouvrages qui s'y faisoient. Voy. le Chap. VI. du Liv. I.

. (12) Pline 15, 15, veut qu'elles soient ainsi nommées, parce qu'elles viennent les premieres. Le P. Hardoin, Note 1 *ibid*, prétend que c'est la poire muscate ou muscadelle.

(13) Ainsi nommées, parce qu'on les cueille au temps où l'on récolte l'orge, Pline *ibid*. Le P. Hardoin, Note 21, veut que ce soit la poire Saint-Jean.

(14) Le P. Hardoin, Note 12 *ibid*. dit que ce sont les grosses poires muscadelles.

(15) Niger Turannius cité par Varron dans la Pref. du Liv. II. de son Economie rurale, comme un homme qui s'adonnoit aux occupations de la campagne, a pû donner son nom à cette poire.

(16) Voy. la Note 4 du Chap. IV. de l'Economie rurale de Caton.

(17) Columelle le cite encore 12, 44, comme un Auteur d'Economie.

(18) Le P. Hardoin, Note 15, sur le Chap. XIV du Liv. XV. de Pline, dit que c'est la pomme de Rambure.

ge (19), à la pomme de miel (20), aux coins, qui
sont de trois especes, sçavoir, les poires-coins, les
coins d'or, & ceux qui mûrissent promptement : tous
fruits non-seulement bons au goût, mais encore très-
salutaires. Les cormes d'Arménie & de Perse sont
aussi en grande faveur. On plante les pommiers,
les cormiers & les pruniers depuis le temps où
la moisson est à moitié faite (21), jusqu'aux
Ides (3) de Février. On plante les mûriers depuis les Ides (3) de Février, jusqu'à l'Equinoxe
du Printemps. Plantez le carrougier, que quelques personnes appellent κερατία (22), ainsi
que le pêcher pendant l'Automne, avant le Solstice d'Hiver. Si l'amandier est peu fertile, per-
cez-en le tronc, & enfoncez-y une pierre, que
vous laisserez se recouvrir de son écorce. Il faut,
après avoir labouré & fumé la terre dans les jardins vers les Calendes (3) de Mars, arranger des
boutures de toutes les especes d'arbres sur des
couches faites en planches. Il faut aussi prendre le

---

(19) Le P. Hardoin, Note 12 *ibid.* dit que c'est la pomme de Caleville.

(20) Voy. la Note 2 du Chap. LIX. de l'Economie rurale de Varron, Liv. I.

(21) Chap. XXV. *de Arboribus*, il est dit : *Depuis le milieu
de l'Hiver*, ce qui paroît plus correct, puisque Palladius qui
assigne cependant différens temps pour la plantation de ces
arbres, 1, 15 : 2, 25 : 9, 14 & 11, 7, ne parle jamais du
temps de la moisson, ni d'un temps qui en soit voisin.

(22) De κέρας, qui veut dire, *corne*, parce que son fruit a
la figure approchante d'une corne.

foin, quand les plantes commencent à avoir de jeunes branches, de les épampier, pour ainsi dire, & de les réduire à une seule tige la premiere année. Il faut encore, lorsque l'Automne approche, & avant que le froid brûle leurs cimes, en arracher toutes les feuilles, & après qu'elles seront ainsi dépouillées, les couvrir avec des roseaux épais auxquels on aura laissé d'un côté leur nœud, afin qu'il serve comme de chapeau à ces jeunes tiges, & qu'il les défende par conséquent du froid & de la gelée. Deux ans après vous pourrez en toute sûreté les transférer & les établir dans des rangées, ou les greffer, selon ce que vous voudrez en faire.

CHAPITRE XI.

ON peut greffer tel rejetton que l'on veut sur tel arbre que ce soit, pourvu que l'écorce de la greffe ne soit pas différente de celle de l'arbre sur lequel on la greffe : on peut aussi greffer admirablement & sans scrupule (1), une greffe prise sur un arbre qui produit des fruits pareils à celui que l'on greffe, & qui les produit dans le même

____

(1) Voy. dans le Chap. XLV. du Liv. I. de l'Économie rurale de Varron, le genre de scrupule que pouvoient avoir en pareil cas les gens superstitieux.

temps.

temps. Les Anciens ont fait mention de trois especes de greffe, l'une par laquelle l'arbre étant
coupé & fendu, admet dans l'intérieur de son
corps des scions coupés sur un autre arbre ; la
seconde par laquelle l'arbre que l'on greffe reçoit
une ente coupée sur un autre arbre entre son
écorce & son bois : ces deux sortes de greffes se
font dans le Printemps. La troisieme est celle par
laquelle l'arbre à greffer reçoit des boutons même
avec un peu d'écorce sur une partie de son corps
qu'on a écorcée : c'est ce que quelques Agriculteurs appellent *emplastratio* (2), & d'autres *inocu-
latio* (3) ; cette derniere façon peut être employée
à propos en Eté. Après avoir donné la maniere
de mettre ces greffes en usage, nous donnerons
aussi une autre méthode que nous avons trouvée
nous mêmes. Il faut greffer tous les arbres, dès
qu'ils auront commencé à montrer des boutons,
& dans le temps que la Lune sera dans son crois-
sant, mais il faut greffer l'olivier vers l'Equinoxe
du Printemps jusqu'aux Ides (4) d'Avril. Prenez

---

(2) C'est ce que nous appellons, *ente en écusson*.

(3) D'*oculus*, qui veut dire, *bouton*. C'est un genre d'opération semblable à celle que l'on pratique pour communiquer
la petite vérole, & qui s'appelle aussi *inoculation* en Médecine.

(4) Voy. la Note 1 du Chap. XXVIII, de l'Economie rurale de Varron, Liv. I.

garde que l'arbre fur lequel vous voudrez prendre des greffes, pour en enter d'autres, foit jeune & fertile, & qu'il ait beaucoup de nœuds.
Lorfque fes boutons commenceront à groffir, prenez vos greffes épaiffes d'un petit doigt & garnies
de deux ou trois cornes, fur de petites branches
d'un an, qui foient fur le côté de l'arbre tourné au
lever du Soleil & bien intactes. Coupez, non fans
précaution, avec une fcie, l'arbre que vous voudrez greffer, à l'endroit où il eft le plus brillant
& fans cicatrice, & faites enforte de ne point
en fommager fon écorce. Lorfqu'il fera coupé, ragréez la plaie avec un inftrument de fer bien
tranchant, enfoncez enfuite un coin de fer ou
d'os bien éguifé entre l'écorce & le bois, au moins
jufqu'à trois doigts, mais avec beaucoup de précaution, pour ne pas endommager ou rompre l'é-
corce. Enfuite ratiffez d'un feul côté, avec une
ferpette bien tranchante, les greffes que vous voulez enter, fur une longueur égale à celle de l'ouverture formée par le coin fiché dans l'arbre, &
de façon que vous n'endommagiez pas la moëlle
de ces greffes ni leur écorce, du côté que vous ne
les aurez point ratiffées. Quand vos greffes feront
préparées, vous arracherez le coin, & vous les en-
foncerez fur le champ dans l'ouverture, que vous
aurez faite fur l'arbre par l'introduction du coin
entre fon écorce & fon bois. Inférez-les par le
côté que vous aurez ratiffé, de façon qu'elles dé-

bordent l'arbre d'un demi-pied en-dehors, sans plus. Vous ferez bien d'insérer dans le même arbre deux greffes à la fois ou un plus grand nombre, si son tronc est plus gros, en laissant un intervalle de quatre doigts entre chacune. Il faudra vous régler pour cela sur la grandeur de l'arbre & sur la bonté de son écorce. Lorsque vous aurez introduit dans un arbre toutes les greffes qu'il pourra recevoir, vous les lierez soit avec de l'écorce d'ormes, soit avec du jonc ou de l'osier : après quoi vous enduirez avec un lut mêlé de paille, que vous aurez bien paîtri, toute la plaie ainsi que l'intervalle qui est entre les greffes, de façon néanmoins qu'il leur reste au moins quatre doigts entiers de découverts (5) : vous mettrez ensuite par-dessus de la mousse que vous attacherez, de façon que la pluie ne puisse pas les pénétrer. Il y a cependant des personnes qui aiment mieux faire une ouverture avec la scie sur le tronc de l'arbre, pour y introduire les greffes, & qui ragréent avec un bistouri bien aiguisé la partie qu'ils ont ainsi sciée, pour y ajuster ensuite les greffes. Si vous voulez greffer un petit arbre, coupez-le par en bas, de façon qu'il n'en reste qu'un pied & demi sur terre; après l'avoir cou-

---

(5) Il n'avoit demandé que deux doigts dans le Chap. XXVI. *de Arboribus.*

pé, ragréez la plaie avec soin, & fendez très-légérement le tronc par son milieu avec un bistouri
bien tranchant, de façon que la fente n'ait que
trois doigts de longueur : ensuite insérez un coin
dans cette fente pour en écarter les levres, & enfoncez-y des greffes ratissées des deux côtés, de
façon que leur écorce soit au niveau de celle de
l'arbre. Lorsque vous aurez ajusté ces greffes avec
soin, vous retirerez le coin, & vous lierez l'arbre, comme j'ai dit ci-dessus; ensuite vous entasserez de la terre autour de lui jusqu'à la greffe : cela contribuera à la défendre parfaitement
contre les vents & la chaleur. La troisieme espece
de greffe dont je vais parler, étant très-délicate,
ne va pas à toute sorte d'arbres, & il n'y a gueres
que ceux dont l'écorce est humide, pleine de seve
& forte, tels que les figuiers, qui s'en accommodent. En effet, ces arbres rendant beaucoup de
lait, & ayant l'écorce forte, on peut très-bien
les greffer de la maniere suivante. On choisit sur
l'arbre, dont on veut tirer la greffe, de jeunes
branches qui soient bien unies, & on y remarque
le bouton le plus apparent, & qui promet le plus
sûrement de germer. On trace autour de ce bouton une marque de deux doigts en quarré, de
façon que le bouton étant au centre de ce quarré, on coupe l'écorce tout autour de lui avec un
bistouri bien tranchant, & on l'enleve avec attention de dessus l'arbre, en prenant garde de

l'endommager. On choisit ensuite pareillement une branche très-lisse de l'autre arbre que l'on doit enter en écusson, & on la dépouille en lui coupant un morceau d'écorce de même grandeur que le premier, après quoi on applique l'écusson qu'on avoit préparé sur cette partie dépouillée, de façon qu'il y réponde exactement. Quand cela est fait, on lie bien le tout autour du bouton, en prenant bien garde de l'offenser lui-même. Ensuite on enduit d'un lut les joints & les ligatures, en laissant un intervalle jusqu'au bouton, afin qu'il soit en liberté & qu'il ne soit pas pressé par la ligature. On rogne les rejettons du pied de l'arbre greffé, ainsi que ses branches supérieures, pour qu'il n'y reste rien qui puisse en attirer à soi la séve, & qu'il n'ait pas d'autres parties à nourrir préférablement à la greffe, & au bout de vingt & un jours on délie l'écusson : on greffe aussi parfaitement l'olivier de cette façon. Nous avons déja montré (6) la quatrieme façon de greffer, lorsque nous avons traité des vignes : c'est pourquoi il est inutile de répéter ici la méthode que nous avons donnée alors, & qui consiste à percer l'arbre avec une tarriere. Mais, comme les Anciens ont prétendu qu'on ne pouvoit pas enter toute sorte de scions sur toute sorte

---

(6) Dans le Chap. XXIX. du Liv. IV.

d'arbres, & qu'ils ont donné, comme une Loi invariable, le terme que nous avons fixé nous-mêmes tout-à-l'heure, en difant qu'il n'y avoit pas d'autres entes qui puiffent réuffir fur un arbre, que celles qui étoient prifes fur un arbre femblable au premier tant par fon écorce extérieure & intérieure, que par fon fruit; nous avons cru qu'il falloit diffiper l'erreur qui fuit de cette opinion, & donner à la poftérité un moyen d'enter telle efpece de greffe que l'on voudra fur tel arbre que ce foit. Mais pour ne pas fatiguer le Lecteur par la longueur de ce traité, nous allons donner, pour ainfi dire, un exemple, d'après lequel on pourra enter telle efpece de greffe que l'on voudra fur toute forte d'arbres. On creufera d'abord une foffe de quatre pieds en tout fens auprès d'un olivier, à telle diftance que les branches les plus allongées de cet arbre y puiffent atteindre. Enfuite on dépofera dans cette foffe un petit figuier, en faifant attention à ce qu'il foit fort & brillant. Trois ans après, lorfque ce figuier aura déja pris affez d'accroiffement, on abaiffera la branche d'olivier qui paroîtra la plus brillante, & on l'attachera au pied du figuier, après quoi on coupera les autres petites branches qui dépendent de celle-là, en ne lui laiffant que les cimes que l'on voudra employer comme greffes. Enfuite on coupera le figuier, on ragréera la plaie, & on le fendra par le milieu avec un coin, puis on ratiffera des deux côtés les cimes de l'olivier, sans les déranger de la position dans laquelle elles tiennent à leur mere, après quoi on les insérera dans la fente du figuier, puis on retirera le coin, & on liera avec soin ces cimes, de façon qu'aucune force ne soit capable de les arracher. Moyennant cela le figuier se fortifiera avec l'olivier en trois ans, & ce ne sera que la quatrieme année, & lorsqu'ils seront bien mariés ensemble, que l'on sevrera les branches de l'olivier, comme on sevre les provins : on peut enter de cette façon telle greffe que l'on voudra sur tel arbre que ce soit. Mais, comme nous avons parlé à peu près de toutes les especes d'arbris- seaux dans les Livres précédens (7), il est temps, avant de finir celui-ci, de parler du cytise.

---

(7) C'est-à-dire, dans les Livres troisieme & quatrieme.

CHAPITRE XII.

IL sera très-important d'avoir dans sa terre la plus grande quantité de cytises que l'on pourra, parce que cet arbrisseau est très-utile aux poules, aux abeilles & aux chevres, ainsi qu'aux bœufs & à toutes sortes de bestiaux, tant parce qu'il les engraisse en peu de temps, & qu'il donne beaucoup de lait aux brebis, que parce qu'on peut l'employer huit mois en fourage verd, & passé ce temps, en fourage sec; d'ailleurs il prend très-promptement dans toutes sortes de terres, même dans les plus maigres, & rien de ce qui nuit aux autres plantes ne lui fait tort. Si les femmes même manquent de lait, il faut mettre tremper dans l'eau du cytise sec, & lorsqu'il y aura passé toute la nuit, on en exprimera le suc le lendemain, & on leur en donnera trois *hemina* à boire, en le coupant avec un peu de vin; c'est le moyen qu'elles se portent bien, & que leurs enfans se fortifient par l'abondance du lait qu'elles seront en état de leur fournir. On peut planter le cytise ou en Automne vers les Ides (1) d'Octobre, ou au

---

(1) Voy. la Note 1 du Chap. XXVIII. de l'Economie rurale de Varron, Liv. I.

Printemps. Lorsque l'on aura bien labouré la terre, on fera de petites planches, sur lesquelles on
semera en Automne la graine du cytise, comme
on seme la dragée, ensuite on arrangera ces plantes au Printemps, de façon qu'il y ait entre chacune quatre pieds d'intervalle en tout sens. Si
vous n'avez pas de graine, vous mettrez en terre
au Printemps des cimes de cytise, auprès desquelles vous entasserez de la terre que vous aurez fumée auparavant. S'il ne vient point de pluie, vous
les arroserez les quinze premiers jours ; vous les
sarclerez dès qu'elles commenceront à montrer les
premieres feuilles, & trois ans après vous les cou-
perez pour les donner aux bestiaux. Il suffit de
quinze livres de cytise vert pour le cheval, & de
vingt livres pour le bœuf : on en donne aux autres bestiaux à proportion de leurs forces. On
peut aussi planter assez commodément le cytise
en bouture avant le mois de Septembre, parce
qu'il prend facilement & que rien ne lui fait
tort. Si vous le donnez sec aux animaux, il faut
le leur épargner plus que s'il étoit verd, parce
qu'il a alors plus de vertu ; il faut même le faire
tremper auparavant dans l'eau, & le mêler avec
de la paille, après l'avoir retiré de l'eau. Quand
vous voudrez faire sécher du cytise, coupez-le
vers le mois de Septembre, lorsque sa graine
commencera à grossir, & mettez-le au Soleil pendant quelques heures jusqu'à ce qu'il se fane ;

faites-le ensuite sécher à l'ombre, & serrez-le
après. C'est avoir assez donné jusqu'ici de préceptes relatifs aux arbres, j'exposerai dans le
Volume suivant ce qui concerne l'entretien &
les remedes des bestiaux.

Fin du cinquieme Livre.

L'ÉCONOMIE
RURALE
DE L. JUNIUS MODERATUS
COLUMELLE.

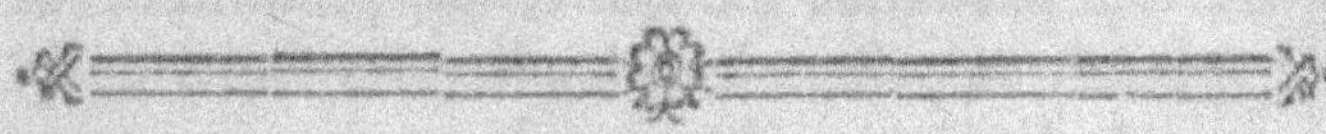

LIVRE SIXIEME.

PRÉFACE.

JE n'ignore pas, Publius Silvinus, que quelques ſçavans Agriculteurs ont déſapprouvé l'entretien des beſtiaux, & qu'ils ont rejetté conſtamment la profeſſion des Pâtres & des Bergers, comme contraire à la leur. Je ne nierai pas même qu'ils n'aient eu quelque raiſon de regarder le but que ſe propoſe un Pâtre, comme contraire à celui de l'Agriculteur, puiſque celui-ci n'aſpire qu'après

les terreins les mieux labourés & les plus dégarnis d'herbes, au lieu que l'autre court après
les terres en friche qui en son couvertes, & que
l'un fonde toutes ses espérances sur les fruits de
la terre, & l'autre sur ceux du bétail ; d'où il arrive que la crue des herbes, qui est le point que
le laboureur déteste le plus, est le principal objet
des vœux du Pâtre. Mais, quoique les vœux des
uns & des autres soient dissemblables, il y a cependant une certaine union & une espece de so-
ciété entre eux, tant parce qu'il est communément
d'usage que nous fassions brouter les pâturages de
notre fond par des bestiaux qui nous appartien-
nent, plutôt que par des bestiaux étrangers, que
parce que le fumier abondant, que produisent les
troupeaux, contribue à multiplier les fruits de la
terre. Aussi n'y a-t-il point de pays, pour peu
qu'il rapporte du bled, qui n'ait autant besoin
du secours des bestiaux que de celui des hommes ;
& il n'y a pas eu d'autre raison de donner aux
bestiaux le nom de *jumenta* (1), que celle qui est
prise de la chose même, sçavoir, parce qu'ils nous
aidoient dans notre travail, soit en portant des
fardeaux, soit en labourant. C'est pourquoi je
pense qu'il ne faut pas moins parfaitement connoître l'entretien des bestiaux que la culture des
champs, ainsi que l'ont prescrit les anciens Ro-

______

(1) De *Juvare*, qui veut dire, *aider*, si nous en croyons
notre Auteur.

mains. Je dirois même que l'usage d'avoir des
bestiaux est le plus anciennement reçu dans
l'Agriculture, en même-temps qu'il est le plus
lucratif. Aussi est-ce pour cela que les mots de
pecunia (1) & de *peculium* (2) paroissent tirer leur
origine du bétail, parce que le bétail étoit la seule espece de richesses que possédassent les Anciens, & qu'encore aujourd'hui non-seulement il
y a des Nations qui n'en possedent pas d'autres,
mais que nos cultivateurs même n'ont point d'objet qui leur rapporte davantage. C'étoit aussi l'o-
pinion dans laquelle étoit M. Caton (3), lorsqu'il ne se contenta pas de répondre à quelqu'un
qui le consultoit, pour sçavoir à quelle partie de
l'Economie rurale il devoit s'appliquer pour s'enrichir promptement, que c'étoit à bien nourrir des
bestiaux; mais que, la même personne lui demandant de nouveau quel étoit le second moyen par
lequel elle pourroit recueillir des fruits au moins
médiocres, il l'assura que c'étoit en nourrissant
des bestiaux médiocrement bien. Quelques Auteurs racontent même que cette personne lui demandant encore quel étoit le troisieme objet qui
fût lucratif en Agriculture, il assura que c'étoit
la nourriture des bestiaux, quand elle seroit mal-
faite : mais je rougirois (4) d'attribuer cette troi-

(1) Du mot *pecus*, qui veut dire, *bétail.*

(3) Voy. ce que nous avons dit dans notre Préface à l'occasion de ce trait attribué à Caton.

(4) Pline 18, 5, en racontant les deux premieres réponses

sieme réponse à un homme aussi sage , d'autant qu'il est constant qu'un Pâtre négligent & ignorant cause plus de dommage , qu'un Pâtre entendu & diligent ne fait de profit. Quant à la seconde réponse , il n'est point douteux que les fruits que produit le bétail ne soient toujours supérieurs à la négligence du Propriétaire , quand elle n'est que légere. Ces raisons nous ont déterminés, Silvinus, à donner à la postérité cette partie de l'Economie rurale , avec tout le soin dont nous avons été capables, en suivant les préceptes de nos ancêtres. Ainsi, comme il y a de deux especes de quadrupedes , les uns que nous nous procurons pour partager avec nous nos travaux, comme le bœuf, la mule, le cheval & l'âne, & les autres que nous nourrissons soit pour notre agrément , soit pour en tirer du revenu ou pour l'employer à la garde des autres bestiaux, comme la brebis, la chevre, le porc & le chien; nous traiterons d'abord de l'espece de ceux que nous associons à nos travaux. Or, il n'y a point de doute, ainsi que Varron l'a dit (5), que le bœuf ne doive tenir le premier rang entre tous les autres bestiaux de cette espece, par la considération que mérite cet animal, sur-tout en Italie , puisque l'on croit

---

de Caton, n'a effectivement point parlé de la troisieme, quoique cet Auteur donne assez communément dans les hyperboles : mais Cicéron, dans le Liv. II. *De Officiis* , n'a point rougi, comme notre Auteur, de la rapporter.

(5) Dans le Chap. XV. du Liv. II. de son Econ. rur.

qu'il a donné son nom à ce pays, & qu'ἰταλὸς est
le nom que les Grecs donnoient autrefois au taureau, mais encore plus dans cette Ville où l'on
s'est servi, en la bâtissant, de cet animal tant
mâle que femelle pour en tracer, avec la charrue, les murs & les portes (6). Le premier rang
lui est encore dû, parce qu'il passe à Athênes
pour avoir été le Ministre de Cérès (7) & de
Triptolème (8), parce qu'il tient une place dans
le Ciel parmi les Constellations les plus brillantes, & qu'il est encore aujourd'hui le plus laborieux compagnon de l'homme dans l'Agriculture.
Aussi les Anciens ont-ils toujours eu un si grand
respect pour cet animal, que c'étoit un crime aussi
capital chez eux d'avoir tué un bœuf que d'avoir
tué un Citoyen. Commençons donc le traité auquel nous nous sommes engagés par cet animal.

CHAPITRE PREMIER.

CE n'est point une chose aisée que de fixer les
regles auxquelles on doit se conformer, & les
écarts que l'on doit éviter dans le choix des bœufs

---

(6) Voy. le Chap. I. *ibid.* & la Note 28.

(7) Voy. la Note 2 du Chap. CXXXIV. de l'Economie rurale de Caton.

(8) Voy. la Note 48 de la Préface du premier Livre.

que l'on veut acheter, d'autant que ces animaux varient de taille, de caractere & de couleur, suivant la différence des pays & des climats. Ceux de l'Asie, des Gaules ou de l'Epire différent tous entre eux par la forme; & ce n'est pas seulement dans les pays différens que l'on trouve ces variétés, mais on les rencontre même dans les diverses parties de l'Italie. La Campanie donne communément des bœufs qui sont blancs & de petite taille, mais néanmoins propres au travail & au genre de culture qu'exige le sol dans lequel ils sont nés. Ceux de l'Umbrie sont grands & blancs : cette Province en donne aussi de rouges, & qui ne sont pas moins estimés pour leur courage que pour leur taille. L'Hétrurie & le Latium en donnent de trapus, mais qui sont très-forts à l'ouvrage. L'Apennin en donne de très-robustes, & qui supportent tout ce qu'il y a de plus difficile, mais qui ne sont point séduisans au coup-d'œil. Au reste, malgré toutes ces variétés, il y a cependant des préceptes que l'on peut regarder comme généralement constans, & auxquels le laboureur doit se conformer dans le choix des jeunes bœufs qu'il veut acheter : nous allons les détailler tels que Magon le Carthaginois les a déja donnés. Il faut acquérir des bœufs qui soient jeunes & quarrés, qui aient les membres grands, les cornes longues, noirâtres & fortes, le front large & crépu, les yeux & le museau noirs, les oreilles hérissées, les narines camuses & ouvertes,

le

le chignon long & charnu, le fanon ample &
defcendant prefque jufqu'aux genoux, la poitrine
large, les épaules vaftes, le ventre gros & femblable à celui d'une bête pleine, les côtes allongées, les reins larges, le dos droit & plat ou même un peu affaiffé, les feffes rondes, les jambes
épaiffes & droites mais plutôt courtes que longues, les genoux bons & bien tournés, la corne
des pieds grande, la queue traînante & bien garnie, un poil drû & court par-tout le corps, dont
la couleur foit rouffe ou brune & le tact univer-
fellement très-doux.

CHAPITRE II.

EN fuppofant des veaux ainfi conformés, il
faut, pendant qu'ils font encore jeunes, les accoutumer à fe laiffer manier, & à fouffrir qu'on les
attache à leurs mangeoires, afin qu'on ait moins
de peine à les dompter par la fuite, & qu'il y ait
moins de danger à le faire. Au furplus, je fuis
d'avis que l'on ne dompte pas les bouvillons
avant l'âge de trois ans, ni paffé celui de cinq,
parce que dans le premier de ces âges ils font
encore trop délicats, & que dans le dernier ils
réfiftent trop : or voici comme il faut s'y prendre
pour dompter ceux que l'on aura pris dans un
troupeau de bœufs fauvages. On commencera par

leur préparer une étable fpacieufe , où celui qui fera employé à les dompter puiffe tourner avec aifance , & d'où il puiffe fortir fans courir aucun danger. La place qui fera devant l'étable ne doit pas être refferrée , mais il faut que ce foit une campagne ou un grand chemin bien large, afin que , lorfque les bouvillons viendront à en fortir , ils aient toute liberté de courir , & que la peur ne les expofe pas à s'embarraffer , au rifque de fe bleffer , dans des arbres ou dans d'autres obstacles qui fe rencontreroient fur leur paffage. Il y aura dans cette étable d'amples mangeoires , au-deffus defquelles feront pofées horifontalement en forme de jougs , à la hauteur de fept pieds de terre , des folives auxquelles on puiffe attacher les bouvillons. On choifira enfuite pour effayer de les dompter la matinée d'un jour ferein, qui ne foit pas Fête (1) , & on leur attachera aux cornes des cordes de chanvres. Quant aux courroies qu'on jette fur ces animaux quand on veut les prendre , elles doivent être emmaillottées de peaux avec leur laine , afin qu'elles ne les bleffent point au-deffous des cornes, partie de leur front la plus délicate. Lorfqu'on aura pris des bouvillons , on les conduira

---

(1) On voit par le Chap. CXXXII. de l'Economie rurale de Caton, qu'il y avoit des jours de Fêtes pour les bœufs ; & par le Chap. CXXXVIII *ibid.* ainfi que par le Chap. XXII. du Liv. II. de celle de notre Auteur , qu'il n'étoit permis de les employer ces jours-là qu'à certaines fonctions.

auſſitôt à l'étable où on les attachera à des poteaux, de façon qu'ils aient une certaine liberté
autour d'eux, & qu'ils ſoient ſéparés les uns des
autres à quelque diſtance, de peur qu'ils ne ſe
bleſſent mutuellement par les efforts qu'ils feront pour ſe détacher. S'ils ſont trop revêches,
on les laiſſera jetter toute leur furie pendant
vingt-quatre heures, & dès qu'elle ſera un peu
rallentie, on les fera marcher en les conduiſant
à la main, de façon néanmoins qu'il y ait une
perſonne qui aille devant eux, pluſieurs autres qui les retiennent par derriere avec des
cordes, & une qui les ſuive pas à pas, &
qui réprime de temps en temps leurs efforts,
en les frappant légérement avec une maſſue
de bois de ſaule. Mais ſi ce ſont des bœufs
doux & tranquilles, on pourra les faire ſortir de
l'étable le jour même qu'on les y aura mis à l'attache, avant le ſoir, & les accoutumer à marcher
à pas comptés, & ſans s'effrayer, l'eſpace de mille
pas. Lorſqu'on les aura ramenés à la maiſon, on
les attachera à des poteaux de très-près, & de façon qu'ils ne puiſſent pas remuer la tête. Quand
ils ſeront attachés, il faudra les flatter, pour ainſi
dire, par le ton de la voix, en s'approchant doucement d'eux, non pas par derriere ni par les
côtés, mais en face, afin qu'ils s'accoutument à
enviſager celui qui les abordera. Enſuite on leur
frottera les narines, afin qu'ils s'habituent à connoître l'homme à l'odorat. Il faudra auſſi leur

manier tout le dos quelque temps après, & verser dessus du vin pur, pour qu'ils se familiarisent avec le bouvier; comme il faudra aussi leur passer la main sous le ventre & entre les cuisses, afin que par la suite ce genre d'attouchement ne les effraye pas, lorsqu'on sera obligé d'y avoir recours pour leur ôter les tiques, qui s'attachent ordinairement à leurs cuisses. Celui qui les dompte doit, en faisant ces différentes opérations, se tenir sur leurs côtés, de peur d'attraper des coups de pieds. Ensuite on leur écartera les mâchoires pour leur tirer la langue de la gueule, & on leur frottera de sel tout le palais, après quoi on leur fourrera dans la gueule des boules de pâte d'une livre pesant trempées dans de la graisse fondue bien salée, & on leur versera dans la gorge avec une corne un *Sextarius* de vin par tête. Avec ces especes de caresses, il ne faudra gueres que trois jours pour les apprivoiser, & ils recevront le joug le quatrieme. On attachera à ce joug une branche d'arbre que l'on tirera à soi en guise de timon, & même on y joindra de temps en temps quelques poids, pour éprouver leur patience dans le travail, en leur faisant faire de plus grands efforts. Après ces premiers essais, il faut les attacher à une charette vuide, & la leur faire traîner d'abord peu de temps, ensuite dans un plus long espace de chemin, en la chargeant peu-à-peu de quelques poids. Quand ils seront ainsi domptés, il faudra les mettre aussitôt à la charrue, mais dans un champ déja labouré, de peur qu'ils ne se rebutent dans ces commencemens par la difficulté de l'ouvrage, ou qu'ils ne meurtrissent leurs cols encore tendres, en éprouvant trop de résistance de la part de la terre. Au surplus j'ai enseigné dans le premier Volume (2) comment le bouvier doit gouverner ses bœufs dans le labourage. Il faut prendre garde que le bœuf ne s'habitue à donner du pied ou de la corne dans le temps qu'on le dompte, parce que si on n'y met pas ordre dès le commencement, jamais on ne pourra le corriger par la suite de ce défaut, même lorsqu'il sera dompté. Au surplus, la méthode que nous venons de prescrire pour dompter les bœufs, n'aura lieu que dans le cas où l'on n'en aura point chez soi qui aient déja servi : car, si on en a de domptés, la méthode la plus courte & la plus sûre sera celle-ci, que nous suivons dans nos campagnes. Lorsque nous voulons accoutumer un bouvillon à la charette, nous y attelons avec lui le plus robuste & en même-temps le plus tranquille des bœufs domptés que nous ayons, pour le retenir quand il ira trop vîte, & le faire avancer quand il s'arrêtera, & même, si nous ne plaignons point nos peines, nous fabriquons un joug où l'on puisse en atteler trois à la fois : par cet artifice nous forçons les bœufs, si rétifs qu'ils

---

(2) Dans le Chap. II. du Liv. II. Ce premier Volume contient les deux premiers Livres.

F f iij

soient, à ne refuser aucuns travaux, tels forts qu'ils soient, parce que, dès qu'un bouvillon paresseux est attelé entre deux bœufs accoutumés à servir, & qu'il est contraint, lorsqu'il est attaché ainsi à la charrue, de travailler à la terre, il lui est impossible de refuser le service. En effet, s'il s'emporte & qu'il vienne à sauter, il est aussitôt contenu par les deux autres à leur gré, s'il s'arrête, il est obligé de les suivre quand ils avancent, enfin s'il fait des efforts pour se coucher à terre, il est relevé & entraîné par ses camarades qui sont plus forts que lui, & dès-là il se trouve nécessairement contraint dans toutes les circonstances à se défaire de son opiniâtreté, de sorte qu'il ne lui faut donner que très-peu de coups pour le faire parvenir à supporter le travail. Il y a aussi des bœufs d'une certaine espece qui sont toujours lâches, même après avoir été domptés, & qui se couchent à terre dans les sillons. Je crois qu'il faut s'y prendre d'une maniere particuliere pour les corriger, sans recourir aux voies de la dureté. Car ceux qui s'imaginent que ce vice cédera plutôt à l'aiguillon, au feu ou à d'autres genres de tortures, qu'à tout autre moyen, ne connoissent pas quel est le véritable auquel il faut avoir recours, puisqu'il est certain qu'une opiniâtreté inébranlable de la part du bouvier fatigue l'animal & le rend furieux. C'est pourquoi le meilleur est de corriger un bœuf qui est dans l'habitude de se coucher à terre, en lui faisant souffrir la faim & la soif, sans lui tourmenter le corps, parce qu'il est plus sensible aux besoins naturels qu'aux coups. Ainsi, lorsqu'un bœuf se couchera à terre, il sera très-utile de lui garrotter les jambes, de façon qu'il ne puisse ni se tenir debout, ni marcher, ni paître, moyennant quoi la dierte & la soif le contiendront à se défaire de sa nonchalance. Cependant il faut avouer que ce défaut est très-rare dans les bœufs natifs du pays où l'on se trouve, d'autant qu'en général tout bœuf né dans le pays où il travaille, est bien meilleur qu'un bœuf étranger, parce qu'il n'est point tenté de changer d'eau, ni de fourage ou de climat, & qu'il n'est point molesté par la nature de la contrée, comme le seroit celui qui auroit été emmené d'un pays plat & champêtre dans des lieux montagneux & sauvages, ou d'un pays montagneux dans un pays plat. C'est aussi pour cela que, lorsque nous sommes forcés de faire venir des bœufs d'une contrée éloignée, nous devons avoir soin de ne les faire venir que d'une contrée qui soit semblable à la nôtre. Il faut aussi prendre garde d'en atteler deux ensemble, dont l'un ait moins de corporence que l'autre, parce que la disproportion dans la stature & dans la force entraîne bientôt la perte du plus foible des deux. On estime cet animal, lorsque son tempéramment est plus pacifique que vif, pourvu qu'il ne soit point paresseux; lorsqu'il craint les coups & la voix de son maître, mais que se confiant dans ses forces, il ne se laisse point intimider d'ail-

F f iv

leurs par les sons qui peuvent frapper son oreille, ni par les objets qui se présentent à sa vue, & qu'il passe sans frayeur à travers des fleuves ou sur des ponts; enfin lorsqu'il consomme beaucoup de nourriture, & qu'il est lent à la mâcher. En effet, ceux qui mâchent à leur aise digerent mieux que ceux qui le font précipitamment, & dès-lors ils se maintiennent plus que ces derniers dans la force du corps, sans devenir maigres. Au surplus, le bouvier péche autant en rendant ses bœufs gras qu'en les rendant maigres, parce que la corporence du bétail destiné à travailler doit être commode & médiocre, & qu'il doit plutôt être robuste en nerfs & en muscles, que chargé de graisse, afin qu'il ne soit point opprimé tout à la fois tant par le poids de son dos, que par la fatigue de l'ouvrage. Mais, comme nous avons donné les préceptes qu'il y a à suivre lorsque l'on veut acheter ou dompter des bœufs, passons à ce qui concerne leur entretien.

CHAPITRE III.

IL faut laisser les bœufs à l'air pendant la chaleur, & les mettre à couvert pendant le froid : c'est pourquoi on leur préparera, pour le séjour qu'ils feront à l'étable pendant l'Hiver, de la paille que l'on aura soin de couper & de mettre par tas en Août, un mois après la moisson. La coupe de cette paille ne sera pas moins utile aux champs qu'aux bestiaux, parce que les campagnes se trouveront débarrassées par-là des ronces, qui ne manquent pas ordinairement de mourir jusqu'aux racines, lorsqu'elles ont été coupées en Eté au lever de la Canicule, & que ces ronces étant mises sous la litiere du bétail, augmenteront la quantité du fumier. Après cette opération préalable, nous nous pourvoirons de fourage de toute espece, & nous ferons ensorte que ce bétail ne soit pas exposé à maigrir faute de nourriture. Or, il y a plusieurs méthodes pour bien nourrir les bœufs; car, si le pays où l'on est donne du fourage vert en abondance, personne ne doute que ce genre de nourriture ne doive être préféré à tout autre, mais c'est ce qui n'arrive que dans les lieux qui sont arrosés par des ruisseaux ou couverts de rosée. Aussi trouve-t-on dans les lieux de cette nature un très-grand avantage, qui consiste en ce que la journée d'un seul homme suffit à deux paires de bœufs à la fois, attendu qu'ils labourent, ou qu'ils paissent alternativement dans le même jour. Dans les pays plus secs, on donne de la nourriture aux bœufs dans leurs mangeoires, & cette nourriture varie suivant la nature différente de ces pays. Personne ne doute que la meilleure ne soit de la vesce liée en bottes & de la gesse, ainsi que du foin de prés. On entretient ce bétail moins avantageusement avec de la

paille, quoique ce genre de nourriture fasse reffource par-tout, & que l'on n'en trouve pas même
d'autre dans certaines contrées. La paille que l'on
eftime le plus eft celle de millet, enfuite celle
d'orge, & même en troifieme lieu celle de froment. Mais, indépendamment de la paille, on
donne encore de l'orge aux bœufs qui ont fait
leur journée. Au furplus on regle différemment
la mefure du fourage qu'on leur donne, fuivant
les différens temps de l'année. Au mois de Janvier il faut leur donner à chacun quatre *Sextarii*
d'ers moulu & détrempé dans de l'eau avec de la
paille, ou bien un *modius* de lupins détrempés,
ou enfin un *fémodius* de geffe détrempée, indépendamment de la paille qu'on leur donnera en
abondance. On peut auffi, fi l'on manque de légumes, mêler avec de la paille du marc de raifin,
que l'on aura lavé pour en exprimer de la pi-
quette, & le leur donner après qu'il fera féché ;
quoiqu'il n'eft point douteux qu'il n'y ait plus
d'avantage à le leur donner avec la peau des raifins & avant de l'avoir lavé, parce que ce marc
leur tenant lieu de nourriture & de vin en même temps, a la vertu de les rendre gais &
brillans, & d'augmenter leur embonpoint. Si
nous ne leur donnons pas de grains, il fuffira de
remplir de feuilles feches un panier dont on fe
fert pour mefurer leur nourriture, dont la contenance foit de vingt *modii* ; ou de leur donner
trente livres de foin, ou fi l'on n'a ni foin ni

feuilles seches, on leur donnera la même quantité
de feuilles vertes (1) soit de laurier soit d'yeuse;
mais on y ajoutera du gland, pourvu que le pays
en produise assez pour permettre de le faire, quoique cette derniere nourriture leur occasionneroit la
gale, si on leur en donnoit jusqu'à les en rassasier.
On peut encore, si l'on y trouve son profit vu
la récolte abondante que l'on en aura faite, leur
donner un *sémodius* de feves moulues. Communément la même pitance leur suffit au mois de Février. On doit ajouter quelque chose à la quantité de foin qu'on leur donnera en Mars & en
Avril, parce que c'est le temps où ils travaillent
aux premiers labours de la terre. Il suffira cependant de leur en donner à chacun quarante livres.
On fera bien néanmoins de couper pour eux du
fourage vert, depuis les Ides (2) d'Avril jusqu'à
celles de Juin : on pourra même continuer de
leur en donner dans les lieux plus froids jusqu'aux
Calendes (2) de Juillet, depuis lequel temps on
les rassasiera de feuillages pendant tout l'Eté,
ainsi qu'en Automne jusqu'aux Calendes (2) de
Novembre, quoique ces feuillages ne leur seront
bons, que lorsqu'ils auront été mûris par les pluies
ou par les rosées continuelles : les plus estimés
sont d'abord ceux d'orme, ensuite ceux de frêne,

____

(1) *Nota* que le laurier & l'yeuse ont toujours les feuilles
vertes dans les pays chauds.

(2) Voy. la Note 1 du Chap. XXVIII. de l'Economie rurale de Varron, Liv. I.

puis enfin ceux de peuplier. Les pires font ceux d'yeufe, de chêne & de laurier, quoiqu'à la fin de l'Eté on foit forcé d'y recourir au défaut d'autres. On peut aufli fort bien leur donner des feuilles de figuier, fi l'on en a abondamment, ou qu'il y ait de l'utilité à élaguer ces arbres. Celles d'yeufe font encore meilleures que celles de chêne, pourvu que ce foit de l'efpece d'yeufe qui n'a point de piquans, parce que le bœuf ne veut point de ces dernieres, non plus que de celles de génévrier à caufe de ces piquans. Il faut, dans les mois de Novembre & de Décembre, donner aux bœufs à manger tant qu'ils voudront pendant les femailles ; cependant il fuffit ordinairement de leur donner à chacun un *modius* de gland, avec autant de paille qu'ils en voudront, ou bien un *modius* de lupins détrempés, ou fept *Sextarii* d'ers arrofé d'eau & mêlé de paille, ou douze *Sextarii* de geffe arrofée de même & mêlée de paille, ou un *modius* de marc de raifin, pourvu qu'on y ajoute de la paille en abondance, comme je l'ai dit ci-deffus, ou enfin, fi l'on n'a aucun de ces fourages, quarante livres de foin fans aucun autre mélange.

CHAPITRE IV.

MAis il ne servira de rien de rassasier ce bétail
de nourriture, si l'on n'apporte point toute l'attention nécessaire pour l'aider à se bien porter, &
à conserver ses forces : or on parviendra à ces deux
points en donnant aux bœufs trois jours de suite
une médecine copieuse composée de lupins &
de cyprès broyés ensemble par portions égales &
infusés dans l'eau ; on laissera cette médecine se
reposer à l'air pendant une nuit entiere , & on
la leur fera prendre quatre fois par an, à sçavoir,
à la fin du Printemps , de l'Eté, de l'Automne
& de l'Hiver. Souvent même on vient à bout de
chasser leur langueur & leur dégoût, en leur mettant dans la gorge, quand ils sont à jeun, un œuf
de poule crud tout entier, & en leur versant le
lendemain dans les narines du vin , dans lequel
on aura pilé des gousses d'ail ou d'oignon de Cy-
pre. Au surplus ces remedes ne sont pas les seuls
qui les maintiennent en bonne santé : il y a bien
des gens qui mettent dans la même vue une
grande quantité de sel dans leurs fourages ; quelques-uns leur ont donné avec succès du marrube
blanc avec de l'huile & du vin ; d'autres font infuser dans du vin pur des feuilles de poireaux ;
d'autres des grains d'encens ; d'autres enfin de la

saviniere & de la rue, & leur donnent ces médicamens à boire. Plusieurs les traitent avec des
tiges de coulevrée blanche & des cosses d'ers ;
quelques-uns mettent infuser dans du vin une
peau de serpent broyée. Le serpolet pilé dans
du vin léger, & la scille hachée & macérée dans
l'eau leur servent aussi de remedes. Toutes ces po-
tions données à la dose de trois *hemine* par jour,
pendant trois jours consécutifs, leur purgent le
ventre, & rétablissent leurs forces en chassant
leurs maladies : cependant la lie d'huile passe pour
le remede qui leur est le plus salutaire, pourvu
qu'on la mêle avec pareille quantité d'eau, &
qu'on y accoutume ces bestiaux peu à peu. En
effet on ne peut pas leur en donner tout d'abord,
mais on commence par en arroser leur nourriture,
ensuite on en met dans leur eau en petite dose &
simplement pour la corriger ; enfin peu de temps
après on la mêle avec leur eau par égale portion, & on leur en donne tant qu'ils en veulent.

CHAPITRE V.

IL ne faut pas exciter les bœufs à courir en aucun
temps de l'année, mais encore moins en Eté, parce que cela leur lâche le ventre ou leur donne la
fievre. Il faut aussi prendre garde qu'une truie ou
une poule ne vienne à se glisser du côté de leurs

mangeoires, parce que les excrémens de ces animaux, venant à se mêler avec le fourage des bœufs, leur cause la mort : ceux d'une truie malade sont particuliérement capables d'occasionner une contagion dans le troupeau. Si ce malheur arrive, il faut sur le champ le changer de climat, & après l'avoir distribué en plusieurs pelottons, l'envoyer dans des pays éloignés, & séparer si bien les animaux malades de ceux qui seront sains, qu'il ne s'en trouve aucun parmi ces derniers que la contagion puisse exposer à quelque danger. C'est pourquoi, lorsqu'on sera obligé de les éloigner, il faudra les conduire dans des lieux où aucun bétail n'aille paître, de peur qu'en arrivant ils n'apportent aussi la peste aux autres bestiaux qu'ils y trouveroient. Au surplus, si pestilentielles que soient leurs maladies, il faut travailler à les vaincre & à les chasser par des remedes étudiés. On mêlera donc à cet effet des racines d'herbe d'or & de panicaut avec de la semence de fenouil, de la farine de froment moulu & du vin cuit jusqu'à diminution des deux tiers, & après avoir versé de l'eau bouillante sur ce *salivatum* (1), on le fera prendre aux animaux qui seront malades. On peut encore faire une potion avec de la canelle, de la myrrhe, de l'encens & du sang de

____

(1) C'est le nom que les Médecins Vétérinaires donnoient à cette potion, sans doute parce qu'elle excitoit la salivation de l'animal.

tortue marine infufés chacun par poids égal dans trois *Sextarii* de vin vieux, & la leur verfer dans les narines. Mais on partagera ce remede par portions égales chacune du poids d'une *Sexcuncia*, & il fuffira de leur en donner avec du vin pendant trois jours. Nous avons encore reconnu que cette efpece de racine que les Pâtres appellent *confiligo* (2), eft un remede très-efficace en pareil cas. Cette plante vient dans les montagnes des Marfes en très-grande quantité, & eft très-falutaire à tous les beftiaux. On l'arrache de terre de la main gauche avant le lever du Soleil, parce qu'on croit que, lorfqu'elle a été cueillie de cette façon, elle a plus de vertu. Voici la maniere dont on prétend qu'il faut l'employer. On grave en rond la partie la plus large de l'oreille de l'animal avec une alêne de cuivre, de façon que le fang qui vient à couler de cette plaie, femble tracer un petit cercle qui a la forme de la lettre O. Lorfque cette opération eft faite, tant dans la partie intérieure de l'oreille que dans fa partie extérieure, on perce d'outre en outre, avec la même alêne, le centre du petit cercle que l'on a décrit, & l'on infere cette racine dans ce trou. Dès que les levres de la plaie encore récente ont faifi cette racine, elles la ferrent fi bien qu'elle ne peut plus s'échapper, & dès-lors toute l'activité de la maladie & le virus peftilentiel font attirés vers cette

---

(2) C'eft *de la pommelée.*

oreille,

oreille, jusqu'à ce que sa partie circonscrite avec
l'alène tombe morte, & que la tête se trouve sau-
vée par-là aux dépens de cette petite partie d'elle - même. Cornélius Celsus (3) ordonne encore
de leur verser dans les narines du vin, dans lequel on aura broyé des feuilles de Guy. Voilà ce
qu'il faut faire si tout un troupeau est malade :
voici ce que l'on fera s'il n'y a que quelques
bêtes qui le soient en particulier.

CHAPITRE VI.

LEs rots fréquens, les murmures dans le ventre,
le dégoût pour la nourriture, la contraction des
nerfs, la foiblesse des yeux sont des signes d'indigestion qui empêchent le bœuf de ruminer & de
se lécher. On y remédiera en lui donnant deux
Congii d'eau chaude, & tout-de-suite trente feuilles de choux légérement cuites dans du vinaigre,
mais il faut qu'il s'abstienne un jour entier de
toute autre espece de nourriture. Quelques-uns
le retiennent à la maison pour l'empêcher de
paître ; après quoi ils font infuser dans un *Con-*
gius d'eau quatre livres de cimes de lentisque &
d'olivier sauvage avec une livre de miel, le tout
pilé ensemble, & après avoir laissé reposer cette

(3) Voy. la Note 32 du Chap. I. Liv. I.

infusion pendant une nuit en plein air, ils la lui
versent dans la gorge. Quand ils lui ont fait prendre cette potion, ils lui donnent au bout d'une
heure quatre livres d'ers détrempé, & lui retran-
chent toute autre boisson. On doit répéter cette
opération trois jours de suite, jusqu'à ce que toutes les causes de la maladie soient dissipées. Mais
si on néglige l'indigestion, elle est bientôt suivie
de l'enflure du ventre & d'une douleur considérable dans les intestins, qui empêche l'animal de
prendre sa nourriture, excite ses mugissemens, ne
lui permet pas de se tenir en place & le force
de se coucher souvent à terre, d'agiter sa tête &
de remuer continuellement sa queue. C'est un
remede évident en pareil cas de serrer fortement
la partie de la queue la plus voisine des fesses
par le moyen d'une ligature, de verser dans la
gorge de l'animal un *Sextarius* de vin avec une
Hemina d'huile, & après l'avoir ainsi ému, de lui
faire faire quinze cent pas. Si la douleur continue, il faut lui couper la corne à l'entour du
pied, lui retirer les excrémens par l'anus, en
y insérant la main après l'avoir graissée, & le
faire courir de nouveau. Si cela ne réussit pas encore, on broye une certaine quantité de figuier
sauvage sec, qu'on lui donne dans trois fois plus
d'eau chaude. Si ce dernier remede n'avance lui-
même de rien, on pulvérise deux livres de feuilles de myrthe sauvage, & après les avoir jettées
dans deux *Sextarii* d'eau chaude, on verse cette

eau dans fa gorge avec un vafe de bois , après quoi on lui tire du fang fous la queue; & lorf- qu'il en a coulé une quantité fuffifante, on l'ar- rête par le moyen d'une ligature de papier (1) , enfuite on le fait marcher vîte jufqu'à ce qu'il foit hors d'haleine. Voici encore des remedes aux- quels il faut avoir recours avant de lui tirer du fang : on jettera dans trois *Hemine* de vin trois *Unciæ* d'ail moulu , & après lui avoir fait boire ce vin, on le forcera de courir ; ou bien on pi- lera un *Sextans* de fel avec dix oignons, en y ajoutant du miel bouilli , & on en fera un on- guent qu'on lui fourrera dans le ventre, après quoi on l'excitera à marcher vîte.

CHAPITRE VII.

LA vue des oifeaux de riviere & fur-tout des canards peut auffi appaifer la douleur du ventre & des inteftins. En effet, dès que les bœufs qui fentent du mal aux inteftins, voient un canard , ils font promptement délivrés de leurs tourmens, & la vue de cet animal guérit encore avec plus

---

(1) Le papier étoit une plante qui venoit d'Egypte. Les anciens s'en fervoient à beaucoup d'ufages, & notamment à faire des ligatures , comme on le voit encore dans la quatrieme Satyre de Juvenal.

de ſuccès les mulets & les chevaux; quoiqu'il arrive quelquefois que tous ces remedes ſont inutiles, auquel cas ces maux ſont ſuivis d'une diſſenterie que l'on reconnoît à un flux de ventre ſanguinolent & glaireux. Pour y remédier, il faudra broyer quinze pommes de cyprès, avec le même nombre de noix de galle & pareil poids de fromage très-vieux, & jetter le tout dans quatre *Sextarii* de vin dur, qu'on leur donnera en doſe égale pendant quatre jours, ſans les laiſſer manquer de cimes de lentiſque, de mirthe & d'olivier ſauvage vert. Le flux de ventre, en leur affoibliſſant le corps & leur abbatant les forces, les rend inutiles au travail. Lorſqu'ils en ſont attaqués, il faut leur interdire la boiſſon pendant trois jours, & la nourriture pendant le prémier de ces trois jours : paſſé ce temps on leur donnera des cimes d'olivier ſauvage & de roſeaux, ainſi que des baies de lentiſque & de mirthe, & on ne leur laiſſera la liberté de boire qu'avec beaucoup de diſcrétion. Il y a des perſonnes qui leur donnent une livre de tiges de jeune laurier avec la même quantité d'aurone détrempée, le tout jetté dans deux *Sextarii* d'eau chaude, qu'on leur verſe dans la gorge en leur préſentant les mêmes eſpeces de fourrages que nous venons de preſcrire. D'autres grillent deux livres de marc de raiſin, &, après les avoir broyées, en font une potion médicinale, qu'ils leur donnent dans deux *Sextarii* de vin dur, en leur interdisant toute autre boisson, sans cesser de leur présenter des cimes des arbres que nous venons de nommer. Mais si le flux de ventre ne devient pas moins fréquent, si les douleurs du ventre & des intestins ne cessent point, si l'animal refuse de manger, qu'il ait la tête lourde, que les larmes lui tombent des yeux, & la pituite des narines plus souvent que de coutume, on lui brûlera le milieu du front jusqu'aux os, & on lui incisera les oreilles avec un fer. Au surplus, il faut laver avec de l'urine de bœuf les blessures que le feu lui aura faites jusqu'à ce qu'elles soient guéries, au lieu que les parties que le fer aura touchées se guériront plus aisément avec de la poix & de l'huile.

CHAPITRE VIII.

LE dégoût de la nourriture est aussi occasionné souvent par des excrescences vicieuses de la langue, que les Médecins Vétérinaires appellent *rana* (1). On les coupe avec le fer, & on frotte la plaie de sel & d'ail pilés ensemble par parties égales, jusqu'à ce que la pituite provoquée par cette friction vienne à couler. Ensuite on leur nettoie la gueule avec du vin, & à une heure

______

(1) C'est-à-dire, *des barbillons.*

de diftance on leur donne de l'herbe ou des feuilles vertes, fans changer cette nourriture, jufqu'à ce
que les ulceres, caufés par cette opération, foient
cicatrifés. Si, fans avoir de barbillons ni de flux
de ventre, ils ne font voir aucun appétit, il fera
bon de leur infufer dans les narines de l'huile dans
laquelle on aura broyé de l'ail, ou de leur frotter la gorge avec du fel ou de la farriette, ou
enfin d'oindre la même partie avec de l'ail pilé
& de la faumure. Mais ces remedes ne doivent
être employés que dans le cas où ils n'auront
qu'un fimple dégoût, fans aucune complication de
maux.

CHAPITRE IX.

QUAND un bœuf a la fievre, il convient de
l'empêcher de manger l'efpace d'un jour, de lui
tirer le lendemain, avant qu'il ait mangé, un
peu de fang fous la queue, & de lui faire avaler une heure après, en forme de *falivatum* (1),
trente tiges de chou moyennes cuites dans de
l'huile & du *garum* (2). On continuera de lui

(1) Voy. la Note 1 du Chap. V.

(2) C'étoit une fauffe très-vantée chez les Anciens. Ils l'a-
voient faite dans l'origine avec un poiffon que nous ne connoiffons point, & qu'ils appelloient *Garus*. Ils en prennoient
les inteftins qu'ils mettoient dans un vafe où ils les fa-

donner cette nourriture pendant cinq jours à jeun, en lui présentant en outre des cimes de lentisque, ou d'olivier, ou de toute autre espece de feuillages très-tendres, ou des pampres de vignes : on lui essuiera d'ailleurs les levres avec une éponge, & on lui fera boire de l'eau froide trois fois par jour. Ce traitement doit être fait à la maison, & on ne doit pas laisser sortir l'animal avant sa guérison. Les signes de la fievre sont quand les larmes lui coulent des yéux, qu'il a la tête lourde, que ses yeux sont fermés, que la salive lui tombe de la gueule, que sa respiration est plus longue qu'à l'ordinaire, & qu'elle semble embarrassée ou quelquefois même accompagnée de mugissemens.

CHAPITRE X.

IL est aisé de chasser la toux, quand elle est nouvelle, par un *salivatum* (1) fait avec de la fa-

---

loient, puis ils les exposoient très-longtemps au Soleil, & les remuoient souvent. Lorsque la chaleur du Soleil les avoit bien macérés, ils couvroient le vase avec une passoire à travers laquelle s'écouloit le *Garum*, de sorte qu'il ne restoit plus au fond du vase que la matiere qu'ils appelloient *Alex*. On fit ensuite le *Garum* avec des maquereaux, & Pline dit, 31, 8, qu'il n'y avoit pas de liqueur d'un plus haut prix que celle-là, à l'exception des parfums liquides.

(1) Voy. la Note 1 du Chap. V.

rine d'orge : quelquefois de l'herbe hachée avec des fèves moulues fera un meilleur effet. On jette encore dans de l'eau chaude deux *Sextarii* de lentilles écossées & moulues en farine bien fine, pour en faire un bouillon qu'on leur fait prendre avec une corne. Une toux invétérée cede à deux livres d'hyssope infusée dans trois *Sextarii* d'eau. En effet, on broye cette plante pour la leur donner en forme de *salivatum* (1), avec quatre *Sextarii* de lentilles moulues en farine très-fine, comme je viens de dire : ensuite on leur fait prendre avec une corne l'eau dans laquelle l'hyssope a été infusée. Le jus de poireau dans de l'huile, ou la feuille même de cette plante pilée avec de la farine d'orge la guérit encore : ses racines lavées avec soin, & moulues avec de la farine de froment, puis données à un bœuf à jeun enlevent la toux la plus invétérée, aussi-bien que de l'ers écossé & de l'orge roti moulus ensemble par parties égales, & insinués dans sa gorge en forme de *salivatum* (1).

CHAPITRE XI.

LES apostumes disparoissent plutôt par l'application du fer que par des médicamens. Lorsqu'après l'opération on aura pressé la poche qui contenoit le pus, on la lavera avec de l'urine de

bœuf chaude, & on la bandera avec du linge
trempé dans de la poix fondue & de l'huile; où
si l'apostume se trouve dans une partie du corps
qui ne puisse être bandée, on y fera tomber goutte à goutte, par le moyen d'une lame de fer
rouge, du suif de chevre ou de bœuf. Quelques-
uns, après avoir brûlé la partie malade, la lavent
d'abord avec de vieille urine, & la frottent ensuite avec de la poix fondue & du vieux oing
cuits ensemble par parties égales.

CHAPITRE XII.

Si le sang vient à tomber dans les pieds de l'a-
nimal, il le fait boiter. Quand cela arrive, on
commence par lui visiter la corne du pied : or le
tact seul annonce s'il y a de la chaleur dans cette
partie, & d'ailleurs le bœuf ne souffre pas que
l'on comprime trop fort la partie affligée. Si le
sang n'est encore que dans les jambes & au-dessus de la corne du pied, on le fait évaporer par
des frictions continuelles, ou bien, lorsqu'elles
n'avancent de rien, on a recours aux scarifications
pour le faire sortir. Mais s'il est déja descendu
dans la corne du pied, on fait un légere incision
avec un couteau entre les deux cornes; ensuite
on y applique de la charpie imbibée de vinaigre
& de sel, & l'on enveloppe le pied de l'animal

avec une bottine de genêt d'Espagne ; mais sur-
tout on l'empêche de tremper son pied dans l'eau,
& l'on a soin de le tenir séchement à l'étable. Si
l'on ne faisoit pas sortir ce sang, il se corromproit, & s'il s'établissoit une suppuration, la guérison seroit très-longue : pour l'obtenir il faudroit
d'abord couper tout le contour de l'ulcere avec
le fer, & le nettoyer ensuite, après quoi on par-
viendroit à le guérir en y fourant de la charpie
imbibée de vinaigre, de sel & d'huile, & en
mettant par-dessus du vieux oing & du suif de
bouc bouillis ensemble par portions égales. Si le
sang se trouve dans l'extrémité inférieure de la
corne du pied, on la coupe au vif, & on le fait
sortir par cette ouverture, après quoi on enveloppe le pied de charpie, & on le munit d'une
bottine de genêt d'Espagne. Il ne faut pas ouvrir
la corne en deux par l'extrémité inférieure, à
moins qu'il n'y ait déja une suppuration établie
en cet endroit. Si c'est une douleur de nerfs qui
fait boiter le bœuf, il faut lui frotter les genoux,
les jarrêts & les jambes avec de l'huile & du sel
jusqu'à parfaite guérison. S'il a les genoux enflés,
on les bassinera avec du vinaige chaud, & on
mettra dessus de la graine de lin ou du millet
broyé, qu'on arrosera d'hydromel : il sera encore
bon de lui appliquer sur les genoux des épon-
ges trempées dans de l'eau bouillante & frot-
tées de miel, en les pressant, & de les lui
envelopper avec des bandages. S'il y a quelque

humeur cachée sous l'enflure, on appliquera dessus
du levain ou de la farine d'orge cuite, soit dans
du vin fait avec des raisins séchés au Soleil, soit
dans de l'hydromel ; ensuite l'on attendra que
l'apostume soit mûre, pour y appliquer le fer,
& lorsqu'on en aura fait sortir le pus, on la pansera avec de la charpie, ainsi que nous l'avons
enseigné ci dessus. Toute ouverture faite avec le
fer peut également être guérie (suivant l'ordonnance de Cornélius Celsus (1)) avec de la racine
de lys, ou de la scille & du sel, ou de la renouée
que les Grecs appellent πολύγονον (2), ou du marrube blanc. Mais presque toutes les douleurs du
corps, qui ne sont ni occasionnées par une blessure, ni invétérées, se dissipent mieux par les fomentations: quand elles sont anciennes, on y applique le feu, & l'on fait distiller sur la partie
brûlée du beurre ou de la graisse de chevre.

CHAPITRE XIII.

LA galle perd de sa malignité, lorsqu'elle est
frottée d'ail broyé : le même remede guérit les
morsures des chiens enragés ou celles des loups.
Cependant cet accident se guérit aussi-bien avec

---

(1) Voy. la Note 32 du Chap. I. Liv. I.

(2) De πολύ, qui veut dire, *beaucoup*, & γόνον, qui veut
dire, *fertile*.

de vieilles falaisons appliquées sur la plaie. Il y a encore un autre remede plus efficace pour la galle : on broie ensemble de l'origan & du souffre, & on les cuit avec de l'huile, de l'eau & du vinaigre, en y ajoutant de la lie d'huile, après quoi, lorsque cette composition est encore chaude, on la saupoudre d'alun de plume broyé. Ce médicament réussit très-bien lorsque l'on en frotte les bœufs à l'ardeur du Soleil. Des noix de galle broyées remédient aux ulceres, de même que du jus de marrube blanc avec de la suie. Il y a encore une maladie dangereuse pour les bœufs que les paysans appellent *coriago* (1) : cette maladie consiste en ce que leur peau tient si fort à leur dos, qu'en la prenant avec la main, on ne peut pas la séparer des côtes. Cet accident ne leur arrive jamais que lorsqu'ils sont tombés dans la maigreur à la suite de quelque maladie, ou que le froid a succédé chez eux à la sueur excitée par le travail, ou enfin lorsqu'ils ont été mouillés par la pluie dans le temps qu'ils étoient chargés. Comme il n'y a rien de plus dangereux que cette maladie, il faut avoir soin, pour la prévenir, de verser du vin sur les bœufs lorsqu'ils sont revenus de l'ouvrage, & qu'ils sont encore échauffés & haletans, & de leur jetter dans la gorge des boulettes de graisse. Mais si cette

---

(1) De *corium*, qui veut dire, *cuir*.

maladie les tient déja, il sera bon de faire bouillir du laurier dans de l'eau, de leur bassiner le dos avec cette décoction, quand elle sera chaude, de le presser aussi-tôt en versant dessus une grande quantité d'huile & de vin, & de le manier par-tout en tirant la peau à soi. Cette opération se fait très-bien à l'air & à l'ardeur du Soleil. Il y a des personnes qui mêlent ensemble du marc d'olives, du vin & de la graisse, & qui se servent de ce médicament après les fomentations que nous venons de prescrire.

CHAPITRE XIV.

C'Est encore une maladie très-grave que l'ulcération des poulmons : elle produit la toux, la maigreur & finalement la pthisie. Pour éviter que la mort ne s'en suive, on leur insere dans l'oreille, après l'avoir percée de la maniere que nous avons enseignée ci-dessus (1), de la racine de pommelée, après quoi on mêle la valeur d'une *Hemina* de jus de poireau avec pareille mesure d'huile, & on leur donne cette potion pendant plusieurs jours avec un *Sextarius* de vin. Quelquefois le bœuf, à cause d'une enflure qui se trouve

____

(1) Dans le Chap. V.

dans son palais , refuse la nourriture , jette de fréquens soupirs , & semble indécis sur le côté par lequel il tombera. Il faut alors lui déchirer le palais avec le fer pour en faire ruisseler le sang, & ne lui donner jusqu'à sa guérison , que de l'ers écossé & détrempé , du feuillage vert ou de tout autre fourage mollet. S'il a eu le col meurtri dans le travail, le remede le plus efficace sera de lui tirer du sang de l'oreille , ou si on ne l'a pas fait à temps , d'y appliquer de l'herbe qu'on appelle *avia* (1) broyée avec du sel. S'il a eu la nuque ébranlée & que cette partie se soit déjettée , on examinera de quel côté le col pan-

---

(1) Ce mot varie beaucoup dans toutes les Editions , & nul autre Auteur que Columelle ne l'a employé non plus que ceux qui lui sont substitués ; aussi personne n'a-t-il pû encore déterminer ce que c'étoit que cette herbe. Il y a des Interprêtes qui croient que c'est de la fougere , qui étoit ainsi appellée *ab avibus*, c'est-à-dire, *des oiseaux*, parce que ses feuilles ressembloient à l'aile des oiseaux. Les Grecs donnoient effectivement par cette raison à la fougere le nom de πτερίς , venant de celui de πτερόν , qui veut dire , *aile*. D'autres ont crû que c'étoit le seneçon , appellé par les Latins *senecio*, de *senesco* , qui veut dire , *je vieillis* , & par les Grecs ἠριγέρων d'ἦρ , qui veut dire , *printemps*, & de γέρων , qui veut dire , *vieillesse*, parce que , comme dit Lemery , les têtes de cette plante paroissent blanches à cause des aigrettes de leur semence , & qu'elles représentent la tête d'un vieillard , d'où il pouvoit être appellé *avia* d'*avus* , qui veut dire , *grand-pere*. Que d'érudition pour prouver son ignorance!

chera, & on lui tirera du sang de l'oreille opposée ; mais il faut auparavant battre à coups de
sarmens la veine de cette oreille qui paroîtra la
plus saillante, ensuite, lorsque les coups l'auront
fait gonfler, on l'ouvrira avec un petit couteau :
le lendemain, on lui tirera encore du sang du
même endroit, & on l'exemptera de travailler
pendant deux jours. Le troisieme jour, on lui
donnera une tâche légere, & peu-à-peu on l'a-
ménera à sa tâche ordinaire. Mais si la nuque,
sans être déjettée d'aucun côté, est enflée dans
le milieu, on lui tirera du sang des deux oreilles.
Si on négligeoit de lui en tirer sous les deux
jours qui suivront cet accident, le col s'enfleroit,
les nerfs se tendroient, & il se formeroit une
dureté qui l'empêcheroit de souffrir le joug. Nous
avons découvert un remede excellent pour cette
maladie, qui est composé de poix fondue, de
moëlle de bœuf, de suif de bouc & de vieille
huile, le tout cuit ensemble à doses égales. Voici comment on se servira de cette composition.
Lorsqu'on aura dételé le bœuf après son travail,
on baignera la tumeur de sa nuque dans l'abreuvoir où il ira boire, & avant qu'elle soit entiérement séchée, on la frottera, & on l'oindra avec ce médicament. Si l'animal refuse absolument le joug à cause de cette tumeur, il faut
le laisser reposer pendant quelques jours sans le
mettre au travail ; après quoi on lui frottera le
col avec de l'eau froide, & on l'oindra avec de

l'écume d'argent. Celsus (3) se contente d'ordonner de mettre sur le col, quand il est enflé, de l'herbe que l'on appelle *avia* (2) broyée, comme je l'ai dit ci-dessus. Les cloux qui infectent souvent le col du bœuf, sont moins difficiles à guérir : car il est aisé de faire couler dessus goutte-à-goutte de l'huile d'une lampe, sans le dispenser pour cela du travail : il sera cependant mieux d'empêcher que ces cloux ne se forment ou que le col des bœufs ne devienne chauve, ce qui n'arrive jamais que lorsqu'ils l'ont eu mouillé pendant le travail, soit par la sueur, soit par la pluie ; mais lorsque cet accident sera arrivé, on frottera une vieille tuille contre une autre, & on leur saupoudrera le col de la poudre qui en viendra avant de les dételler, ensuite, lorsque leur col sera sec, on le mouillera de temps en temps avec de l'huile.

CHAPITRE XV.

SI le soc de la charrue a blessé un bœuf au talon ou à la corne du pied, faites fondre sur la blessure, par le moyen d'un fer chaud, de la poix dure & de la graisse de porc, enveloppées dans de la laine encore grasse avec du soufre. Le même remede est encore excellent à employer,

---

(3) Voy. la Note 32 du Chap. I. Liv. I.

lorsqu'un bœuf aura marché par hazard sur un chicot d'arbre, pourvu que l'on commence par retirer l'éclat qui lui sera entré dans le pied, ou lorsqu'il aura donné de la corne du pied contre une tuile aiguë, ou contre une pierre. Si cependant la blessure est profonde, on la cerne à quelque distance avec le fer, après quoi on y applique le feu, comme je l'ai préscrit ci-dessus (1). Ensuite on la panse pendant trois jours en y versant du vinaigre, & en chaussant le pied de l'animal d'une bottine de genêt d'Espagne. Si le soc de la charrue lui a de même blessé la jambe, on met sur la plaie de la laitue de mer, que les Grecs appellent τιθύμαλλον (2), avec du sel. Lorsque les bœufs ont les pieds usés par-dessous, on les lave dans de l'urine de bœuf que l'on a soin de faire chauffer, ensuite on allume une poignée de sarmens; & lorsque le feu en est éteint, & qu'il ne reste plus que de la cendre chaude, on les force de marcher dessus, & on leur frotte la corne du pied avec de la poix fondue & de l'huile, ou de la graisse de porc. Cependant les bœufs seront moins exposés à boiter, si après les avoir dételés au sortir du travail, on leur lave les pieds dans une grande quantité d'eau froide, & qu'on leur frotte avec du vieux oing les paturons, la

---

(1) Dans le Chap. VII.

(2) De τιτθὸς, qui veut dire, *mammelle*, & μαλλός, qui veut dire, *tendre*, parce que cette plante rend du lait.

couronne & la séparation même qui est entre les deux cornes du pied.

CHAPITRE XVI.

IL arrive encore souvent au bœuf de se déboëter l'épaule, soit par la fatigue que lui aura occasionnée un trop long travail, soit pour avoir fait de violens efforts en fendant un terrein trop dur, ou en rencontrant une racine sur son passage. Il faut alors lui tirer du sang des jambes de devant, sçavoir, de la gauche s'il s'est blessé l'épaule droite, & de la droite s'il s'est blessé l'épaule gauche, ou même s'il s'est griévement blessé les deux épaules, il faut de plus lui ouvrir les veines des jambes de derriere. Lorsqu'il a les cornes brisées, on les enveloppe de linges trempés dans de l'huile, du vinaigre & du sel, dont on les imbibe pendant trois jours consécutifs sans les développer ; le quatrieme jour on y met de la graisse de porc avec de la poix fondue en parties égales, & de l'écorce de pin pulvérisée, & enfin lorsqu'elles commencent à se cicatriser, on les saupoudre de suie. Les ulceres négligés engendrent aussi souvent des vers : il suffit de verser le matin de l'eau froide sur ces vers, afin que la fraîcheur de cette eau les resserre & les fasse mourir, où si on ne peut pas les faire périr par ce moyen, on y applique du marrube blanc, ou du poireau broyé avec du sel ; c'est un poison qui les tue très-promptement. Mais dès que les ulceres sont nettoyés, il faut tout de suite y mettre de la charpie avec de la poix, de l'huile & du vieux oing, & frotter même de ce médicament les parties circonvoisines, de peur qu'elles ne soient tourmentées par les mouches, qui engendrent des vers pour peu qu'elles se posent sur les ulceres.

CHAPITRE XVII.

LA morsure d'un serpent est aussi mortelle aux bœufs, de même que le venin empoisonné d'animaux plus petits, puisqu'il arrive souvent, lorsqu'un bœuf est couché imprudemment au milieu des pâturages sur des viperes & sur des orvets, que ces animaux fatigués de sa masse le mordent. La musaragne elle-même que les Grecs appellent μυγαλῆ (1), quoiqu'elle ne soit armée que de petites dents, ne laisse pas que de leur donner une maladie considérable. On dissipe le venin de la vipere en scarifiant avec le fer la partie qui en est impregnée, & en mettant sur la partie scarifiée de l'herbe que l'on appelle *perso-*

---

(1) De μῦς, qui veut dire, *rat*, & de γαλῆ, qui veut dire, *belette* ou *fouine*, comme étant engendrée par ces animaux.

nata (2) pilée avec du sel. Sa racine broyée est encore plus utile, ainsi que le seseli de montagne. Le trefle que l'on trouve dans les lieux pierreux passe pour très efficace. Il a l'odeur forte & assez semblable à celle du bitume, ce qui fait que les Grecs l'appellent ἀσφάλτιος (3), mais les habitans de notre pays lui donnent le nom de trefle aigu à cause de sa figure, parce qu'il a les feuilles longues & hérissées, mais sa tige est plus robuste que celle du trefle des prés. On mêle du jus de cette herbe avec du vin, & on en verse dans la gorge des bœufs : on pile aussi ses feuilles avec du sel, & on les étend sur la partie scarifiée en forme d'emplâtre émolliente, ou si l'on est dans un temps de l'année où l'on ne puisse pas trouver de cette herbe qui soit verte, on leur donne à boire du vin dans lequel on aura fait infuser de la graine de cette même herbe pulvérisée, & on en met sur la partie scarifiée les racines broyées avec la tige, & mêlées de farine & de sel délayés dans de l'hydromel. Il y a encore un remede efficace qui consiste à broyer cinq livres de cimes tendres de frêne, avec cinq *Sextarii* de vin & deux d'huile, & à leur verser dans la gorge le jus que l'on en aura exprimé, en mettant en même-temps sur la partie blessée des cimes de cet arbre broyées avec du sel. La morsure de l'orvet occasionne

---

(2) C'est de la *bardanne*.
(3) D'ἄσφαλτος, qui veut dire, *bitume*.

une tumeur & une suppuration, de même que
celle de la musaragne ; mais on guérit la premiere avec le secours d'une alêne de cuivre, dont
on pique la partie blessée, après quoi on l'enduit
d'argille de Cimolos délayée dans du vinaigre, au
lieu que la musaragne paie de son corps même le
mal qu'elle a fait. En effet on la fait mourir en la
noyant dans de l'huile, & lorsqu'elle y est macérée
on la pile, & l'on s'en sert comme d'un médicament pour oindre la partie qu'elle a mordue, ou
si l'on n'en a point sous sa main au moment que
la tumeur annonce que le bœuf en a été mordu,
on broye du cumin auquel on ajoute un peu de
poix fondue & de graisse de porc, afin de lui
donner la consistance nécessaire pour en faire
une emplâtre, que l'on étend sur la plaie & qui
en chasse tout le venin : ou si la tumeur, avant
de se dissoudre, se tourne en suppuration, il est
très-bon de l'ouvrir avec une lame de fer rouge, dans le temps que la suppuration s'établit,
& de brûler tout ce qu'il y aura de corrompu,
en le frottant ensuite avec de la poix fondue &
de l'huile. On est aussi dans l'usage d'ensevelir
l'animal tout vivant dans de la terre à potier,
& lorsque cette terre est séchée, on la suspend
au col des bœufs. Cette méthode empêche que la
morsure de la musaragne ne leur cause aucun
dommage (4). On guérit communément les mala-

---

(4) Il y a tout lieu de présumer que ceci a été déplacé par

dies des yeux avec du miel, puisque s'ils sont enflés, on met dessus de l'hydromel dans lequel on
aura jetté de la farine de froment : si l'on y apperçoit une raye, on la fera presque entiérement
disparoître avec du sel de montagne (5), du sel
d'Espagne ou du sel Ammoniac (6), ou même
avec du sel de Cappadoce broyé bien menu &
mêlé avec du miel. Un os de seche (7) broyé,
dont on soufflera trois fois par jour dans l'œil avec
un tuyau, fera la même chose, ainsi que la racine que les Grecs appellent σίλφιον (8), & que
le vulgaire nomme dans notre langue *laserpitium*
(8). On en broye également tant & si peu que l'on
veut, en y ajoutant dix fois autant de sel Am-

---

les Copistes, d'autant que la matiere, dont vient de parler
l'Auteur, se trouve reprise dans le Chap. suivant.

(5) Nous l'appellons *sel gemme*.

(6) Le sel Ammoniac des anciens étoit un sel naturel, ainsi
nommé d'*ἄμμος*, qui veut dire, *sable*, parce qu'on le trouvoit sur le sable, à la superficie duquel il étoit sublimé par
le Soleil, dans les endroits où les chameaux & d'autres animaux avoient uriné en passant dans les pays fort chauds.
On le tiroit principalement d'Arménie, raison pour laquelle
il portoit également le nom d'*Armoniacum*. Aujourd'hui le
sel Armoniac ou Ammoniac (car il a conservé ces deux
noms) est factice, & on nous l'apporte de Venise; mais les
Vénitiens le tirent eux-mêmes des pays Orientaux.

(7) Poisson de mer, dont le dos est garni d'une espece
d'écaille, connue dans la médecine sous le nom d'*os de seche*.

(8) C'est du *laser*.

moniac (6), & on en fouffle de même dans l'œil ;
ou bien on écrafe cette racine , & on l'applique
fur l'œil après l'avoir trempée dans de l'huile de
lentifque, & elle chaffe cette maladie. On guérira les fluxions en mettant fur les fourcils & fur
les joues du gruau , fur lequel on aura verfé de
l'hydromel. La graine de panais fauvage ainfi
que le jus de cram , appliqué fur les yeux avec
du miel, en appaifera auffi la douleur. Mais toutes les fois qu'il entrera du miel ou d'autres fucs
dans les remedes qu'on emploiera , il faudra
oindre les parties circonvoifines de l'œil avec de
la poix fondue & de l'huile , pour empêcher qu'il
ne foit molefté par les mouches , qui ne font pas
les feules que la douceur du miel & des autres
médicamens y attireroit , puifque les abeilles y
viendroient également.

CHAPITRE XVIII.

IL arrive encore fouvent qu'un bœuf avale une
fangfue cachée dans l'eau qu'il boit , ce qui lui
occafionne une maladie grave , parce que cet in-
fecte s'attachant à fa gorge lui fuce le fang , &
que venant à groffir , il finit par boucher tout
paffage à la nourriture. Si cette fangfue eft dans
un endroit affez difficile pour qu'on ne puiffe pas
la retirer avec la main , on y inférera un tuyau

ou un roseau, à travers lequel on fera couler de l'huile chaude, qui fera mourir cet insecte dès qu'il en sera atteint. On peut aussi faire parvenir jusques là à travers un tuyau l'odeur de la fumée de punaises brûlées. En effet, dès que cette vermine est sur le feu, elle jette une fumée qui, venant à remplir le tuyau de son odeur, fait parvenir cette odeur jusqu'à la sangsue, & la chasse de l'endroit auquel elle est adhérente. Mais si elle se trouvoit collée aux parois de l'estomac ou aux intestins, on la feroit mourir en faisant avaler au bœuf du vinaigre chaud par le moyen d'une corne. Quoique ce soit à l'usage des bœufs que nous ayons prescrit tous les remedes dont nous venons de donner le détail, il n'est point douteux néanmoins que la plus grande partie de ces remedes ne puisse également convenir à tous les autres bestiaux.

CHAPITRE XIX.

MAIS il faut aussi fabriquer une machine, dans laquelle on enfermera les bêtes de somme & les bœufs pour les panser, afin que les Médecins Vétérinaires puissent approcher d'eux de plus près, & que ces quadrupedes ne puissent pas pendant le pansement résister aux remedes en se débattant. Or, voici la forme de cette machine. On

plancheye en bois de robre un espace de terrein
long de neuf pieds, & large de deux & demi
sur le devant & de quatre sur le derriere. On
plante sur la longueur de ce terrein quatre poteaux
de droite & de gauche, chacun de sept pieds de
haut, de façon qu'il y en ait un de fixé à chaque
angle du terrein. Tous ces poteaux sont joints entre eux en forme de *vacerræ* (1) par six traverses,
de façon que le quadrupede puisse être introduit
par le côté de derriere, qui est le plus large, dans
cette enceinte, comme dans une cage dont il ne
pourra pas sortir par l'autre côté, à cause des bar-
res qui seront vis-à-vis pour l'en empêcher. On
attache en outre un joug aux deux poteaux de
devant, & c'est à ce joug qu'on assujettit les bêtes
de somme, ou qu'on lie les bœufs par les cornes.
On peut aussi y fabriquer des carcans dans lesquels on insérera leur tête, de sorte qu'en faisant descendre des chevilles dans des trous que
l'on y aura ménagés, leur chignon soit tenu en
respect. Le reste du corps sera bien étendu, &
lié avec des cordes qui le retiendront aux traverses, de maniere que l'animal restant immobile ne
pourra pas résister à la volonté de celui qui le pansera. Cette machine servira pour tous les grands
quadrupedes.

---

(1) Ce sont des especes de treillis faits de bois de robre,
de chêne ou de liege, qui servoient à la clôture des parcs.
Voy. le Chap. I. du Liv. IX.

CHAPITRE XX.

Comme nous avons donné affez de préceptes fur les bœufs, il eft temps que nous parlions des taureaux & des vaches. J'eftime qu'il faut préférer aux autres les taureaux dont les membres font très-amples & les mœurs pacifiques, & qui font dans le moyen âge. Quant au furplus, on obfervera à peu près, en les choififfant, toutes les regles que l'on obferve dans le choix des bœufs. Car un bon taureau ne differe pas autrement de celui qui eft châtré, fi ce n'eft qu'il a le regard de travers, l'air plus vigoureux, les cornes plus courtes, le chignon plus charnu & affez gros pour que cette partie faffe à elle feule la plus confidérable partie de fon corps, enfin le ventre un peu ferré, de façon qu'étant dreffé fur fes pieds, il foit plus propre à couvrir les vaches.

CHAPITRE XXI.

On approuve auffi les vaches qui font d'une taille très-haute & allongée, & qui ont le ventre très grand, le front très-large, les yeux noirs & ouverts, les cornes élégantes, liffes & noirâtres, les oreilles velues, les machoires ferrées, le fanon très-long ainſi que la queue, la corne du pied & les jambes de moyenne grandeur. On deſire auſſi pour le ſurplus à peu près les mêmes qualités dans les femelles que dans les mâles, & ſur-tout qu'elles ſoient jeunes, parce que, lorſqu'elles ont paſſé dix ans, elles ſont inutiles à la génération, & que, d'un autre côté, il ne faut pas les faire couvrir avant l'âge de deux ans. Si cependant il arrive qu'elles ſoient pleines avant cet âge, il faut leur enlever leur veau, & leur preſſer le pis pendant trois jours, de peur qu'elles ne tombent malades, & enſuite ceſſer de les traire.

CHAPITRE XXII.

ON doit auſſi avoir ſoin de faire un choix toutes les années dans ce bétail, ainſi qu'on le pratique à l'égard de toutes les autres eſpeces de troupeaux. Car il faut retirer du troupeau celles qui étant épuiſées ou vieilles, ne peuvent plus concevoir, & encore plus celles qui étant naturellement ſtériles, y tiennent la place d'autres qui ſeroient fécondes, à moins qu'on ne dompte ces dernieres pour les mettre à la charrue, parce qu'attendu leur ſtérilité elles ne ſouffrent pas moins le travail & l'ouvrage que les jeunes bœufs. Ces ſortes de beſtiaux aiment pendant l'Hiver les pâturages maritimes & qui ſont expoſés au Soleil, mais en Eté ils préferent ceux des forêts les plus couvertes & des montagnes les plus élevées à ceux des plaines. En effet, les jeunes vaches vivent plus long-temps dans des forêts pleines d'herbages, dans des taillis & dans des lieux plantés de glayeuls, que dans des lieux pleins de pierres : elles n'aiment pas autant les fleuves & les ruiſſeaux que les réſervoirs d'eau artificiels, parce que l'eau des fleuves, qui communément eſt très-fraîche, les fait avorter, au lieu que celle du Ciel leur eſt plus agréable. Cependant les vaches ſouffrent plus aiſément que les chevaux le froid du dehors, auſſi paſſent-elles aiſément l'Hiver en plein air.

CHAPITRE XXIII.

MAis il faut leur faire des enclôs d'une vaſte étendue, de peur qu'étant renfermées dans un eſpace trop reſſerré, elles ne détruiſent leur fruit mutuellement, & afin que les plus foibles puiſſent ſe dérober aux coups des plus fortes. Les meilleures étables ſont celles qui ſont pavées ou couvertes de gravier, quoique celles qui ſont ſablées ne ſoient pas mauvaiſes, les unes parce qu'elles n'admettrent point la pluie, les au-

tres parce qu'elles la boivent promptement en
s'en laissant pénétrer; mais il faut que les unes
& les autres soient en pente pour donner de
l'écoulement à l'humidité, & tournées au Midi
afin de se sécher facilement, & de n'être point
vexées par les vents froids. Les pacages de ce bétail ne demandent pas de grands soins, puisque,
pour que l'herbe y leve avec plus d'abondance, on
se contente ordinairement d'y mettre le feu à la
fin de l'Eté; parce que cette méthode fait repousser des pâturages plus tendres, & que d'ailleurs,
en brûlant les ronces, elle empêche les broussailles
de monter trop haut, comme elles le feroient sans
cette précaution. Mais une chose qui contribue
beaucoup à la santé de leur corps, c'est de mettre du sel auprès de leur enclôs sur des pierres &
dans des auges, dont elles s'approchent volontiers, lorsqu'elles sont rassasiées de pâture, &
que l'on sonne, pour ainsi dire, la retraite avec
le signal usité parmi les Pâtres. Car il faut toujours avoir soin d'accoutumer celles qui pourroient être restées dans les forêts, à regagner
leur enclôs vers l'entrée de la nuit au son du cor,
parce que moyennant cela on pourra faire la revue du troupeau & le compter, pour s'assurer, ainsi
qu'on le pratique dans la discipline militaire, si
toutes les bêtes sont dans le camp du valet d'étable.
On n'exerce pas néanmoins le même empire sur
les taureaux, qui, se fiant sur leurs propres forces,
errent à leur gré dans les forêts, & auxquels on

laisse la liberté d'aller & de revenir comme bon leur semble, sans les rappeller jamais, si ce n'est quand il s'agit de leur faire couvrir les vaches.

CHAPITRE XXIV.

ON ne fait point saillir les taureaux qui ont moins de quatre ans, non plus que ceux qui en ont plus de douze, ceux là parce qu'étant, pour ainsi dire, dans l'enfance, ils sont regardés comme peu propres à peupler le troupeau, ceux-ci parce qu'ils sont épuisés par la vieillesse. On permet ordinairement aux mâles d'approcher des femelles au mois de Juillet, afin que celles-ci étant remplies en ce temps-là, vêlent au Printemps suivant, lorsque les pâturages seront déja dans leur force, puisque leur portée est de dix mois. Elles ne souffrent pas l'approche du mâle en vertu du commandement d'un Maître, mais elles le recherchent d'elles-mêmes : or c'est à peu près au temps que je viens de fixer, que se rapportent chez elles les desirs naturels, parce qu'étant égayées par l'abondance des pâturages que leur a fournis le Printemps, elles commencent alors à devenir lascives. Si la femelle refuse le mâle, ou que le taureau n'éprouve pas de desirs pour elle, on excite leur ardeur de la façon que

nous preſcrirons bientôt (1) par rapport aux chevaux qui témoignent du dégoût pour les cavales,
c'eſt-à-dire, en portant à leurs narines l'odeur des
parties génitales. Mais on a ſoin auſſi de diminuer
la nourriture des femelles, vers le temps où elles
doivent être couvertes, de peur que le trop grand
embonpoint ne les rende ſtériles, comme on a
ſoin au contraire de l'augmenter aux taureaux, afin
qu'ils montrent plus de vigueur dans l'acte. Un
mâle ſuffit à quinze vaches, & lorſqu'il a ſailli une
géniſſe, on peut reconnoître à certains ſignes de
quel ſexe ſera le produit qui en réſultera, parce
qu'il eſt évident qu'il a engendré un mâle s'il s'eſt
retiré par le côté droit au ſortir de l'accouplement,
& une femelle s'il s'eſt retiré par le côté gauche;
quoiqu'on ne puiſſe compter ſur l'infaillibilité de
ces ſignes, que dans le cas où la vache étant remplie
au premier acte de copulation, ne ſe laiſſera plus
approcher enſuite par le taureau; ce qui arrive rarement, parce que toute pleine qu'elle ſoit, elle
n'eſt pas encore raſſaſiée de plaiſir, tant il eſt
vrai que les attraits flatteurs de la volupté étendent communément leur empire ſur les beſtiaux
eux-mêmes, au-delà des termes preſcrits par la
nature. Il n'eſt point douteux que dans les pays
où les pâturages ſont abondans, on ne puiſſe élever chaque année un veau de la nième vache, au
lieu que dans ceux où il en manque, on ne doit

---

(1) Dans le Chap. VII.

faire couvrir les vaches que de deux années l'une ; ce qu'il faut sur-tout obferver à l'égard de celles qui font employées à travailler, tant afin que les veaux puiffent fe raffafier de lait pendant une année entiere, qu'afin que la vache étant pleine, ne fe trouve pas furchargée dans le même temps par le poids de l'ouvrage & par celui de fon ventre. Lorfqu'une vache a mis bas, telle bonne nourrice qu'elle foit, elle laiffera manquer fon veau d'alimens, fi on ne la foutient pas par une nourriture abondante, vû la fatigue que lui occafionnera fon état de fouffrance. C'eft pourquoi on lui donnera, après qu'elle aura vêlé, du cytife vert, de l'orge grillé & de l'ers détrempé, ou bien un *falivatum* (2) fait avec des herbes potageres tendres, auxquelles on ajoutera de la farine de millet grillée & infufée pendant une nuit dans du lait. On préfere aux autres vaches, pour ce qui concerne la nourriture de leurs veaux, celles des Alpes, que les habitans de ces contrées appellent *Ceva* : elles font de petite taille & abondantes en lait, raifon pour laquelle on leur retire leurs veaux, pour leur faire nourrir de très-bon bétail qu'elles n'ont point porté. Si l'on n'a pas cette reffource pour la nourriture des veaux, on les nourrira de fèves broyées : on peut auffi très-bien leur donner du vin, & on doit même le faire particuliérement dans les troupeaux nombreux.

---

(2) Voy. la Note 1 du Chap. V.

CHAPITRE

CHAPITRE XXV.

LES veaux sont souvent incommodés des vers, qui se forment communément à la suite d'une indigestion. C'est pourquoi il faut les régler dans leur manger, afin qu'ils digerent bien ; où s'ils sont déja attaqués de cette maladie, on broye des lupins à demi-cruds, comme pour un *salivatum* (1), & on en fait des boulettes qu'on leur foutre dans la gorge. On peut aussi broyer de la santoline avec une figuë seche & de l'ers, comme pour un *salivatum* (1), & après en avoir fait des boulettes, on les leur fait avaler. Un quart de graisse de porc mêlé avec trois quarts d'hyssope fait le même effet. Le jus du marrube blanc & le poireau peuvent causer également la mort à ces insectes.

CHAPITRE XXVI.

MAGON est d'avis que l'on doit châtrer les veaux quand ils sont encore jeunes, & qu'il ne faut pas faire alors cette opération avec le fer, mais qu'il faut comprimer leurs testicules avec un morceau de férule fendu, & les écraser ainsi peu

(1) Voy. la Note 1 du Chap. V.

à peu, parce qu'il pense que la castration ainsi faite à l'animal dans un âge tendre & sans plaie est la meilleure de toutes. Mais si l'on veut attendre qu'il ait pris des forces pour la faire, il vaudra mieux le châtrer à l'âge de deux ans, que dans sa premiere année. Il ordonne encore de faire cette opération au Printemps ou pendant l'Automne, quand la Lune est dans son déclin. Lorsqu'on doit employer le fer, il veut que l'on commence par attacher le veau au travail (1); ensuite qu'avant d'approcher le fer, on saisisse avec deux lattes de bois étroites (qui servent comme de tenailles) les nerfs des testicules, que les Grecs appellent κρεμαστῆρας (2) parce que les parties génitales y sont suspendues, qu'après les avoir saisis, on ouvre sur le champ l'enveloppe des testicules avec le fer, & qu'après les avoir comprimés pour les faire sortir de cette enveloppe, on les coupe de façon qu'on en laisse l'extrémité par laquelle ils tiennent à ces nerfs (3): car, en suivant cette méthode, le bouvillon n'a point de danger à courir par l'éruption du sang, outre qu'il n'est point si efféminé qu'il le seroit, si

---

(1) C'est la machine qu'il a décrite dans le Chap. XIX.

(2) De κρεμάω, qui veut dire, *suspendre*.

(3) On voit par la description de cette opération, & par le Chap. XI. du Liv. suivant, que les Anciens connoissoient cette membrane qui sépare les deux testicules, soit comme une cloison commune à tous les deux, suivant l'opinion de quelques Anatomistes, soit comme une enveloppe particuliere à chacun, suivant d'autres.

on le privoit de toute masculinité, quoi qu'en conservant l'apparence du sexe masculin, il perde réellement la puissance d'engendrer. Ce n'est pas néanmoins qu'il la perde dès le premier instant, puisque
si on lui laisse couvrir une femelle aussi tôt après ce
traitement, il est certain qu'il en pourra résulter un
produit ; mais c'est un essai qu'il ne faut pas lui laisser faire, de peur qu'il ne périsse d'un flux de sang.
Au surplus, il faut oindre la plaie avec de la cendre
de sarment & de l'écume d'argent, empêcher l'animal de boire ce jour-là, & lui donner très peu de
nourriture. Les trois jours suivans on le ragoû-
tera à titre de malade, en lui donnant des cimes d'arbres & du fourage vert coupé par morceaux, & on l'empêchera de beaucoup boire. Il
faut encore oindre la plaie pendant ces trois jours
avec de la poix fondue, de la cendre & un peu
d'huile, afin qu'elle se cicatrise plus promptement,
& qu'elle ne soit point molestée par les mouches.
C'est assez avoir parlé jusqu'ici des bœufs.

CHAPITRE XXVII.

CEux qui ont à cœur d'élever des chevaux doivent sur-tout se pourvoir d'un agent entendu, &
d'une grande quantité de fourage ; car si ces deux
points peuvent être négligés, jusqu'à un certain
point, à l'égard des autres bestiaux, le cheval de-

mande qu'on y apporte la plus grande attention à son égard, de même qu'il veut la nourriture la plus abondante. Ce bétail se divise en trois especes de races : la race la plus noble, qui fournit des chevaux au Cirque (1) & aux combats Sacrés (2), celle des mules, que l'on peut comparer à la premiere par le prix de ce qu'elle produit, & enfin la race commune, qui ne donne que des mâles & des femelles médiocres. Plus chacune de ces races est distinguée, plus il lui faut d'abondans pâturages. On choisit pour les troupeaux de ce bétail des pâturages étendus, marécageux & non montagneux, qui soient toujours arrosés & plutôt libres qu'embarrassés par des arbres, & qui produisent souvent des herbes plus remarquables par leur mollesse que par leur hauteur. En fait de chevaux communs, on laisse paître indifféremment ensemble les mâles & les femelles, & on n'observe pas de temps marqués pour les faire saillir. A l'égard des races nobles, on fera saillir les mâles vers l'Equinoxe du Printemps, afin que les cavalles puissent élever leur poulain sans beaucoup de peine, attendu qu'il viendra au monde dans un temps pareil à celui dans lequel elles l'auront conçu, c'est-à-dire, quand les campagnes se trouveront gaies & bien fournies d'herbes au bout d'onze mois passés ; car elles mettent bas dans le courant du douzieme. Il faut donc sur-

---

(1) Voy. la Note 14 de la Préf.
(2) Voy. la Note 7 du Chap. IX. Liv. III.

tout avoir soin que les femelles & les étalons, qui voudront s'accoupler, soient à portée de le faire dans le temps de l'année que je viens de marquer, parce que, si on les en empêchoit, leur passion les feroit entrer en fureur plus que tout autre animal : c'est même delà qu'on a donné le nom d'ἱππομανές (3) à ce philtre, qui allume dans les hommes un amour aussi forcené que l'est la passion des chevaux. Effectivement il n'est point douteux qu'il n'y ait des pays où les femelles brûlent d'une si grande ardeur de s'accoupler, que, quoiqu'elles soient privées de mâles, elles se remplissent sans cesse l'imagination de desirs effrénés, & se créent à elles-mêmes des plaisirs sous le vent, comme font les oiseaux de basse cour (4). C'est aussi ce qu'exprime le Poë-

---

(3) D'ἵππος, qui veut dire, *cheval*, & μαίνομαι, qui veut dire, *être fou*. Les Anciens qui prétendoient que l'*Hippomanes* excitoit l'amour, ne sont pas d'accord sur ce que c'étoit. Pline 28, 11, dit que c'est une liqueur rendue par la cavale, dont la vertu est si grande, que si elle se trouve avoir été mêlée dans de l'airain mis en fusion pour faire une statue de cavalle, les mâles qui s'approcheront de cette statue, auront la rage du coït : le même Auteur 8, 42, dit que c'est une caroncule noire, qui se trouve sur le front du poulain au moment de sa naissance, & que la cavalle dévore aussi-tôt qu'il est né, sans quoi elle ne se laisseroit pas tetter par lui.

(4) Voy. le Chap. I. de l'Economie rurale de Varron, Liv. II.

te (5) affez licentieufement en ces termes : *Mais les cavalles fe font remarquer entre tous les autres animaux par leur fureur , & c'eft Vénus (6) elle-même qui les a animées de cette ardeur , au temps que les chevaux d'attelage de Glaucus (7) de Potnia déchirerent le corps de leur maître à belles dents. En effet l'amour les conduit par delà le haut du Mont-Ida & leur fait traverfer le bruiant Afcanius : elles grimpent les montagnes & paffent les fleuves à la nâge , & dès que le feu de l'amour s'empare de leur cœur paffionné , ce qui arrive plutôt au Printemps que dans toute autre faifon , parce que c'eft le temps où la chaleur recommence à pénétrer la moëlle de leurs os , elles fe tiennent toutes fur des rochers éle-vés , la tête tournée vis-à-vis le Zéphire (8) pour recevoir avidement fon fouffle léger ; fouvent même lorfqu'elles ont eté fécondées par le vent & fans au-cun accouplement , (effet merveilleux à raconter) elles courent à travers les rochers , les écueils & les val-lées les plus profondes , non pas pour gagner , Eu-*

---

(5) Virgile , Liv III. des Géorgiques.

(6) Voy. la Note 16 du Chap. I. de l'Economie rurale de Varron , Liv. I.

(7) Ce Glaucus fils de Sifyphe, Roi de Potnia , fut dé-voré , felon les uns , par des jumens qu'il nourriffoit de chair humaine. Selon d'autres , il fut mis en pieces par des jumens qui traînoient fon char , en punition du mé-pris qu'il avoit témoigné pour les facrifices de Vénus.

(8) Vent qui fouffle du point cardinal de l'horifon du côté d'Occident.

*rus (9) , les contrées où vous vous levez , non plus
que celles où se leve le Soleil , mais bien celles où
se levent Borée (10) & Caurus (11) , où le vent du
Midi qui porte avec lui les nuages les plus noirs , &
qui attriste le temps par le froid pluvieux qu'il amene.*
D'autant que c'est même un fait très-connu qu'en
Espagne sur le Mont-Sacer, qui s'étend vers l'Occident auprès de l'Océan , il est souvent arrivé
que des cavalles ont été fécondées sans avoir été
couvertes, & qu'elles ont élevé des poulains qu'elles avoient ainsi mis au monde, quoiqu'on ne re-
tirât aucune utilité de ces poulains , parce qu'ils
mouroient dans l'espace de trois ans avant de s'être
fortifiés (12). Nous ferons donc ensorte, ainsi que
je l'ai dit, que les cavalles ne soient pas tourmentées vers l'Equinoxe du Printemps par les ap-
pétits naturels de la volupté. Mais il faudra séparer pendant tout le reste de l'année les chevaux de prix d'avec les femelles , de peur qu'ils
ne les saillent quand bon leur semblera, ou que,
si on veut les empêcher de le faire, la vivacité de
leur passion n'occasionne quelque accident. C'est
pourquoi il faut ou reléguer le mâle dans des pâturages éloignés de ceux des femelles , ou le retenir à l'étable : mais dans le temps où les femelles

---

(9) Vent qui souffle entre l'Orient & le Midi.

(10) Vent du Nord.

(11) Vent qui souffle entre le Septentrion & l'Occident.

(12) Voy. la Note 40 du Chap. I. de l'Economie rurale. de
Varron, Liv. II.

le demanderont, on le fortifiera par une nourriture abondante, & on l'engraiſſera à l'approche
du Printemps avec de l'orge & de l'ers, afin qu'il
ſoit en état de ſuffire à leur paſſion, & de donner
dès le principe, à la race qui doit ſortir de lui,
une vigueur d'autant plus grande, qu'il aura été
lui-même plus vigoureux dans le moment de
l'accouplement. Il y a quelques Auteurs qui or-
donnent de l'engraiſſer de la maniere dont on en-
graiſſe les mulets, afin que ſon embonpoint lui
donne la gaieté néceſſaire pour ſatisfaire un plus
grand nombre de femelles. Néanmoins, ſi on ne
doit pas donner moins de quinze cavalles à un
étalon, on ne doit pas non plus lui en donner plus
de vingt. On peut l'employer à ce ſervice à l'âge
de trois ans, & communément il continue de pouvoir y vaquer juſqu'à vingt ans. Si l'étalon eſt mou
dans le plaiſir, on le réveille par l'odorat, en lui
mettant ſous le nés une éponge avec laquelle on
frotte auparavant les parties de la femelle. D'un
autre côté, s'il ſe trouve quelque cavalle qui ne
veuille pas ſouffrir le mâle, on vient à bout d'en-
flammer ſes deſirs, en lui frottant les parties avec
de la ſcille broyée. Quelquefois même on ſe ſert
d'un étalon ignoble & commun, pour exciter en
elle le deſir du coïr : en effet, dès que cet étalon
s'eſt approché d'elle, & qu'il a, pour ainſi dire,
ſollicité ſa complaiſance, on le retire pour la faire ſaillir par un étalon plus noble, au moment
où elle eſt devenue plus patiente. Quand les

cavalles font pleines, elles exigent plus de foins que dans d'autres temps, & il faut les fortifier par une ample pâture. Si pendant les froids de l'Hiver les herbes viennent à manquer, on les retiendra à l'étable, & on ne leur fera pas prendre trop d'exercice, foit par le travail, foit par la courfe, comme on ne les expofera pas au froid, ni dans un lieu étroit & renfermé, de peur qu'elles ne détruifent refpectivement leur fruit : car ce font là toutes chofes qui les font avorter. Si malgré ces précautions une cavalle vient à tomber malade, foit en poulinant, foit en avortant, on la guérira avec de la filicula broyée & infufée dans de l'eau tiéde, qu'on lui fera prendre avec une corne. Mais fi elle a au contraire pouliné heureufement, on fe donnera de garde de toucher à fon poulain avec la main, parce que le tact le plus léger eft capable de le bleffer. On aura feulement foin de le mettre avec fa mere dans un lieu qui foit à la fois & vafte & chaud, de peur que le froid ne lui nuife dans l'état de foibleffe où il fera, ou que fa mere ne l'écrafe fi le lieu eft trop refferré. Enfuite il faudra le faire fortir de temps en temps, pour empêcher que le fumier ne lui brûle la corne des pieds. Quelque temps après, lorfqu'il fera devenu plus fort, on le laiffera aller avec fa mere dans les mêmes pâturages, de peur que le chagrin de s'en voir privée, ne la faffe tomber malade. Car l'attachement que ce bétail a pour fes petits, lui caufe plus de dommage qu'à tout autre, au cas qu'il n'ait pas la liberté de les voir. Les cavalles vulgaires font dans l'habitude de pouliner toutes les années, mais il convient qu'une cavalle de race noble, ne foit faillie que de deux années l'une, afin que le lait de la mere, donnant plus de force au poulain, le prépare à bien fupporter les travaux des combats (1).

CHAPITRE XXVIII.

ON eſtime qu'un étalon n'eſt pas propre à faillir les cavalles avant l'âge de trois ans, mais qu'il peut engendrer juſqu'à vingt ans; au lieu qu'une cavalle conçoit très-bien, pourvu qu'elle ait deux ans paſſés afin de pouvoir élever le poulain qu'elle aura mis bas après ſa troiſieme année, & que paſſé la dixieme année de ſon âge, elle n'eſt plus bonne à ce fervice, parce que le poulain d'une mere âgée eſt pareſſeux & lâche. Démocrite (1) aſſure qu'il eſt en notre pouvoir de faire concevoir à une cavalle un mâle ou une femelle à notre volonté : il ordonne à cet effet de lier, avec une ficelle de lin ou de telle autre matiere que ce ſoit, le teſticule gauche de l'étalon ſi l'on

(1) Voy. la Note 23 du Chap. I. de l'Economie rurale de Varron, Liv. I.

veut avoir un mâle, & le droit si l'on veut avoir
une femelle; il pense même que l'on peut suivre
la même méthode à l'égard de presque tous les
bestiaux (2).

CHAPITRE XXIX.

ON peut juger de la bonté naturelle d'un poulain
dès après sa naissance. En effet, s'il est gai, s'il
est intrépide, s'il n'est effrayé ni par les objets
qui se présentent à sa vue, ni par les sons qui
frappent son oreille pour la premiere fois, s'il
court toujours à la tête du troupeau, s'il surpasse
ses camarades par sa gaieté & par sa vivacité
& qu'il l'emporte même quelquefois sur eux à
la course, s'il saute un fossé sans balancer & qu'il
passe un pont & traverse un fleuve de même, ce
seront toutes marques d'un naturel distingué.
Pour la forme du corps, elle consistera à avoir la
tête petite, les yeux noirs, les narines ouvertes,
les oreilles courtes & redressées, le chignon flexi-
ble & épais sans être allongé, la criniere bien
fournie & pendante sur le côté droit, la poitrine
large & parsemée d'une multitude de muscles

---

(2) Quoique la ridiculité de cette opinion soit sensible,
cependant on ne viendroit pas facilement à bout de l'ôter
de la tête de quelques femmes de la campagne.

bien moulés, les épaules grandes & droites, les côtes arquées, l'épine du dos double, le ventre étroit, les testicules petits & bien appareillés, les reins larges & ravalés, la queue traînante & garnie de poils longs, rudes & ondoyans, les jambes égales, hautes & droites, le genou cilyndrique & petit, sans être tourné en-dedans, les fesses rondes, les cuisses pleines de muscles & bien fournies, la corne des pieds dure, haute, concave, ronde & surmontée d'une couronne légérement saillante, l'ordonnance générale du corps grande, élevée, droite, qui paroisse agile au coup d'œil & ronde sur la longueur autant que sa figure le comporte. Quant au caractere de ces animaux, on les estime lorsque, sans être emportés, ils ont de l'ardeur, & qu'avec de l'ardeur ils sont très-doux, parce que ce sont là ceux qui sont les plus portés à l'obéissance, & les plus patiens dans les travaux des combats. Un cheval de deux ans est bon à être dompté pour les usages domestiques, mais quand on le destine aux combats, il faut qu'il ait trois ans passés, de façon qu'on ne l'y expose pas avant la quatrieme année expirée. Les marques auxquelles on distingue le nombre des années d'un cheval changent avec son corps. En effet jusqu'à ce qu'il ait deux ans & demi, les dents du milieu lui tombent, tant les supérieures que les inférieures : il lui en repousse d'autres dans la quatrieme année, après que celles que l'on appelle *cani-*

ni (1) font tombées, enſuite les groſſes dents ſu-
périeures tombent avant la ſixieme : dans le courant de la ſixieme année celles qui ont remplacé
les premieres raſent, & la ſeptieme année elles
raſent toutes également : enſuite elles ſe creu-
ſent & on ne peut plus connoître ſon âge avec
certitude. Cependant à la dixieme année ſes tem-
pes commencent à caver, ſouvent ſes ſourcils ſe
blanchiſſent, & les dents lui ſortent de la bouche. C'eſt en avoir dit aſſez ſur ce qui concerne
le naturel, le caractere & le corps, ainſi que l'â-
ge du cheval. Paſſons à préſent aux ſoins qu'il
faut prendre de cet animal, ſoit quand il ſe porte bien, ſoit quand il eſt malade.

CHAPITRE XXX.

S I, ſans être malade, un cheval devient maigre,
on vient plus promptement à bout de le rétablir
avec du froment grillé qu'avec de l'orge; mais il
faut auſſi lui faire boire du vin dans le même temps,
& enſuite lui changer peu à peu ce genre de nourriture, en mêlant d'abord du ſon dans ſon orge,
juſqu'à ce qu'on l'ait accoutumé aux fèves & à l'orge pur. Il faut que le corps des chevaux ſoit nettoyé
tous les jours avec autant d'exactitude que celui

---

(1) Ce ſont les dents *canines* ou *œilleres*.

de l'homme, & il est souvent plus utile de leur manier le dos & de le presser avec la main, que de leur donner la nourriture la plus abondante. Il est encore très-intéressant de les maintenir dans la vigueur du corps & dans celle des pieds : on y parviendra en les menant à propos à l'étable, à l'eau & à leurs exercices, & en veillant à ce qu'ils soient tenus séchement à l'étable, & à ce que la corne de leurs pieds ne pourrisse point dans l'humidité. C'est ce que l'on évitera aisément, si leurs étables sont plancheyées d'ais de robre, ou que l'on ait soin de les nettoyer de temps en temps & d'y étendre de la paille, si elles ne le sont point. Communément ce qui occasionne les maladies de ces animaux, c'est la lassitude, le chaud & souvent le froid ; c'est encore de n'avoir pas pissé au moment qu'ils en avoient besoin, d'avoir bu à la suite de l'exercice qu'ils auront pris & pendant qu'ils étoient encore en sueur, ou d'avoir été excités à courir après un long repos & sans interstice. Le repos est le seul remede de la lassitude, en y ajoutant cependant la précaution de leur verser dans la gorge de l'huile ou de la graisse avec du vin. On remédie au froid par les fomentations, ainsi qu'en leur frottant la tête & l'épine du dos avec de la graisse chaude ou du vin. S'ils ne pissent pas, on a recours à peu près aux mêmes remedes, puisqu'on leur verse sur les flancs & sur les reins de l'huile & du vin ; mais si ce remede n'opere rien, on introduit par l'orifice de leur

membre une bougie mince faite avec du miel
bouilli & du sel, ou bien on leur insere dans les
parties soit une mouche vivante, soit un grain
d'encens, ou un onguent de bitume. On emploie
les mêmes remedes, lorsque l'urine leur brûle les
parties. La douleur de la tête se manifeste par les
larmes qui leur coulent des yeux, par les oreilles
qui deviennent pendantes & par le chignon qui
s'appésantit ainsi que la tête, au point que sa pé-
santeur l'entraîne à terre. Dans ce cas-là, on leur
ouvre la veine sous l'œil, on leur fomente la bouche avec de l'eau chaude, & on les met à la diette
pendant une journée : le lendemain on leur donne à
jeun une potion d'eau chaude & de l'herbe verte,
ensuite on étend sous eux du vieux foin ou de la
paille molle, & on leur donne une seconde fois
de l'eau à l'entrée de la nuit avec un peu d'orge
& deux livres & demi de vesce, après quoi on
ne leur donne que très-peu de nourriture, jusqu'à
ce qu'ils soient en état de remplir leur tâche ordinaire. Si les machoires leur font mal, il faut les
fomenter avec du vinaigre chaud, & les frotter
avec du vieux oing : on employera aussi le même
remede, lorsqu'elles seront gonflées. Si un cheval
s'est blessé les épaules, ou que son sang se soit extra-
vasé dans cette partie, on lui ouvrira les veines aux
deux jambes à peu près vers le milieu de la jambe, & on mêlera de la manne d'encens avec le
sang qu'on lui aura tiré pour lui en frotter les
épaules; mais afin de ne pas l'épuiser outre mesure

en lui tirant trop de sang, on appliquera sur les veines qui auront été piquées de son crottin, que l'on y assujettira en l'enveloppant avec des bandes. Le lendemain on lui tirera du sang des mêmes veines, & on le pansera de même, mais on lui retranchera l'orge pour ne lui donner qu'un peu de foin. Depuis le troisieme jour jusqu'au sixieme, on lui versera dans la gorge avec la corne la valeur de trois *cyathi* de jus de poireau mêlés avec un *hemina* d'huile. Passé le sixieme jour on le fera marcher lentement, & au retour de la promenade on l'envoiera à l'abreuvoir, où on le fera nager, après quoi on le fortifiera peu à peu par une nourriture plus succulente, jusqu'à ce qu'il soit en état de remplir sa tâche ordinaire. Lorsque la bile vient à incommoder cet animal, son ventre se gonfle, & il ne peut plus rendre ses vents. On lui fourre alors la main dans le ventre après l'avoir graissée, pour ouvrir les conduits naturels qui sont obstrués, & en retirer le crottin; ensuite de quoi on broie de l'origan & de l'herbe aux poux avec du sel, & après avoir fait bouillir cette composition avec du miel, on en fait des suppositoires, qu'on lui introduit dans le ventre pour l'exciter à se vuider & pour faire couler sa bile. Il y a quelques personnes qui lui versent dans la gorge un *quadrans* de myrrhe broyée dans une *hemina* de vin, & qui lui frottent l'anus avec de la poix fondue. Il y en a d'autres qui lui lavent le ventre avec de l'eau de mer, & d'autres

avec

avec de la saumure fraîche. Il arrive encore souvent que des vers semblables à ceux de terre s'attachent aux intestins de ces animaux : on s'apperçoit de cette maladie lorsque la douleur les fait coucher souvent à terre, qu'ils portent la tête à leur ventre, & qu'ils remuent souvent la queue. Le remede le plus efficace est de leur fourrer la main dans le ventre pour en retirer le crottin, comme il a été dit ci-dessus, ensuite de le leur laver avec de l'eau de mer ou de la saumure forte, enfin de leur verser dans la gorge un *sextarius* de vin dans lequel on aura broyé de la racine de captier. C'est le moyen de faire périr ces vers.

CHAPITRE XXXI.

IL faut mettre beaucoup de litiere sous les chevaux toutes les fois qu'ils sont malades, afin qu'ils soient plus mollement couchés. On guérit promptement la toux de ces animaux dans sa nouveauté, en pilant dans un mortier des lentilles écossées, dont on met infuser un *sextarius*, lorsqu'elles sont réduites à une farine très-fine, dans pareille mesure d'eau chaude, & en leur versant cette potion dans la gorge; on continue ce remede pendant trois jours, en les ragoûtant à titre de malades, avec des herbes vertes & des cimes d'arbres. On ne peut au contraire dissiper une toux invétérée qu'en leur verfant dans la gorge trois *cyathi* de jus de poireau avec une *hemina* d'huile, & en leur donnant la nourriture que nous venons de preſcrire. On frotte les dartres & toutes les parties affectées de galle, avec du vinaigre & de l'alun. Quelquefois, lorſque ces maladies ſont opiniâtres, on les frotte avec du nitre & de l'alun de plume mêlés enſemble à doſe égale dans du vinaigre. On gratte les boutons juſqu'au ſang avec une étrille au Soleil le plus ardent, après quoi on mêle par portions égales des racines de chiendent, du ſouffre & de la poix fondue avec de l'alun, & on les panſe avec ce médicament.

CHAPITRE XXXII.

ON lave les entretaillures deux fois par jour avec de l'eau chaude, enſuite on les frotte de ſel égrugé & bouilli avec de la graiſſe, juſqu'à ce que le ſang corrompu en ſorte avec abondance. La galle eſt une maladie mortelle à ce quadrupede, ſi on n'a pas ſoin d'y remédier promptement : lorſqu'elle n'eſt pas encore forte, on la frotte à l'ardeur du Soleil, ſoit avec de la gomme de cedre ou de l'huile de lentiſque, ſoit avec de la graine d'orties & de l'huile battues enſemble, ſoit avec de l'huile de baleine ou avec cette liqueur que dépose le thon salé dans les plats, quoique la graisse de veau marin soit le remede le plus souverain contre cette maladie : mais lorsqu'elle est déja invétérée, il faut avoir recours à des remedes plus actifs ; c'est pourquoi on fait alors cuire dans de l'eau du bitume, du souffre & de l'ellébore blanc, le tout en dose égale, avec de la poix fondue & du vieux oing, & on se sert de cette composition pour la panser, après l'avoir grattée préalablement avec un fer & l'avoir lavée avec de l'urine. On est encore parvenu souvent à la guérir, en la coupant jusqu'au vif avec un bistouri, & en pansant les plaies qui succédoient à cette opération avec de la poix fondue & de l'huile. En effet, ce remede nettoye ces plaies & fait reprendre les chairs ; mais lorsqu'elles sont reprises, il est très-bon de saupoudrer l'ulcere avec de la suie prise au cul d'une chaudiere, afin qu'il se cicatrise plutôt & que le poil y renaisse.

CHAPITRE XXXIII.

L'ON écartera aussi les mouches qui s'attachent aux plaies en versant dessus de la poix mêlée avec de l'huile ou de la graisse. On fait disparoître les taies des yeux, soit en les frottant avec de la salive d'un homme à jeun & du sel, ou bien avec un os de seiche broyé avec du sel gemme, foit en exprimant fur l'œil à travers un linge de la graine de carotte fauvage moulue. En général on foulage promptement toutes les douleurs des yeux, en y appliquant une compofition de jus de plantain & de miel dont la fumée n'ait point approché (1), ou tout au moins de miel de thim, à défaut d'autres. Il eft encore arrivé fouvent que le faignement de nez a mis ces animaux en danger; mais on l'arrête en leur verfant dans les narines du jus de coriandre verte.

CHAPITRE XXXIV.

QUELQUEFOIS cet animal languit faute d'appétit. On y remédie avec l'efpece de graine connue fous le nom de *git* (1), que l'on broye pour en faire infufer deux *cyathi* dans trois d'huile & un *fextarius* de vin, & les lui verfer dans la gorge. On diffipe auffi l'envie de vomir, en lui faifant boire fouvent une *hemina* de vin, dans laquelle on aura broyé une tête d'ail. Il vaut

---

(1) Lorfqu'on veut enlever le miel, on chaffe les abeilles en faifant de la fumée auprès de leurs ruches, pour qu'elles ne s'irritent point : on fe fert auffi du même artifice pour les faire travailler; mais comme cette fumée endommage toujours le miel, il arrive delà que le plus précieux eft celui qui n'a point fenti la fumée. Pline 11, 16.

(1) C'eft de la graine de *nielle*.

mieux percer les apoftumes avec une lame de fer
rouge , qu'avec un inftrument de fer froid : au
refte, lorfqu'on en a fait fortir le pus , on les
panfe avec de la charpie. Il y a encore une maladie peftilentielle , dont l'effet eft de maigrir
tout-à-coup les cavalles en peu de jours & de les
conduire fous terre : lorfque cela arrive , il eft
bon de leur verfer dans les narines quatre *fexta-
rii* de *Garum* (2) par tête , fi elles font de petite
taille; car fi elles font de la grande taille, on leur
en verfera jufqu'à un *congius*. Ce remede attire
toute la pituite par les narines , & purge entiérement ces animaux.

CHAPITRE XXXV.

TOUT le monde connoît encore la rage des cavalles, quoique ce foit une maladie rare : tel en
eft l'effet , que lorfqu'elles fe font mirées dans
l'eau , elles font faifies d'une paffion vaine , qui
leur fait oublier le boire & le manger , & qui les
fait périr dans la pthifie qui fuccede à cette paffion. On s'apperçoit de cette folie , lorfqu'elles
courrent çà & là au milieu des pâturages, comme
fi quelqu'un les excitoit , & qu'elles jettent les

---

(2) Voy. la Note 2 du Chap. VIII.

yeux de temps en temps de tous côtés, comme si elles cherchoient & desiroient quelque chose. On dissipe cette erreur de leur imagination en les menant à l'eau ; en effet, dès qu'elles y ont remarqué leur difformité, elles perdent le souvenir de l'ancienne image qui les avoit frappées. Ce que nous avons dit suffit à l'égard des cavalles en général. Voici des préceptes particuliers pour ceux qui veulent s'adonner à avoir des troupeaux de mules.

CHAPITRE XXXVI.

QUiconque veut élever des mules doit pardessus tout avoir à cœur d'examiner & de choisir avec soin la femelle & le mâle, dont il veut avoir de la race, parce que si l'un ou l'autre est défectueux, l'être auquel ils donneront l'existence le sera aussi. Il faut prendre la cavalle dans les dix premieres années de son âge, attendu que c'est le temps pendant lequel elle se maintient dans une forme très-ample & très-belle ; il faut encore qu'elle ait les membres forts, & qu'elle soit en état de supporter le travail, afin qu'elle puisse s'accommoder aisément du genre étranger qu'on doit, pour ainsi dire, enter en elle, & se faire à porter un petit, dont l'espece ne s'accorde pas

avec la nature de son ventre, pour lui transmettre
non-seulement les dons de son corps, mais encore
les qualités de son esprit. Car non-seulement la
semence qu'elle reçoit alors dans sa matrice a de
la peine à s'animer, mais il lui faut même du
temps pour la faire parvenir au degré de perfection nécessaire après la conception pour être mise
au jour, puisqu'à peine les produits qui en résul-
tent viennent-ils au monde au bout d'un an, &
dans le treizieme mois à dater de l'accouplement;
encore tiennent-ils toujours plus de la lâcheté de
leur pere que de la vigueur de leur mere. Néanmoins, si l'on a de la peine à trouver des cavalles
qui soient propres à cet usage, on en a encore
plus à choisir le mâle, parce qu'il arrive souvent
que l'expérience trompe sur le jugement qu'on
en avoit porté. En effet bien des mâles super-
bes en apparence donnent des races très-méprisa-
bles, soit du côté de la figure, soit du côté du
sexe, & ne font aucun profit au Chef de famille,
ou parce qu'ils donnent des femelles de petite
corporence, ou, parce qu'en les donnant de belle
corporence, ils en donnent moins que de mâles; au lieu que d'autres, méprisables en apparence, sont souvent une source abondante de
semences très-précieuses. Il s'en trouve quelquefois qui transmettent à la vérité leur noblesse à
leurs enfans, mais qui, se trouvant émoussés par
le plaisir, sont très - difficilement excités à l'a-

mour. Les maîtres de haras doivent faire approcher de pareils mâles auprès de femelles qui soient d'un caractere semblable, parce que la nature a mis plus d'intimité entre les choses qui se ressemblent qu'entre celles qui sont dissemblables. Ainsi on obtient par ce manege qu'un mâle, après avoir été gagné par les caresses de la femelle qu'on lui a d'abord présentée, & qu'on lui a même fait saillir, est comme enflammé & aveuglé par la passion qu'elle a fait naître en lui, & qu'il se jette à corps perdu sur celle dont il étoit auparavant dégoûté, lorsqu'on vient à lui ôter cette premiere avec laquelle il se plaisoit.

CHAPITRE XXXVII.

IL y a encore une espece de mâle tout différent de celui-là, puisqu'il est furieux dans sa passion & qu'il cause du ravage dans le troupeau, si on n'use pas d'adresse pour le contenir. En effet, il brise souvent ses liens & tourmente les cavalles qui sont pleines, ou mord au chignon & au dos celles qu'on lui fait couvrir. Pour l'empêcher de le faire, on l'attache à la meule, parce que, pour peu qu'il l'ait tournée, le travail modere la brutalité de sa passion, & on ne lui permet de la satisfaire que lorsqu'il est plus modéré. Il est même bon de ne pas faire saillir, sans cette précaution, ceux dont les passions sont plus douces, parce qu'il est très-important que le tempéramment de ce bétail, lorsqu'il est naturellement assoupi, soit secoué & réveillé par un exercice modéré, & que le mâle ne couvre les femelles que lorsqu'il sera devenu plus vif, afin que par une certaine vertu occulte qui se communique à la semence même, elle se trouve formée de principes plus actifs. Au surplus, une mule peut être engendrée non-seulement par une cavalle & par un âne, mais encore par une ânesse & un cheval, de même que par un âne sauvage & une cavalle. Quelques Auteurs même qu'on ne doit pas taire, tels que Marcus Varron (1) & avant lui Dionysius (2) & Magon, ont assuré que la portée des mules passoit si peu pour une chose prodigieuse dans les contrées de l'Afrique, que les habitans étoient faits à les voir mettre bas, comme nous pouvons l'être à voir pouliner les cavalles. Il faut cependant convenir qu'il n'y a rien, tant du côté du caractere que du côté de la figure, de supérieur à ce que produit un âne, quoiqu'on puisse lui

---

(1) Voy. le Chap. I. du Liv. II. de l'Economie rurale de Varron.

(2) Voy. la Note 2 du Chap. XVII. de l'Economie rurale de Varron, Liv. I.

comparer à certains égards la créature qu'engendre un âne sauvage, si ce n'est que cette créature est indomptable & rébelle à l'esclavage suivant l'habitude des animaux sauvages, & qu'elle a la corporence décharnée de son pere. Aussi un âne de cette espece est-il plus utile pour donner des petits-fils, que pour donner des enfans. En effet, si l'on donne à une cavalle le fils d'une ânesse & d'un âne sauvage, comme le naturel sauvage se trouvera alors rompu pour avoir passé par différens degrés, le produit de cet accouplement sera pourvu de la figure & de la modération de son pere, en même-temps qu'il le sera de la force & de l'agilité de son grand-pere. Les mulets engendrés par un cheval & une ânesse ressemblent plus universellement à leur mere, quoiqu'ils empruntent leur nom de leur pere, puisqu'on les appelle *hinni* (3). C'est pourquoi, il est très-avantageux de ne destiner à donner des mules, que des ânes dont l'expérience aura fait connoître l'espece pour être très-belle, ainsi que je l'ai déja dit (4). Cependant on ne doit pas en choisir, eu égard à la figure, qui n'aient le corps très-ample, le col fort, les côtes robustes & larges, la poitrine bien fournie de muscles & étendue, les cuisses nerveuses, les jambes épaisses, &

____

(3) Du mot *hinnitus*, qui veut dire *hennissement*.
(4) Dans le Chap. précédent.

le poil noir ou moucheté : car de même que la couleur de souris n'est pas une couleur distinguée dans un âne, elle ne réussit pas non plus parfaitement dans une mule. Au reste, il ne faut pas nous laisser tromper par l'ensemble de la figure de ce quadrupede, quoique nous la trouvions telle que nous venons de la demander : car comme les taches qui sont sur la langue ou dans le palais des béliers, se font communément remarquer sur la toison des agneaux qu'ils produisent, il arrive de même que, lorsqu'un âne a des poils aux paupieres ou aux oreilles qui sont d'une couleur différente de celle des autres poils de son corps, souvent il donne une race d'une couleur qui differe de la sienne, & qu'il trompe son maître, telle attention que celui-ci ait apportée dans l'examen de sa couleur, puisque quelquefois même, sans avoir les signes particuliers que je viens d'assigner, il lui arrive de donner des mules qui ne lui ressemblent pas; effet dont je crois qu'on ne peut pas rendre d'autre raison, si ce n'est que la couleur du grand-pere doit revenir à ses petis-fils par le mêlange de la semence du pere. Ainsi dès qu'un ânon, tel que je l'ai dépeint, vient de naître, il faut l'enlever à sa mere, & le mettre sous une cavalle sans qu'elle s'en appercoive. Or il sera très-aisé de la tromper dans les ténebres, parce que, pour peu qu'on lui ait retiré son poulain dans l'obscurité, elle nourrira cet ânon de même que si elle lui avoit donné le jour, & que, dès qu'elle se sera habituée à lui pendant l'espace de dix jours, elle lui présentera toujours par la suite ses mammelles toutes les fois qu'il les cherchera. Un âne ainsi nourri s'accoutumera à aimer les cavalles. Quelquefois même, quoiqu'il ait été élevé par sa propre mere, il pourra desirer leur commerce, s'il a vécu familiérement avec elles dès son enfance. Mais on ne le laissera pas saillir avant l'âge de trois ans, & lorsqu'on lui permettra de le faire, il conviendra que ce soit au Printemps, d'autant qu'il faudra le fortifier avec du fourrage vert coupé par morceaux & de l'orge en abondance, & même quelquefois lui donner des *salivata* (5). On ne le donnera pas cependant à une jeune femelle qui n'ait point encore eu affaire au mâle, parce qu'elle le repousseroit à coups de pied lorsqu'il s'approcheroit pour la saillir, & que l'offense qu'il en auroit reçue, lui feroit concevoir de l'aversion même pour telle autre cavalle que ce fût. Pour que cela n'arrive pas, on approche de la cavalle un ânon dégénéré & commun qui sollicite sa complaisance, mais auquel on ne permet pas de consommer l'acte, & lorsqu'une fois elle est disposée à recevoir patiemment les preuves de sa passion, on chasse sur le

---

(5) Voy. la Note 1 du Chap. V.

champ ce mâle trop vil pour elle , & on la fait
faillir par un autre plus précieux. On a un emplacement difposé à cet effet , que les Payfans
appellent *machina* (6) : cet emplacement eft fermé
par deux murs latéraux bâtis le long d'une petite
éminence , & peu diftans l'un de l'autre , afin
que la femelle ne puiffe pas fe débattre ou fe
détourner du mâle qui fe met en devoir de la
faillir : il y a deux iffues à cet emplacement, une
de chaque côté , mais celle d'en-bas eft munie
de barreaux auxqûels on attache la cavalle , en
la bridant au bas du talus, afin qu'étant baiffée
en-devant, elle reçoive mieux la femence de l'âne
qui la couvrira , & qu'elle donne plus d'aifance
à ce quadrupede, qui eft plus petit qu'elle , pour
lui grimper fur le dos par le côté le plus élevé.
Lorfque la cavalle à mis bas le produit de l'âne ,
on le lui laiffe nourrir durant toute l'année fuivante qu'elle n'eft pas pleine : & cette méthode
vaut mieux que celle de quelques perfonnes, qui
la font remplir par un cheval dans l'année même
qu'elle a mis bas. Lorfqu'une mule aura atteint
fa feconde année, on fera bien de la retirer d'auprès de fa mere, & quand on l'en aura retirée , on
la ménera paître fur des montagnes ou dans des
lieux fauvages , afin que la corne de fes pieds fe

-----

(6) *Machina* en Latin fignifie tout ce qui peut fervir à
augmenter les forces mouvantes.

durcisse, & qu'elle soit propre à fournir par la suite de grandes routes : car le mulet est plus propre à porter le bât que la mule, au lieu que celle-ci est plus agile que lui. Ce n'est pas que l'un & l'autre ne puissent très bien être employés à faire des conduites sur les chemins & à labourer commodément la terre, à moins que la cherté de ces quadrupedes ne surcharge la dépense du Paysan, ou que la terre ne soit d'un grain épais, qui contraigne d'avoir recours à la force des bœufs.

CHAPITRE XXXVIII.

Quoique j'aie déja montré presque tous les remedes qui conviennent à ce bétail, en traitant des autres bestiaux, je n'obmettrai cependant point quelques maladies qui lui sont particulieres, & dont je vais donner les remedes. Lorsqu'une mule a la fievre, on lui donne du chou crud ; lorsqu'elle est asmatique, on lui tire du sang, & on lui verse la valeur d'une *hemina* de jus de marrube blanc mêlée avec un *sextarius* de vin & une *semuncia* d'huile d'encens ; si elle a des éparvins, on y applique de la farine d'orge, après quoi on ouvre l'apostume avec le fer & on la panse avec de la charpie, ou bien on lui fait couler dans la narine gauche un *sextarius* d'excellent

Garum (1) avec une livre d'huile, en ajoutant à ce médicament le blanc de trois ou quatre œufs, dont on a mis les jaunes à part. On est aussi dans l'usage de lui ouvrir les cuisses & quelquefois d'y appliquer le feu. Lorsque le sang est tombé dans les jambes de ces animaux, on leur en tire ainsi qu'aux chevaux, ou si l'on a de l'herbe, que les Paysans appellent *veratrum* (2), on leur en donne en guise de fourage. La graine de jusquiame broyée & prise dans du vin, remédie aussi à cette maladie. On chasse leur maigreur & leur langueur, en leur donnant à différentes reprises une potion composée d'une *semuncia* de souffre broyé, d'un œuf crud & d'un *denarius* pesant de myrrhe broyée. On mêle ces trois drogues dans du vin qu'on leur verse dans la gorge. Ces remedes guérissent également la toux & les douleurs de ventre. Rien n'est plus souverain contre la maigreur que la luzerne : cette herbe donnée aux jumens, au lieu de foin, lorsqu'elle est encore verte, mais prête à se sécher, les engraisse, quoiqu'il faut leur en donner modérément, de peur que la trop grande quantité de sang qu'elle occasionne ne les suffoque. Lorsqu'une mule est lasse & en sueur, on lui jette de la graisse dans la gorge, & on lui verse du vin pur dans la bouche. On suivra pour

---

(1) Voy. la Note 2 du Chap. VIII.
(2) De l'*ellebore blanc*.

le surplus de ce qui concerne ces animaux, les méthodes que nous avons données dans les premieres parties de ce Volume (3), qui étoient relatives aux soins que l'on doit prendre des bœufs & des chevaux.

---

(3) Quoique nous ayons prétendu dans notre Préface, que Columelle ne soit point l'auteur de la division de son Ouvrage par Chapitres, telle que nous l'avons aujourd'hui, il paroît cependant, par cet endroit-ci, que ses Livres étoient divisés en plusieurs parties.

Fin du sixieme Livre & du troisieme Volume.